林业技术专业群新形态系列教材

TopSolid 家具智能设计制造技术

主　编　陈　年

中国林业出版社
China Forestry Publishing House

图书在版编目（CIP）数据

TopSolid家具智能设计制造技术 / 陈年主编. -- 北京：中国林业出版社，2024.9

林业技术专业群新形态系列教材

ISBN 978-7-5219-2561-6

Ⅰ. ①T… Ⅱ. ①陈… Ⅲ. ①家具-计算机辅助设计-应用软件-教材 Ⅳ. ①TS664.01-39

中国国家版本馆CIP数据核字(2024)第018864号

策划、责任编辑：田 苗 赵旖旎

责任校对：苏 梅

封面设计：周周设计局

出版发行：中国林业出版社

（100009，北京市西城区刘海胡同 7 号，电话 83223120）

电子邮箱：cfphzbs@163.com

网 址：www.cfph.net

印 刷：北京中科印刷有限公司

版 次：2024 年 9 月第 1 版

印 次：2024 年 9 月第 1 次

开 本：787mm×1092mm 1/16

印 张：14.125

字 数：340 千字

定 价：48.00 元

数字资源

编写人员

主　　编： 陈　年（江西环境工程职业学院）

副 主 编： 朱正坤（江西环境工程职业学院）

陈方华［拓普速力得软件（上海）有限公司］

郑　文［拓普速力得软件（上海）有限公司］

仲承全（江西赣州市南康中等专业学校）

编写人员：（按姓氏拼音排序）

陈　年（江西环境工程职业学院）

陈方华［拓普速力得软件（上海）有限公司］

何婷婷［拓普速力得软件（上海）有限公司］

龙大军（广西生态工程职业技术学院）

孙丙虎（黑龙江林业职业技术学院）

郑　文［拓普速力得软件（上海）有限公司］

仲承全（江西赣州市南康中等专业学校）

朱正坤（江西环境工程职业学院）

前 言

家具是我国国民经济重要的民生产业和具有国际竞争力的产业，作为制造传统产业，是吸纳就业的重要渠道、开展国际贸易的重要领域。传统制造业是我国制造业的主体，是现代化产业体系的基底，推动传统制造业转型升级，是主动适应和引领新一轮科技革命和产业变革的战略选择，是推进新型工业化、加快制造强国建设的必然要求。

智能制造的前提是产品数字化。生产产品是制造企业的核心任务，实木家具种类繁多，引入能与智能设备对接的设计软件，将企业生产的实木家具产品建立数字化产品数据库、零部件数据库、物料清单等，是迈向智能制造的关键第一步——先行数字化再智能制造。产品数字化是一个系统工程，数字化对产品所有细节进行全部细化建库，包括家具产品及零部件的颜色、造型、尺寸、材料、连接结构等要素。目前针对实木家具的数字化设计制造一体软件——TopSolid 软件，具有快速设计出图、零部件图自动分析拆分、一键出 BOM 表等特点，还具有与 CAD、CAM 软件直接对接的智能加工中心。

本教材实用性和针对性强，与企业共同开发，既适用学校教学，也可作为社会学习者使用。本教材内容包含基础工具介绍与实用案例讲解。重点以项目案例展开教学，学生可以结合教材文本及对应教学视频学习，在课堂教师的演示指导下，快速绘制出案例作品，并能在此基础上熟练掌握软件工具，进行设计创作。教材分为两大模块：TopSolid 基础知识、TopSolid 实践操作。目前国内大型家具公司及相关企业均引进 TopSolid 软件，引进加工中心，家具企业也在整体大智能制造环境下自觉主动转型升级。全国开设家具及相近专业的高校上百所，专业要引领行业，专业课程设置上应科学合理、与行业最前沿紧密联系。基于此，组织相关高校、企业共同编写此教材，以期优化家具及相近专业课程体系，培养更多真正适应新时代家具行业发展的人才。

本教材由江西环境工程职业学院陈年主编，负责全书策划、目录制订，编写了模块 1 TopSolid 基础知识中的单元 1、单元 2、单元 3、单元 4、单元 5；朱正坤、陈方华、郑文、仲承全任副主编，江西环境工程职业学院朱正坤编写了模块 1 TopSolid 基础知识中的单元 6、单元 7、单元 8 等内容；拓普速力得软件（上海）有限公司陈方华编写了单元 8 部分内容；拓普速力得软件（上海）有限公司郑文录制了大量的教学视频；拓普速力得软件（上海）有限公司何婷婷编写了模块 2 TopSolid 实践操作部分的项目 1，并录制了大部分教学视频；江西赣州市南康中等专业学校仲承全、广西生态工程职业技术学院龙大军和黑龙江林业职业技术学院孙丙虎共同编写了模块 2 TopSolid 实践操作部分的项目 3。

全书在格式编排过程中，江西环境工程职业学院家具学院温坊斌、钟杰、黄路平等同学做了大量的工作，本书的出版得到江西环境工程职业学院双高建设办公室、教学处的支持，在此表示感谢。

由于编者水平有限，书中难免存在疏漏，敬请广大读者批评指证。

2024 年 6 月

目　录

前　言

模块1

TopSolid 基础知识

单元 1 软件简介及基本操作

【学习目标】

1. 了解 TopSolid 软件界面。

2. 掌握 TopSolid 基本操作和基本功能。

3. 培养团队合作精神，在学习过程中主动讨论、研究、解决 TopSolid 软件使用过程中的实际问题。

1.1 软件简介及特点

1.1.1 软件简介

TopSolid 是集 CAD/CAM/PDM/ERP 于一体的产品制造解决方案软件平台。全球有超过 10 000 家制造行业企业在使用 TopSolid 系列产品。在中国，多家大型知名家具及木制品定制企业都使用 TopSolid 系统对企业进行智能设计制造升级，对设计、BOM 表资料输出、加工进行无缝集成，图纸功能高效，可以自动批量地导出产品工程图纸。其特点是实现设计加工真正一体化，设计变更自动更新，直接与各专业木工加工机床做无缝对接，解放人力，加工精确。可对接的加工中心有中国马氏机械、中国星辉机械、中国先达机械、中国南兴机械、中国时开纽机械、中国原力机械、德国豪迈机械、意大利比雅斯机械、意大利摩比德利机械、德国豪赛尔机械等。

1.1.2 软件特点

TopSolid 是参数化三维设计系统，其将“面向装配的设计（DFA）”和“面向制造的设计（DFM）”理念贯穿整个软件，集产品造型设计、结构设计、装配设计、工艺设计、有限元分析、数字控制机床（CNC）加工编制、特征识别加工、典型工艺管理、产品数据管理于一体，根据精密机械、注塑模、压铸模、级进模等行业设计与加工特点及需求，开发出行业专家级应用解决方案系统。

启动 TopSolid

1.1.3 TopSolid 基础

（1）TopSolid 启动

左键单击选中 TopSolid 图标，右键单击选择打开命令（图 1-1-1）。

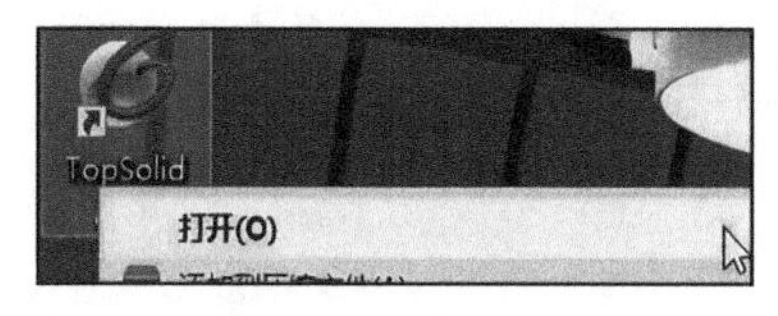

图 1-1-1

开始界面

（2）开始界面

文档图标更改栏可更改模板文档和浏览文档中的图标大小。

模板文档栏：新建文档时，可选择对应设计模型、图纸、加工文档，在开始界面左侧显示；模板文档在下方显示时，双击文档类型或者模板名称可创建新文档（图 1–1–2、图 1–1–3）。

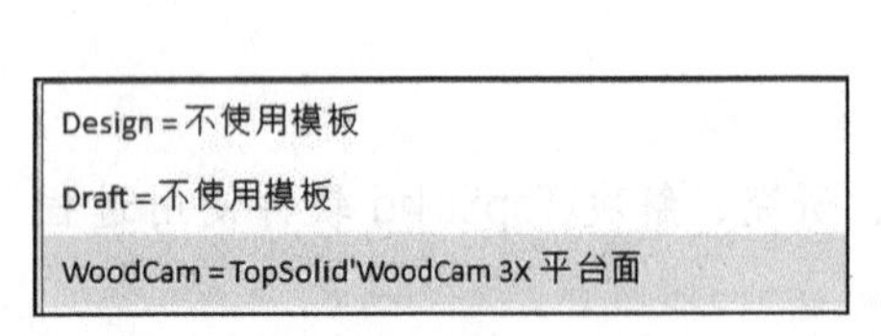

图1-1-2

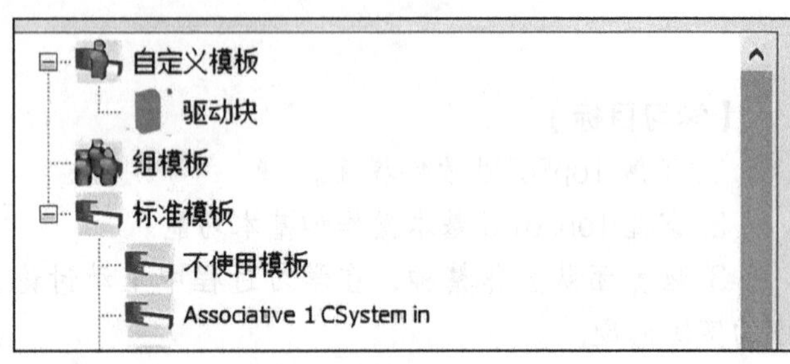

图1-1-3

最近浏览文档栏：右键单击最近文档中的预览缩略图，可进行如下操作（图 1–1–4）。

打开——打开文档；移除——从最近文件列表删除文档；打开目录——打开文档所在文件夹；清空——清空列表；固定表——可将此文档永久固定在浏览界面。

TopSolid 售后支持系统：左键点击 TopSolid 售后支持框，可以自动进入 TopSolid 售后系统界面，可在该网站进行问题答疑（可向 TopSolid 实施方申请账号密码）。

TopSolid 官方网站：左键点击 TopSolid 官方网站框，可以进入 TopSolid 官方网站，查看 TopSolid 相关资料。

开始界面启动栏：可在软件打开后，对开始界面是否显示进行设定。

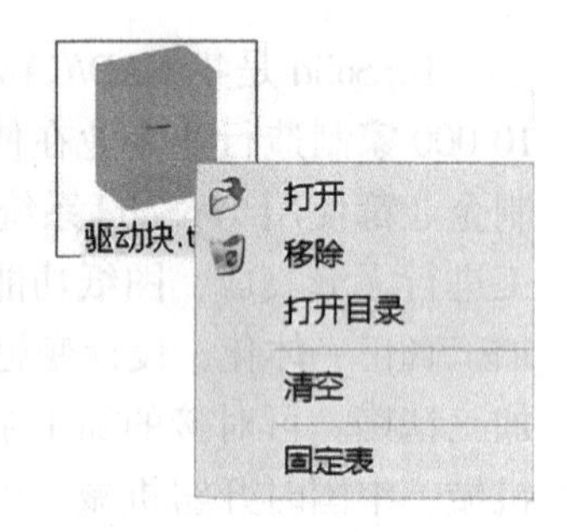

图1-1-4

1.2 文件操作

1.2.1 新建文件

建模前，需要新建一个文档（图 1–1–5）。其中，“.top” 格式为 TopSolid 设计端专用输出文本格式；“.draft” 为 TopSolid 输出图纸文本格式；“.wod” 为 TopSolid 输出加工文件文本格式。

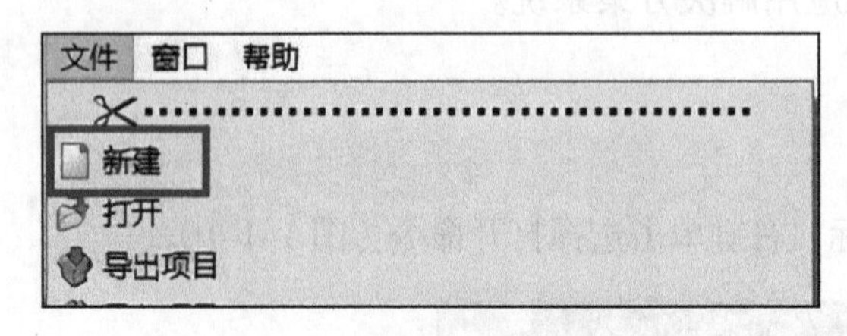

图1-1-5

打开文件

1.2.2 打开文件

点击“打开”命令可以打开 TopSolid 文件和通用格式文件，如图 1–1–6 所示。

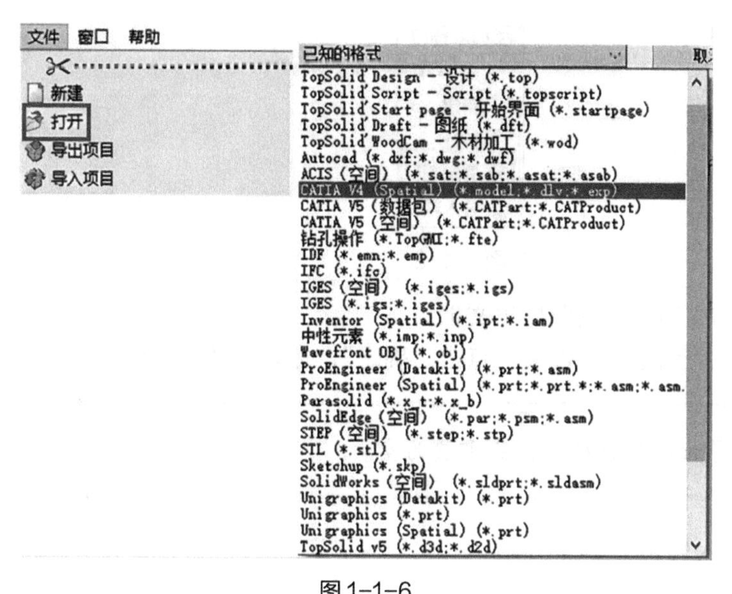

图 1-1-6

1.2.3　另存文件

TopSolid 创建的文件可以另存为其他格式文件，如图 1-1-7 所示。

另存文件

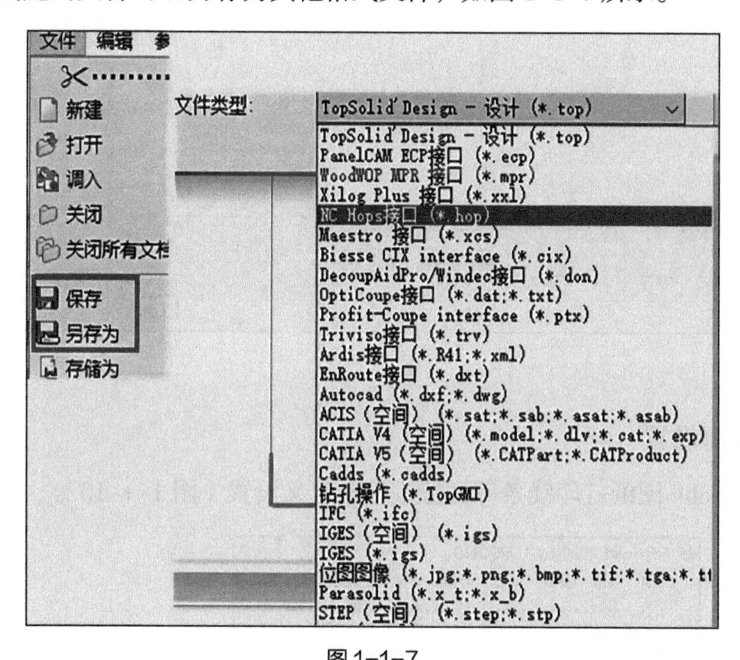

图 1-1-7

1.2.4　导出项目

TopSolid 建模为组件化建模，即一个成品模型，拆分成多个部件文档建模保存到库，然后从库中调用这些组件成品进行组装，库中组件可重复调用。一个模型相关数据较多，为了避免破坏模型的关联性和完整性，需要对数据传输的文件进行“导出项目”操作。

主要步骤为：

①单击文件下拉菜单，选择导出项目（图 1-1-8）。

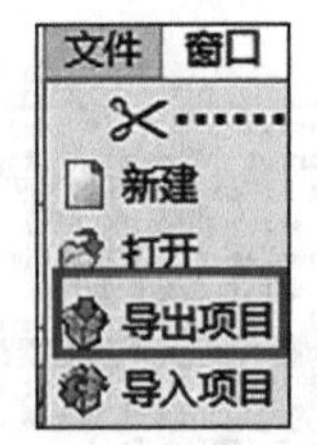

图 1-1-8

导出项目

②选择当前文档或者浏览导出文档。

③点击浏览，创建新文件夹，点击“确定”，然后选择导出项目。

> **注意：**导出项目目标文件夹需要为空。

1.2.5　导入项目

对于 TopSolid 导出的项目可以通过该功能将项目中所有组件及配置导入（图 1-1-9）。

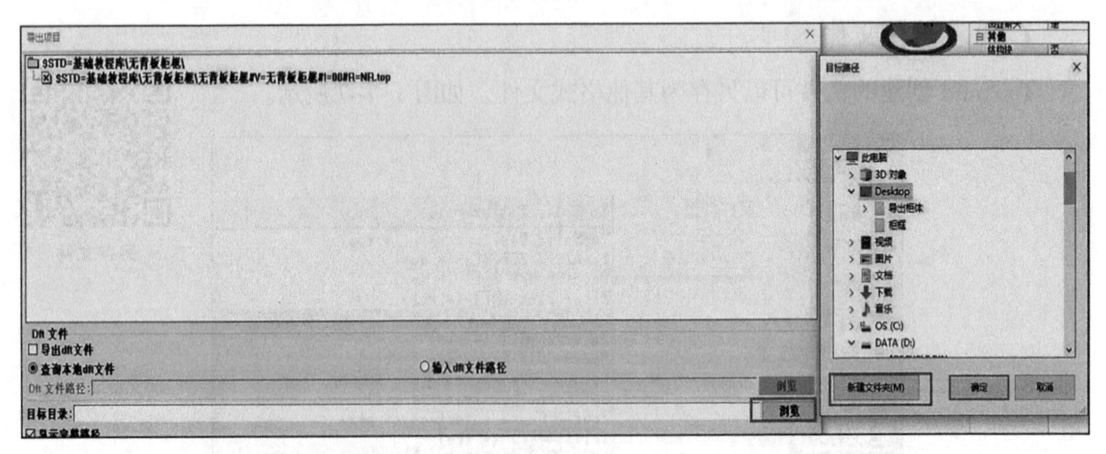

图 1-1-9

1.2.6　页面设置

可以对 TopSolid 图纸打印线条等配置进行预定义设置（图 1-1-10）。

导入项目

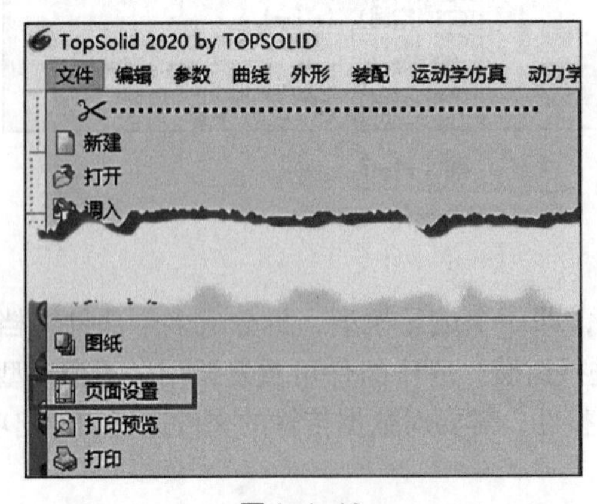

图 1-1-10

页面设置和重新生成

可通过打开“.cfg”文件批量更改数值，从而更改打印线的粗细；也可通过选择线型数值更改线型类型（图 1-1-11）。

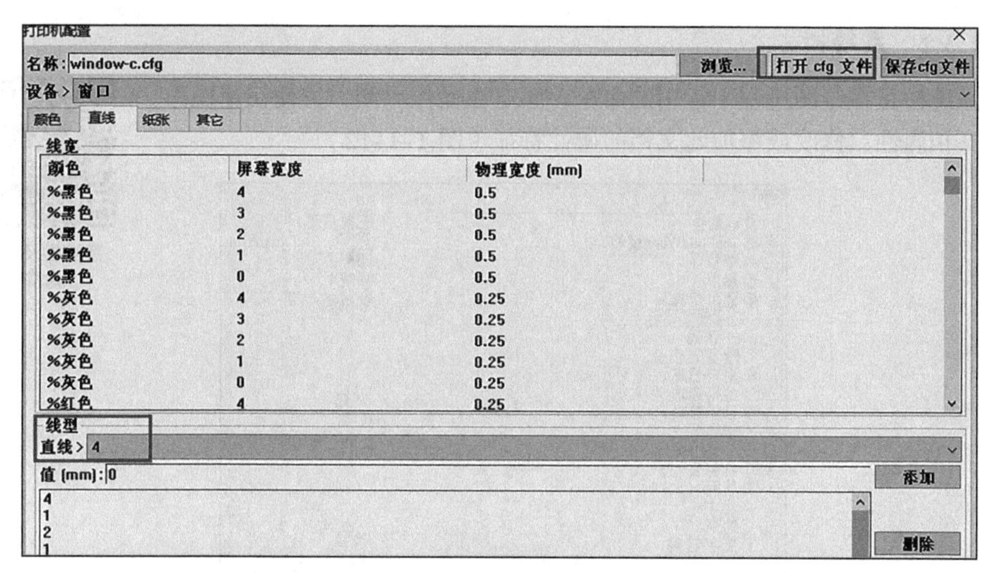

图 1-1-11

1.2.7　重新生成

在模板组件更新后，都需要进行重新生成，刷新此文件，然后保存。

1.3　界面介绍

1.3.1　菜单栏

菜单栏由不同功能类型的命令组成，左键单击菜单栏里的命令，可下拉隐藏命令，且菜单栏包含了软件系统所有操作命令。

文件：文档管理、打印及文档属性。

编辑：例如，关联复制、完成复制、替换、抽取、插入等。

参数：文档中参数及数值管理（编辑列表、优化、动画）。

曲线：2D 元素的创建和编辑。

外形：3D 元素的创建和编辑。

装配：装配功能和标准件创建。

运动学仿真：元素间运动副的运动定义管理。

动力学仿真：装配元素所具有的约束力及重力的运动管理。

工具：创建坐标系、点、尺寸、约束和系统配置定义。

属性：相关元素信息管理（颜色、透明度、图层等）。

分析：测量的距离、质量等结果均在元素信息列表中显示。

管道：管道功能。

钣金：零件设计工具。

图像：渲染功能。

木工：木工设计功能。

菜单栏及常用命令

窗口：文档视图管理（如垂直平铺）。

帮助：TopSolid 在线帮助，如软件模块、版本、代号等。

1.3.2 系统栏

系统栏及常用命令

系统栏是在绘图过程中常用的命令，固定在操作界面，方便快速操作。

文档属性：修改或添加此文档的属性特征（图 1-1-12）。

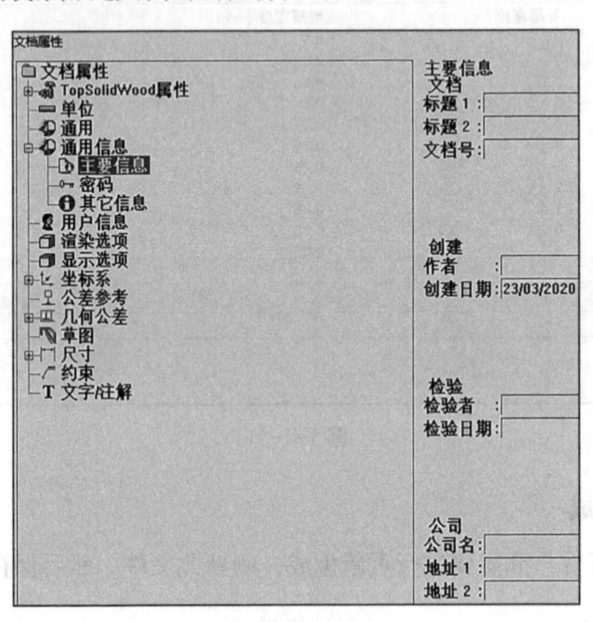

图 1-1-12

撤销：撤销当前命令的前一步操作，快捷键 Ctrl+Z。

删除元素：在文档默认状态下删除不需要的元素。

修改元素：修改一个元素或者一步操作，如轮廓、倒圆等（图 1-1-13）。

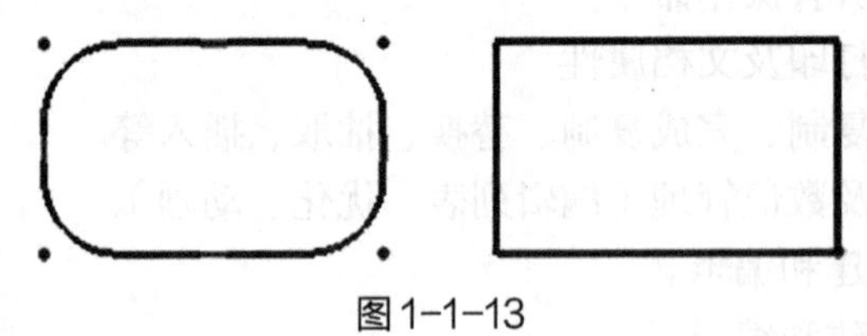

图 1-1-13

修改参数：只能修改标注、参数等元素。

抽取：抽取模型特征。

拖动：拖动线条外形等元素。

点：多种方式创建需要的点。

基本点：任意位置单击左键创建一个点。

等距点：选择一个参考点，选择等距方向，输入距离后，创建一个新的点。

中点：在两个参考点的中心位置创建一个新的点。

端点：通过曲线的端点创建一个点。

极值点：选择参考圆弧，选择极值点创建的方向。

曲线交点：分别选择两条曲线，在其相交点创建一个新的点。

选择：对多个元素进行选择。
检测：对阵列后的元素进行选择。
满屏显示：在视图区满屏显示元素。
透视图：模型轴测视角显示。
元素显示：隐藏和显示元素。
渲染：可根据不同需求显示模型的不同特征。
颜色：对元素进行颜色填充。
线型：可根据需求选择不同线型。

1.3.3　导航栏

导航栏包含了下拉菜单里常用的部分功能类型命令，且功能栏和导航栏命令相对应。

导航栏等界面

1.3.4　功能栏

功能栏是功能类型命令显示界面，且根据导航栏选择的命令变化。

1.3.5　命令提示栏

命令提示栏是指在功能栏选择了一个操作命令后，提示下一步操作且包含了此命令隐藏操作的信息行。

注意：鼠标右键单击默认命令提示栏的首个功能键，右侧空白处输入数值后，按回车键，系统默认将数值添加到数值格（图 1–1–14、图 1–1–15）。

高度=　截面线或文字:50

图 1–1–14

高度=50　截面线或文字:

图 1–1–15

1.3.6　页签栏

页签栏是所有文档的集合，可以在页签栏对相应文档进行关闭、保存、路径查找等操作。在窗口中，标签栏文件有不同装填类型，具体如下：

*：文档被修改，未保存。
?：文档中包含无效元素，即文档报错。
!：文件中含有低指针的零件，方便在特征树查看相关操作（图 1–1–16）。

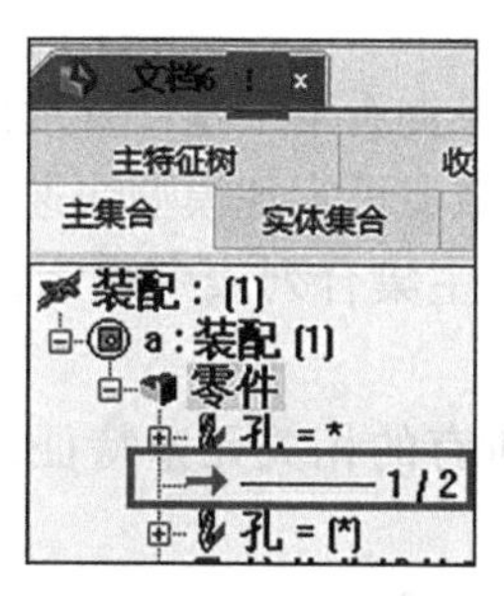

图 1–1–16

#：从零件未更新的主零件，可单独划分出装配中的单个零件进行工装。

X：不更新从零件。

1.3.7 方向立方体

在图形区域的右上角有一个立方体，这个立方体可快速改变视角方向。

方向立方体

可以在“工具”→“系统选项”中对其进行颜色等属性的设置（图 1-1-17）。

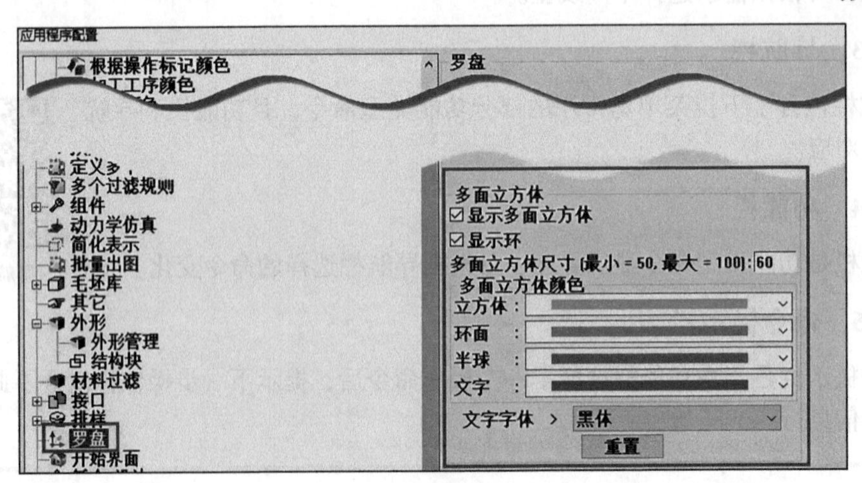

图 1-1-17

1.3.8 状态栏

允许用户快速预定义一些操作属性，如材质、层次、线型、透明度等。

状态栏、绘图区、特征树等界面

1.3.9 绘图区

绘图区为创建模型的区域。

1.3.10 特征树

特征树由主特征树、收藏夹、主集合、实体集合、层五个主要功能栏组成，可通过特征树查看模型的相关信息。

将鼠标靠近导航栏右侧，会出现黑色双向箭头，单击左键即可显示或隐藏特征树（图 1-1-18）。

主特征树：主要通过主特征树来查看某个零件外形的相关属性。

收藏夹：常用模型通过添加收藏夹可实现模型快速调用。

主集合：对于定义过的零件在主集合列表中显示，同时在主集合可定义 BOM 信息等属性。

实体集合：创建模型文档后所有的相关元素特征，如坐标系、草图、参数、线条、外形等。

层：层功能栏中会显示所有非空层。

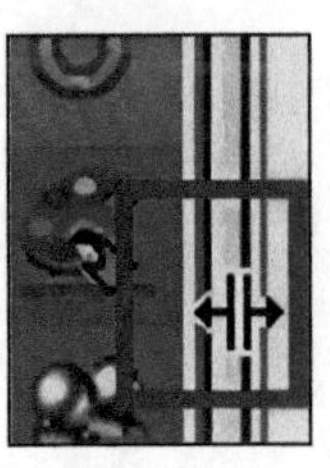

图 1-1-18

1.3.11　分离特征树

可由特征树分离出单个功能栏，方便查看模型特征。在需要分离的特征树栏空白处单击右键，即可选择分离（图 1–1–19）。

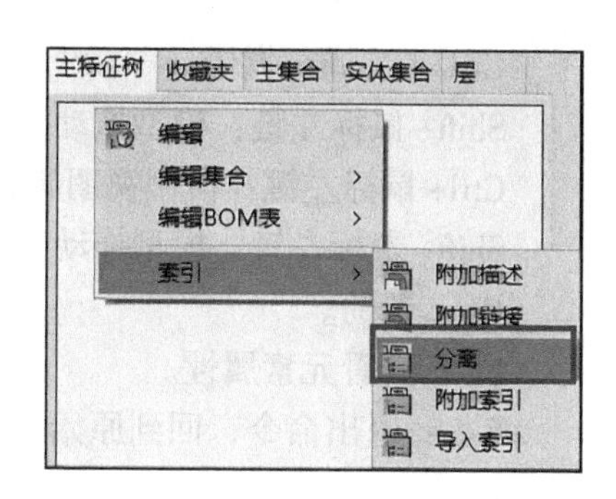

图 1–1–19

1.3.12　信息反馈栏

不同操作会提示相应的信息，例如，模型操作报错等信息。信息标签显示所有信息。命名参数标签显示所有被用户创建或修改的参数名和值。测量标签包括分析命令得出的值。你可以通过左击拖动的方式调整状态栏配置的位置和大小。

1.3.13　快速层次

可将不同组件模型放到相应层，通过打开或关闭图层，清晰查看模型内部结构。

鼠标单击左键为打开或关闭图层，单击右键选择放入此层的模型，从而实现模型图层的互换并可命名图层，单击中键切换为当前层。

注意： 红色代表图层打开，黑色代表关闭，绿色代表当前图层。

1.3.14　快速线性

预览不同颜色和宽度的线条，可直接选择相应线条进行定义。

主要步骤为：左键点击选中的线型，即可把该线型设为当前绘图线性。

1.4　鼠标和键盘操作

1.4.1　鼠标操作

使用鼠标滚轮可控制画图区缩放，单击左键表示选择，单击右键表示确定，按住滚轮可以移动图形。

当很多元素重叠不容易选择时，在这些元素上按住鼠标左键不放，然后单击右键可进行元素的切换，被选中的元素呈红色（图 1–1–20）。

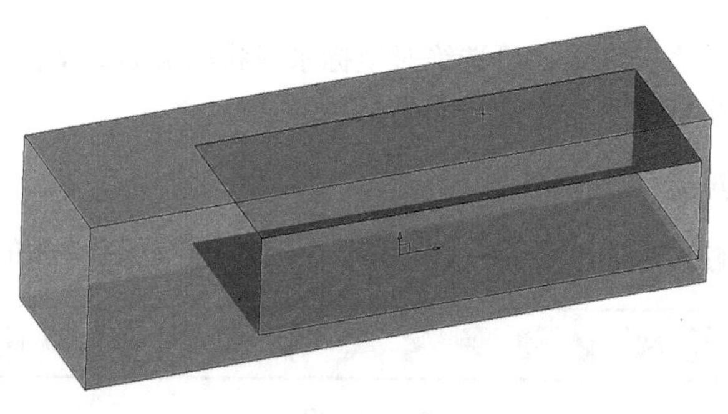

图 1–1–20

1.4.2 键盘操作

Ctrl+Z：局部撤销

Shift+ 鼠标左键：模型拖动。

Ctrl+ 鼠标左键：模型视图旋转。

Shift+ 鼠标左键：模型拖动。

F1：帮助。

F2：查看元素属性。

Esc：退出命令，回到原始界面。

1.5 坐标系

坐标系是 TopSolid 建模必不可少的元素，决定着元素绘制的基准平面。

1.5.1 绝对坐标系

绝对坐标系是每个设计文档的唯一参考，不能被修改，其名称为“$ABSOLUTE_FRAME”。每一个设计文档新建时即自动生成绝对坐标系（图 1-1-21）。

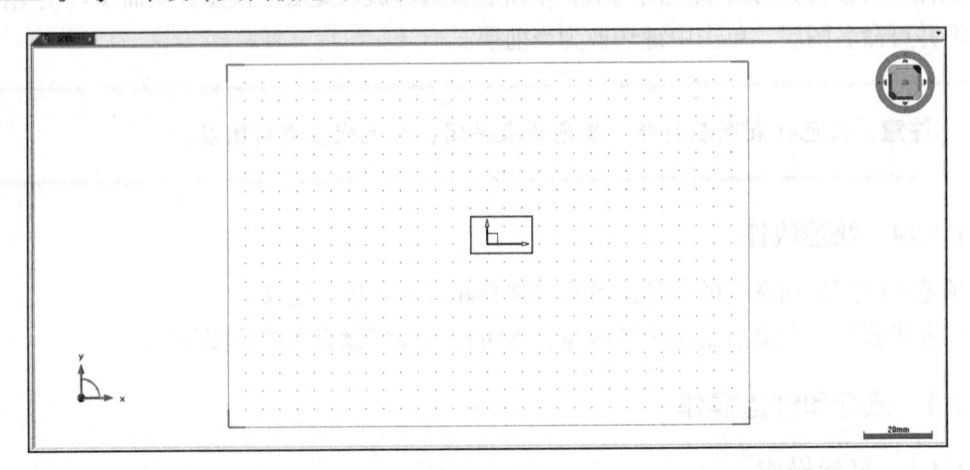

图 1-1-21

1.5.2 当前坐标系

当前坐标系指的是将某一个坐标系设置为正在使用状态，其 *XY* 平面即为设计的基准平面；当前坐标系不同于其他普通坐标系的特征是，其 *X*、*Y* 轴较粗且四周有点状矩形框。

主要步骤为：

①选择“当前坐标系”命令，可选绝对坐标系或将已命名的坐标系设为当前坐标系。

②直接选择新的坐标或平面作为当前坐标系。

1.5.3 坐标系创建

创建坐标系：左键点击空间中任意一点，创建一个和当前坐标系一致的坐标系（图 1-1-22）。

图 1-1-22

曲线和点定义坐标系：通过空间中任意一条曲线，并选择其端点创建坐标系。

关联复制坐标：通过一个参考坐标系，按照一定规律，复制出多个坐标系。

主要步骤为：选择参考坐标系，再根据需求选择相应规则进行复制（图 1-1-23）。

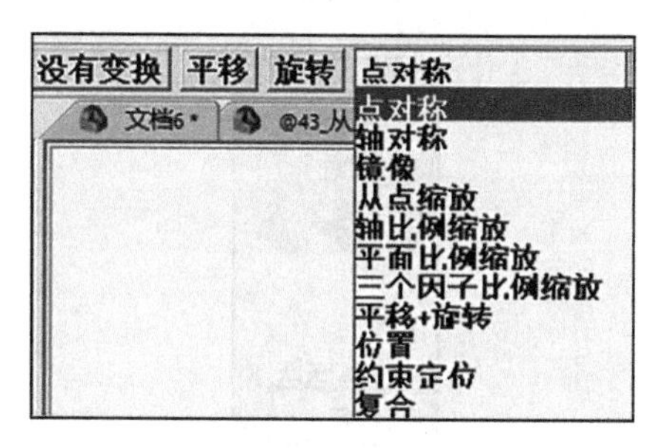

图1-1-23

1.6 常用功能

1.6.1 复制 / 粘贴

可复制 .cad 线条和 .top 元素，选择复制元素，然后选择参考点，选择复制到的文件，然后选择复制 / 粘贴命令，选择粘贴。

1.6.2 阵列实例 / 阵列操作

阵列是对单个模型或操作进行一定规则的数量增加。

主要步骤为：选择要阵列的模型模板；按照所需效果选择对应类型阵列（图 1-1-24、图 1-1-25）。

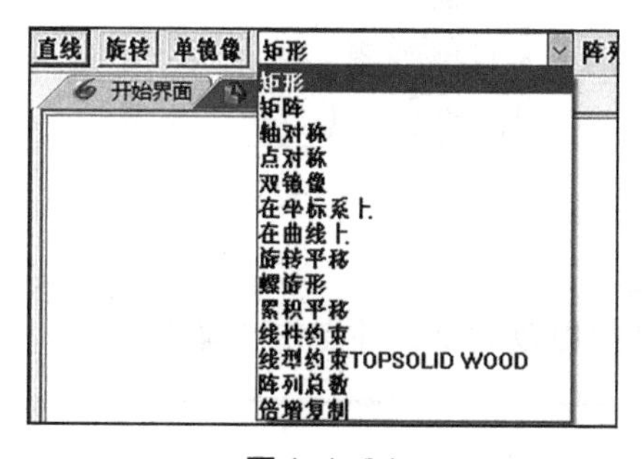

图1-1-24

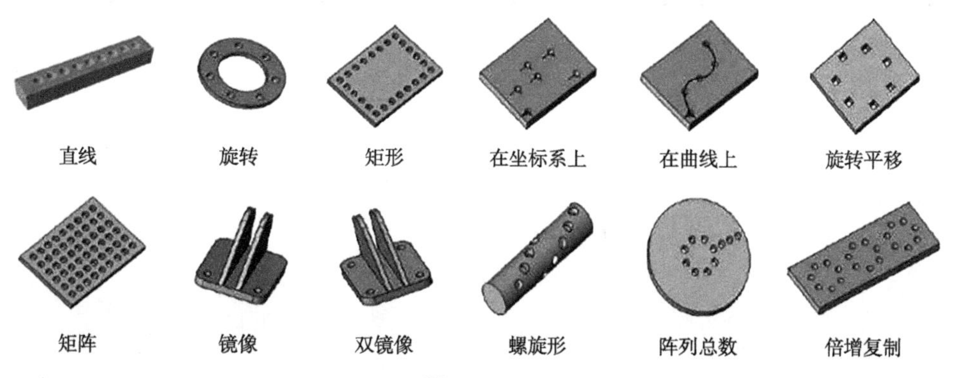

图1-1-25

1.6.3 命名

“命名”功能可对 TopSolid 文件里的元素进行命名。选择“命名”，输入名称，点击“确定”（图 1–1–26）。

图 1–1–26

1.6.4 文字

可在画图区添加文字文本。

主要步骤为：

①点击“文字”命令（图 1–1–27）。

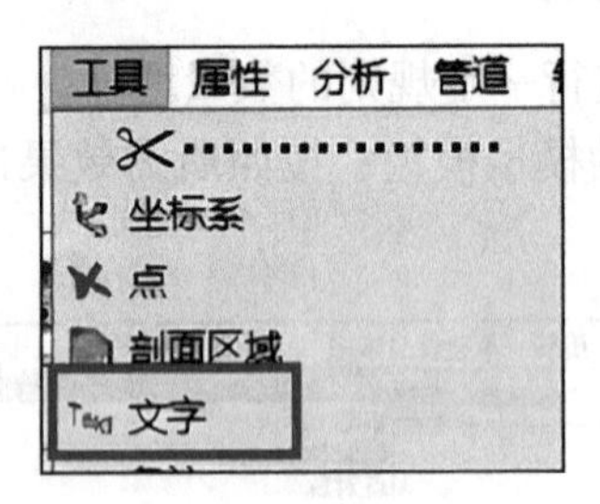

图 1–1–27

②输入文字，按回车键。

③选择字体，通过高度值更改大小，并点击“确定”。

> **注意：**可选择多行文字或单行文字输入。

单元 2 草图绘制

【学习目标】

1. 了解 TopSolid 软件基本绘画方法。

2. 能熟练运用 TopSolid 进行草图创建、草图编辑。

3. 培养学生精益求精的工匠精神，强化学生工程伦理教育，解决 TopSolid 软件使用过程中的实际问题。

2.1 基础知识

TopSolid 的草图功能与其他同类型软件相比，没有太大的区别，但是在操作方式上有不同之处。

> **注意：** 草图是在一个平面上创建的曲线，同一个草图内的曲线，退出草图后是一个整体元素。

2.1.1 开始草图

TopSolid 草图绘制使用“开始草图”命令作为起始操作，之后可以选“当前坐标系”开始绘制，或者选择其他的基准面。进入草图绘制状态的标志为绘图区出现绿色边框（图 1-2-1）。

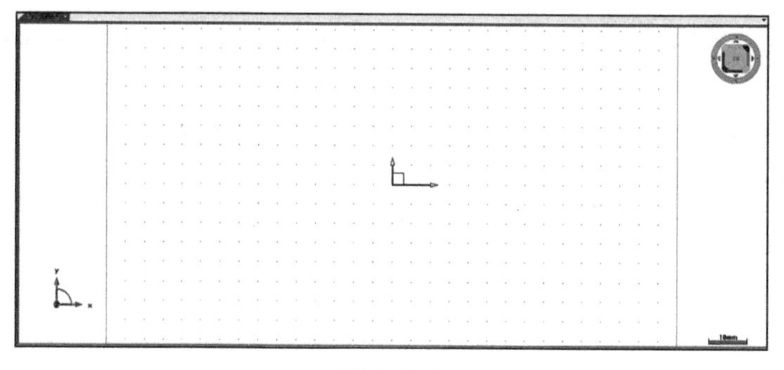

图 1-2-1

草图基础知识

2.1.2 草图约束

草图绘制离不开一系列约束条件，如垂直、平行、对齐等。草图约束包含以下选项。

垂直：两个元素垂直（图 1-2-2）。

平行：两个元素平行（图 1-2-3）。

对齐：两个元素对齐（图 1-2-4）。

方向：一个元素沿 X 或 Y 轴方向（图 1-2-5）。

相切：圆弧和直线相切（图 1-2-6）。

相交：两个元素的相交（图 1-2-7）。

同心：两个圆同心（图 1-2-8）。

相同长度：两条线等长（图 1-2-9）。

固定：多个元素固定（图 1-2-10）。

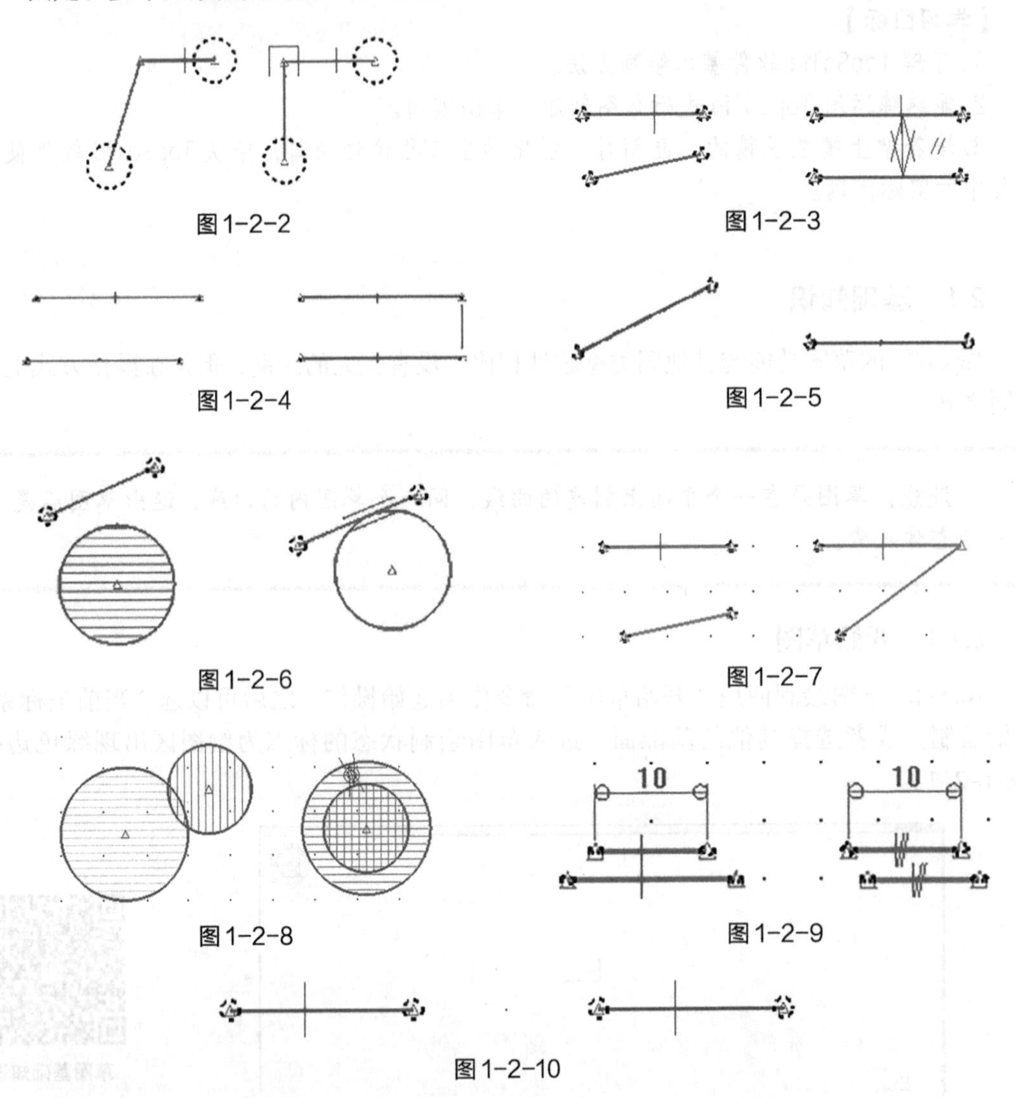

图 1-2-2

图 1-2-3

图 1-2-4

图 1-2-5

图 1-2-6

图 1-2-7

图 1-2-8

图 1-2-9

图 1-2-10

> **注意**：草图曲线约束完全线条为绿色，约束不完全线条为黄色。

2.1.3 结束草图

通常使用“退出草图”命令来结束草图状态，或者点击草图功能之外的命令来退出草图绘制状态。

2.1.4　草图修改

退出草图之后如果希望对草图进行二次编辑，通常做法是使用“修改元素”修改草图轮廓，这样可以进入草图绘制状态；或者通过“实体集合”→“草图集合”→“草图”进行修改（图 1-2-11）。

图 1-2-11

2.2　草图创建

2.2.1　轮廓

常规曲线创建，可以创建直线，圆弧等（图 1-2-12）。

草图轮廓

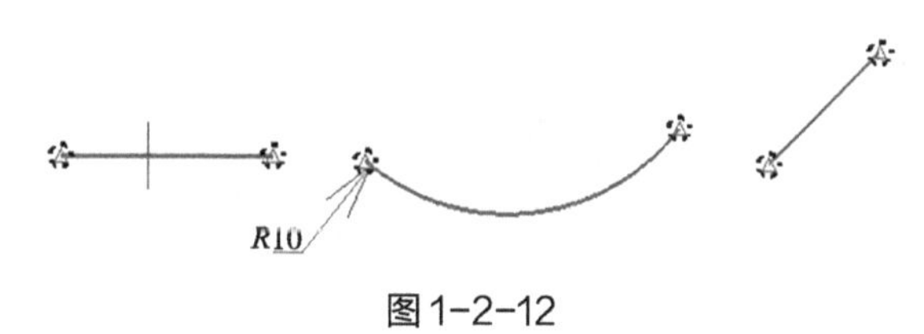

图 1-2-12

主要步骤为：

①点击“轮廓”命令。

②左键点击空间中任意位置，也可直接选择矩形轮廓创建矩形（图 1-2-13）。

图 1-2-13

③可根据需求，选择连接方式（直线、圆、三点圆、轴向等），然后选择空间中的另一点（图 1-2-14）。

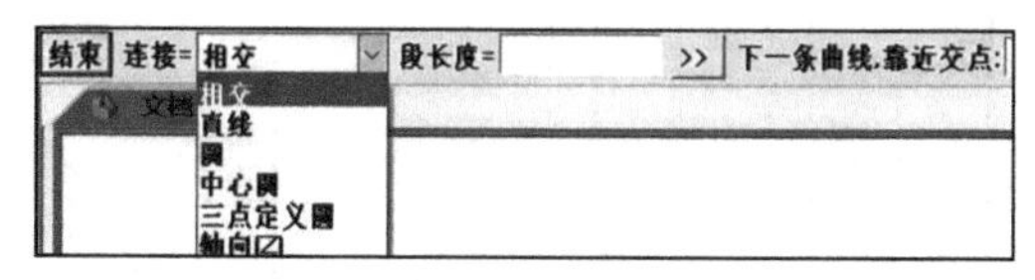

图 1-2-14

> **注意**：在草图中，若绘制的草图为封闭曲线，则该封闭曲线轮廓会有阴影。

2.2.2　直线

既可创建常规直线，又可创建有一定角度的直线（图 1-2-15）。

主要步骤为：先点击直线功能，再选择轴向为“是”，水平拖动鼠标创建直线（图 1-2-16）。

草图直线等创建命令

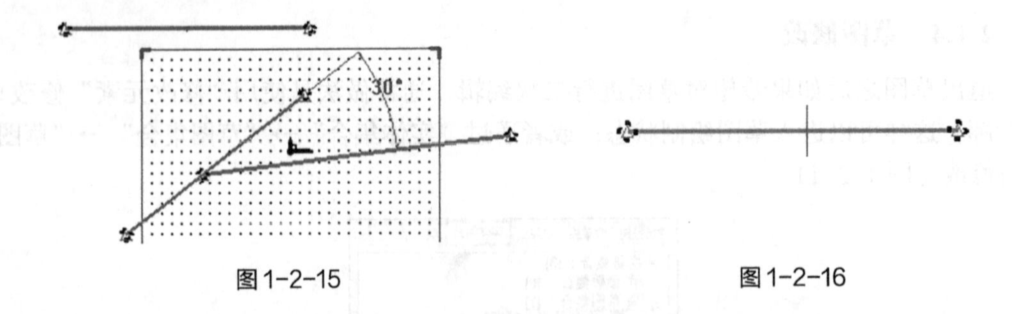

图 1-2-15　　图 1-2-16

注意：可以通过输入角度与参考线形成相应角度线。

2.2.3 基准线

可通过坐标系位置，创建虚线参考或直线参考（图 1–2–17）。

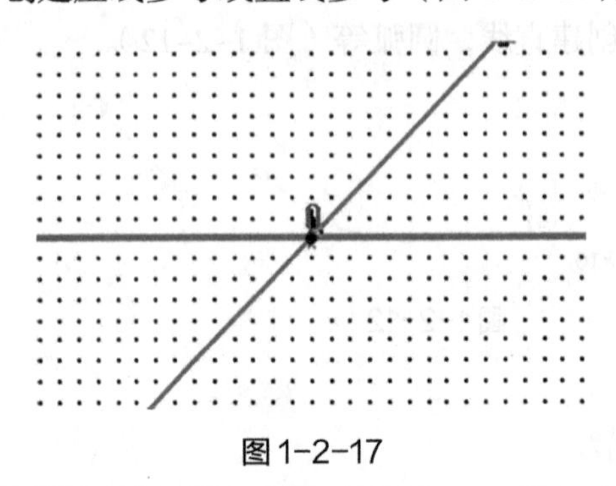

图 1-2-17

主要步骤为：先把创建基准线的坐标系设为当前（图 1–2–18），然后点击“基准线”命令（基准线的位置参考当前坐标系），再输入角度 45°，点击坐标系原点（图 1–2–19）。

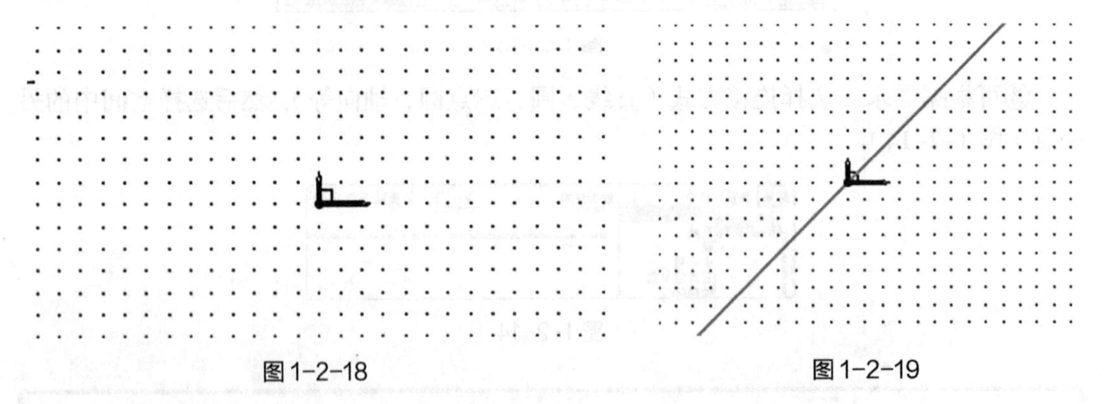

图 1-2-18　　图 1-2-19

注意：可以选择垂直或水平线条模式；可以通过选择参考线给出方向；还可以设置一定角度线条。

2.2.4 圆

可创建一定数值半径或直径的圆或圆弧（图 1–2–20）。

主要步骤为：先点击“圆”命令，然后输入直径数值，再在空间中选择放置点（图 1–2–21）。

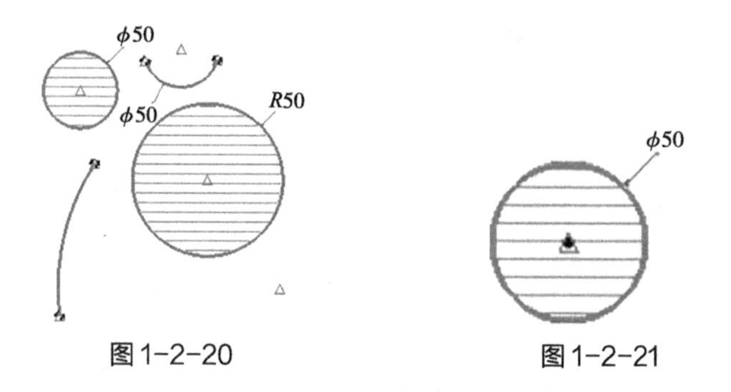

图 1–2–20　　图 1–2–21

> **注意：**
> ①可进行直径和半径的切换。
> ②可选择放置中心，也可通过点方式创建圆弧。

2.2.5 椭圆

可通过给定长短轴距离创建椭圆，也可选择两个焦点创建圆（图 1–2–22）。

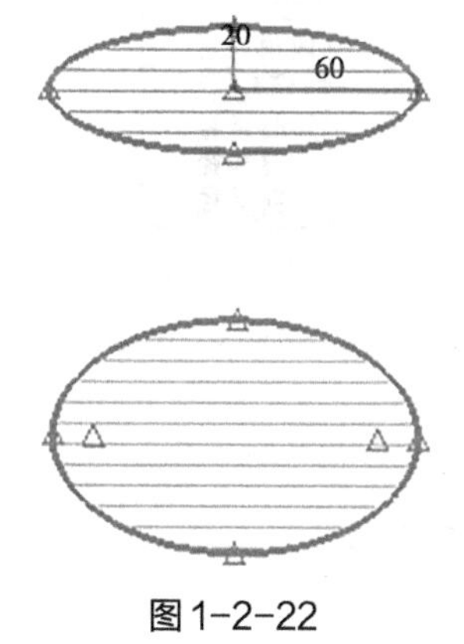

图 1–2–22

主要步骤为：先点击“椭圆”命令。然后选择椭圆中心点，手动输入 X 轴、Y 轴尺寸或拖动鼠标创建任意尺寸（图 1–2–23）。

X 方向半径 = 　指向 X 轴的点:　　Y 方向半径:

图 1–2–23

> **注意：**可以通过两个焦点模式创建任意尺寸椭圆。

2.2.6 规则多边形

可通过给定顶点数和直径或半径值创建规则多边形（图 1–2–24）。

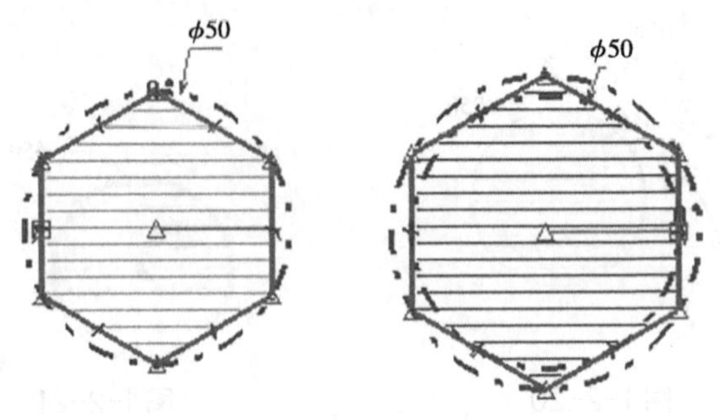

图1–2–24

主要步骤为：先点击“规则多边形”命令，然后输入顶点数和内部直径（图 1–2–25）。

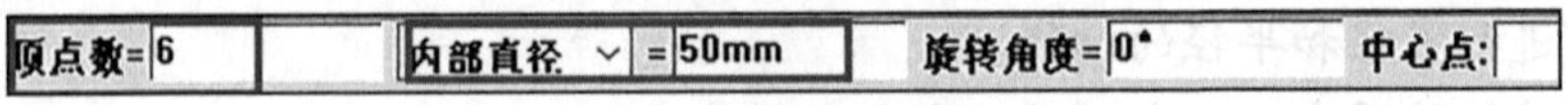

顶点数=6		内部直径	=50mm	旋转角度=0°	中心点:

图1–2–25

注意： 规则多边形的创建可以点击模式修改内部直径、外部直径、内部半径、外部半径等多种模式（图 1–2–26）。

图1–2–26

2.2.7 圆弧混合

两点间圆弧过渡创建（图 1–2–27）。

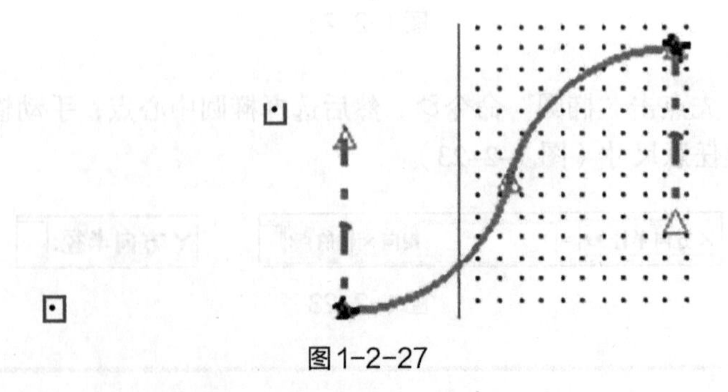

图1–2–27

主要步骤为：先点击“圆弧混合”命令，然后选择两点中的任意一点，方向为该点到另一点的指向，再选择第二个参考点，方向为该点到第一点的指向（图 1–2–28）。

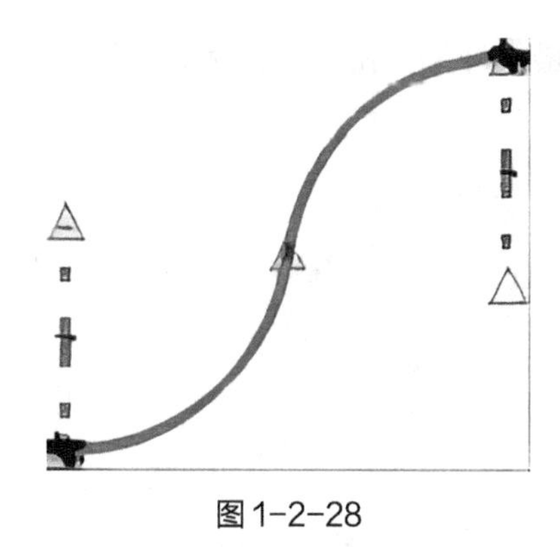

图1-2-28

2.2.8 投影边

可选择实体外形的边，将其投影到草图平面中（图 1-2-29）。

主要步骤为：先点击“投影边”命令，然后选择投影的外形参考边（图 1-2-30）。

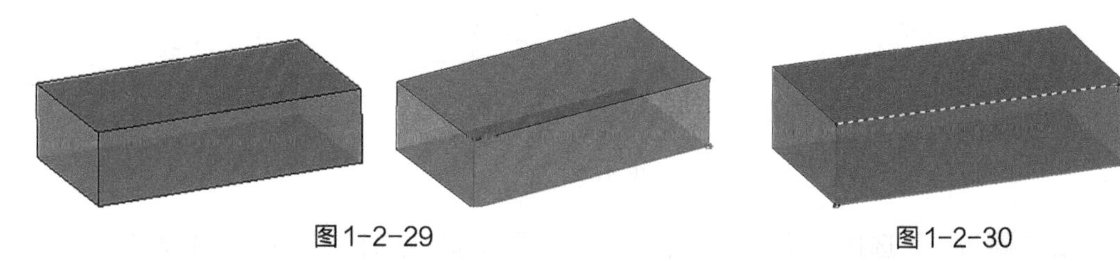

图1-2-29 图1-2-30

注意：可通过选择不同模式来复制边。边：单边进行投影。面轮廓：投影所选面的所有边。边路径：所选边进行自动连接（图 1-2-31）。

图1-2-31

2.2.9 最大外形线

可创建实体外形的最大外形线（图 1-2-32）。

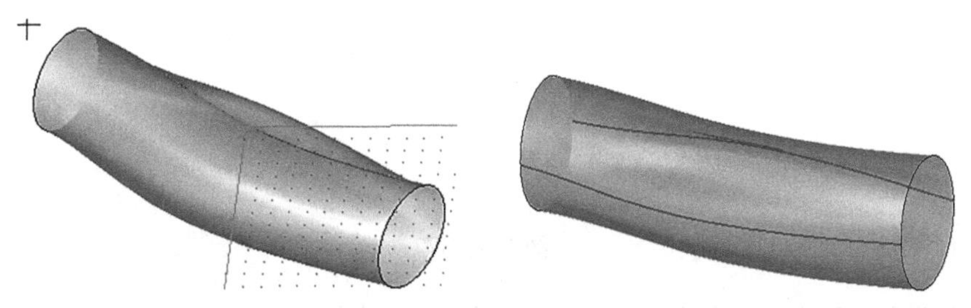

图1-2-32

主要步骤为：先点击“最大外形”命令，然后选择方向，该方向应与创建的最大外形线平面垂直（图 1–2–33）。

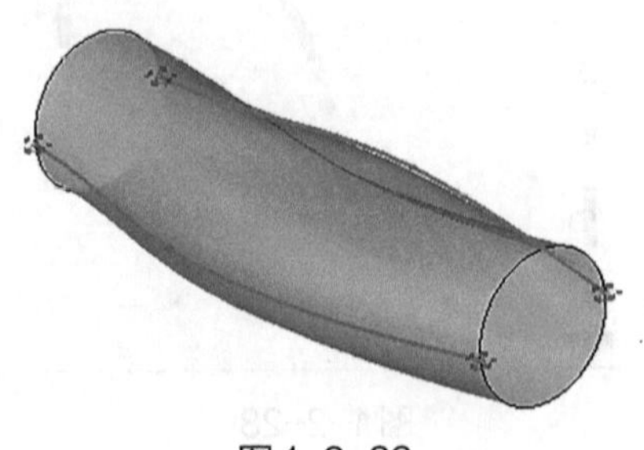

图 1–2–33

2.2.10 等距线

通过一条参考线，可创建一条或两条一定距离的线条（图 1–2–34）。

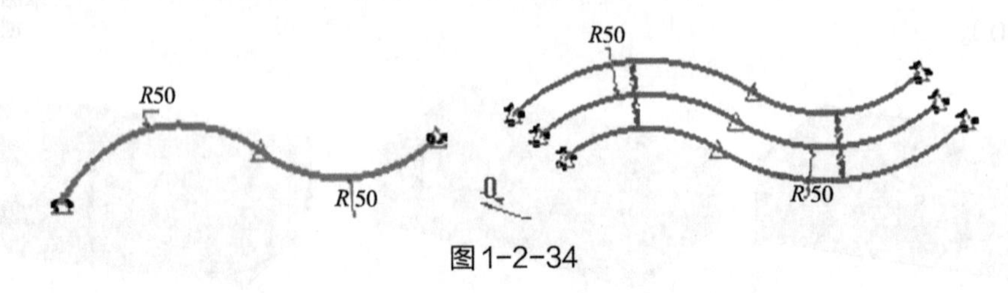

图 1–2–34

主要步骤为：先选择“等距线”命令，然后选择等距的参考线（图 1–2–35），再选择两边模式，输入距离为 20，并选择放置尺寸的位置（图 1–2–36）。

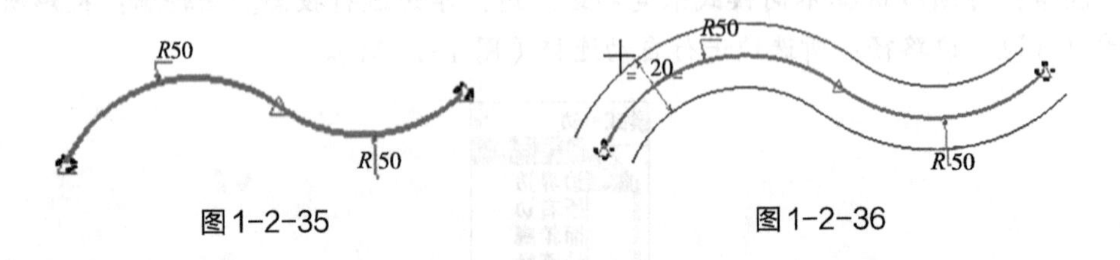

图 1–2–35　　图 1–2–36

注意：模式可以选择两边等距或一边等距，距离尺寸标注需点击放置。

2.2.11 轴线

可创建圆的轴线（图 1–2–37）。

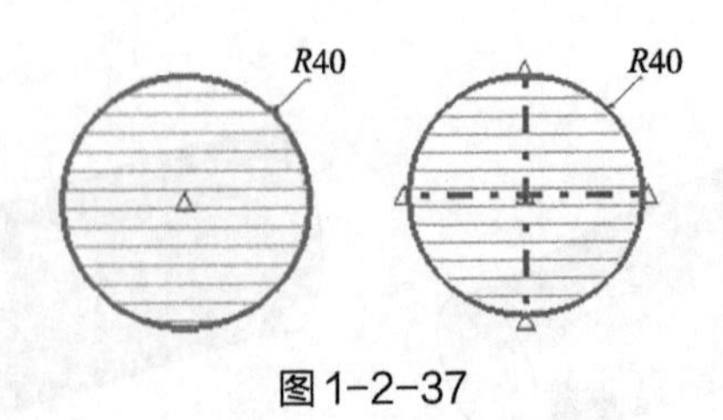

图 1–2–37

主要步骤为：先点击“轴线”命令，再选择参考圆。

2.2.12 参考曲线

参考曲线是线条创建中的参考线，退出草图后不影响模型创建实体（图 1-2-38）。

图 1-2-38

主要步骤为：先点击“参考曲线”命令，然后选择参考线。

2.2.13 复制

可进行草图曲线的阵列等操作（图 1-2-39）。

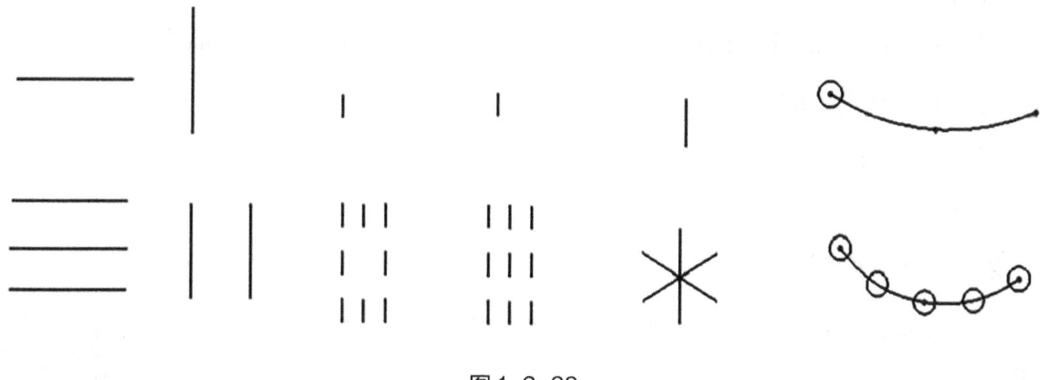

图 1-2-39

主要步骤为：先点击“复制”命令，然后选择需要复制的元素，并按需求规则进行阵列（此阵列规则和前文的阵列实例规则相同）（图 1-2-40）。

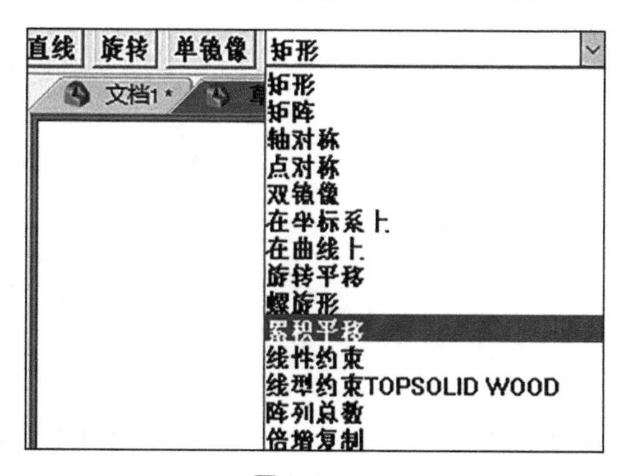

图 1-2-40

2.2.14 相对点

可进行点的基本创建。

主要步骤为：先选择“相对点”命令，然后在画图区任意点击创建点。

2.2.15 中间点

可通过两个参考点创建中点（图 1-2-41）。

主要步骤为：先点击“中间点”命令，然后分别选择两个参考点。

图 1-2-41

2.2.16 中心点

可创建圆、椭圆、边等规则线条的中心点。

主要步骤为：先点击“中心点”命令，然后选择一条规则的线条。

2.2.17 曲线交点

可创建两条曲线的相交点。

主要步骤为：先点击“曲线交点”命令，再分别选择两条相交的曲线。

2.2.18 曲线上的点

可在曲线上创建任意一点。

主要步骤为：先点击曲线上的“点”命令，然后点击参考曲线上的任意一点。

2.3 草图编辑

草图编辑是指对已经创建好的草图轮廓进行修改，包括常见的裁剪、圆角、倒角等命令（图 1-2-42）。

草图编辑

2.3.1 裁剪

主要步骤为：先点击“裁剪”命令，然后鼠标靠近要删除的部分。并单击左键（图 1-2-43）。

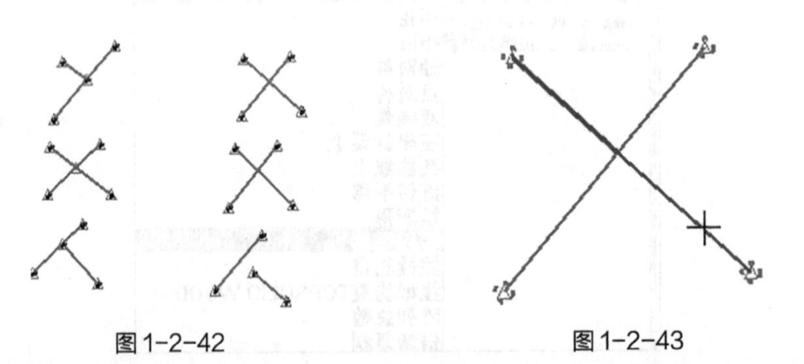

图 1-2-42　　图 1-2-43

> **注意**：可选择裁剪模式。分割：通过一条辅助线，一分为二。延伸：将一条线延伸到与参考线相交处。

2.3.2 圆角

主要步骤为：先点击“倒圆”命令，然后输入尺寸，按回车键，靠近要倒圆角线并单击左键（图 1-2-44），效果如图 1-2-45 所示。

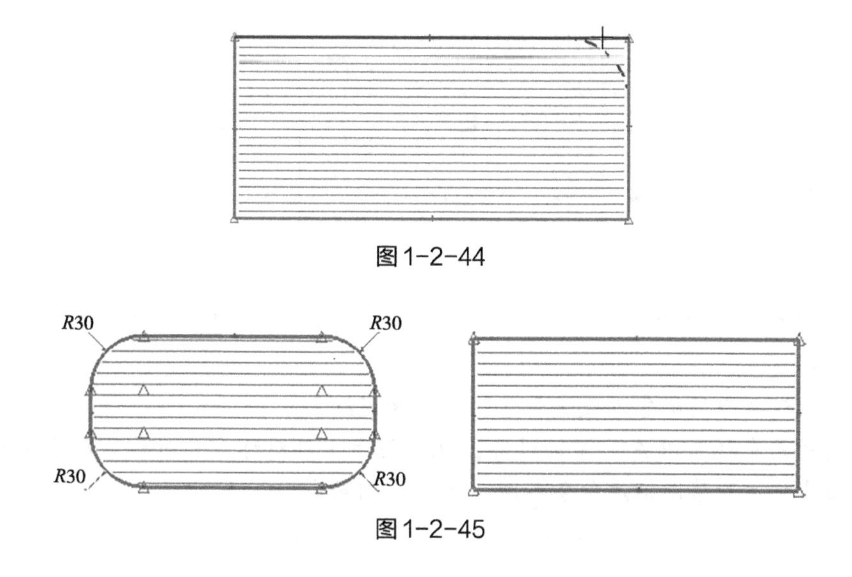

图 1-2-44

图 1-2-45

注意： 可进行局部和全局的模式切换，从而选择元素是否整体倒圆。

2.3.3　倒角

主要步骤为：先点击“倒角”命令，然后输入倒角长度，按回车键，再输入角度 45°，按回车键（可选择第二长度或角度模式），最后鼠标靠近需要倒角的线框，并单击左键，效果如图 1-2-46 所示。

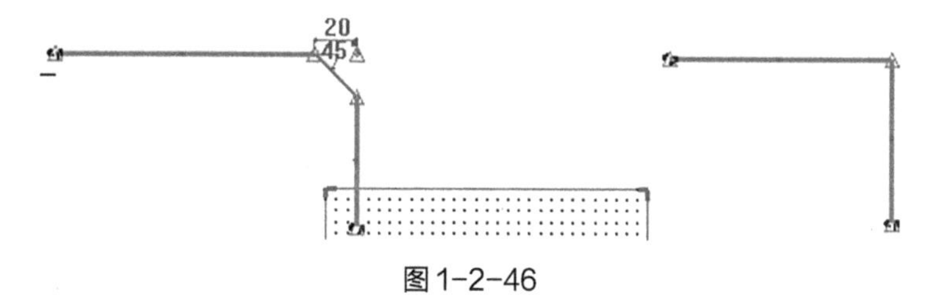

图 1-2-46

2.3.4　尺寸标注

可标注两个元素间的距离。

主要步骤为：先点击“尺寸标注”命令，然后选择想要标注的两条线或两个点，点击确定放置尺寸位置，再输入尺寸间距，并按回车键（图 1-2-47）。最后选择“对称约束”，并选择 X（即 X 轴），尺寸标注始终与坐标系 X 轴对称（图 1-2-48）。

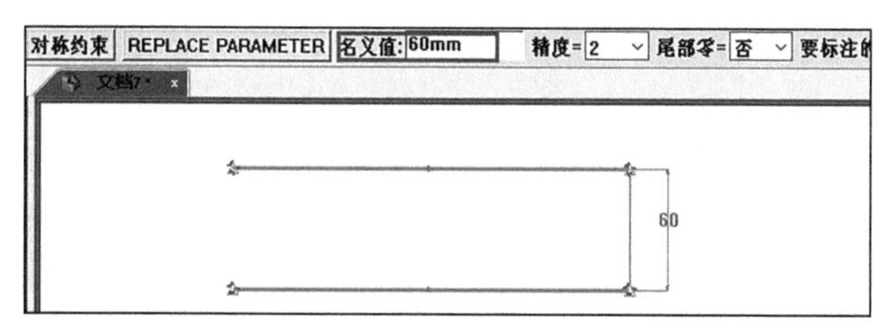

图 1-2-47

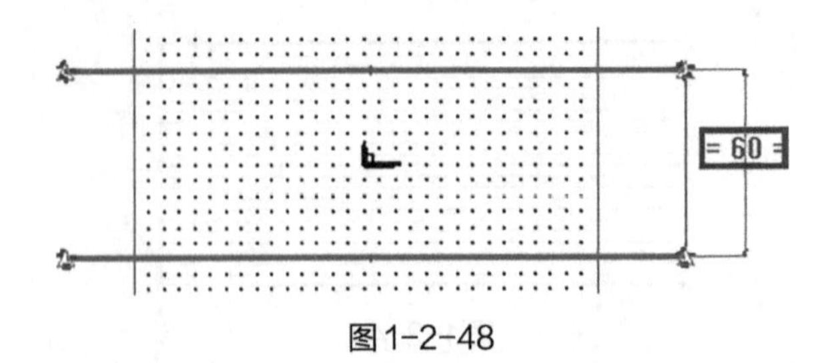

图1-2-48

注意：

①标注过程中鼠标靠近被选元素，该元素变红。

②对称约束既可以关于 X 轴对称，也可关于 Y 轴对称，且对称后尺寸两侧有双等号（曲线标注和草图标注命令不同，但用法相同）。

2.3.5 分离顶点

主要步骤为：先点击“分离顶点”命令，再选择需要分离的两条相交线，效果如图 1-2-48 所示。

图1-2-49

草图实例练习

单元3 曲　线

【学习目标】

1. 了解 TopSolid 曲线特有命令。
2. 熟练掌握 TopSolid 软件的曲线创建。
3. 能熟练运用曲线命令绘图。
4. 培养学生探索未知、追求真理、勇攀科学高峰的责任感和使命感，激发学生科技报国的情怀和使命担当。

3.1　曲线创建

曲线与草图一样可以进行二维轮廓绘制，也可以进行三维轮廓绘制；相比于草图，其命令更加多样但是约束功能较少，因此建议复杂平面轮廓绘制选择草图，其他情况则没有明确限制。

曲线创建命令与草图创建命令操作步骤一致，以下仅讲解一些曲线特有命令。

3.1.1　标准曲线

标准曲线为系统自带线条类型，只要修改部分参数就能直接使用。

标准曲线

主要步骤为：先点击“标准曲线”命令，然后根据需求选择线条类型，如图 1-3-1 所示为中间图纸为尺寸示意图，右侧列表添加该类型参数值，关键点选择线条参考位置。

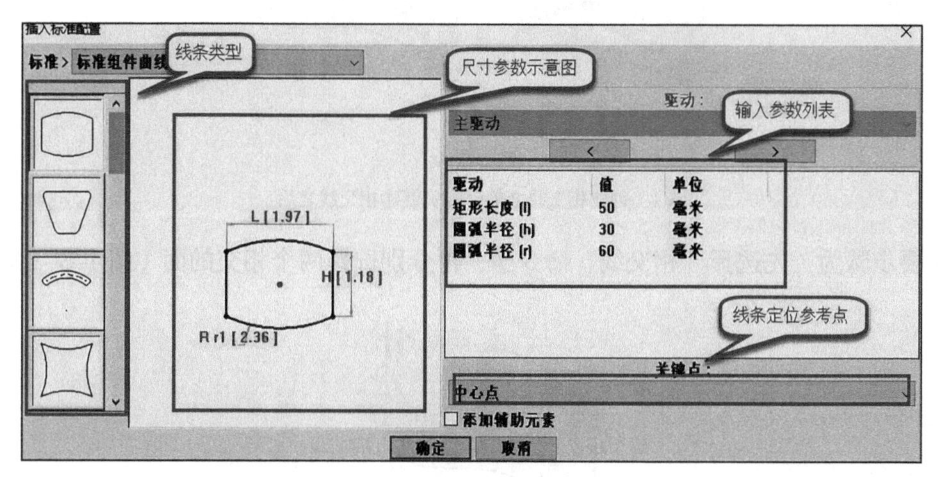

图1-3-1

3.1.2 复制边线

可通过参考外形的边复制一条与参考边重合的线（图 1–3–2）。

图1–3–2

主要步骤为：先选择“复制边线”命令，然后选择一条边作为参考边（图 1–3–3）。

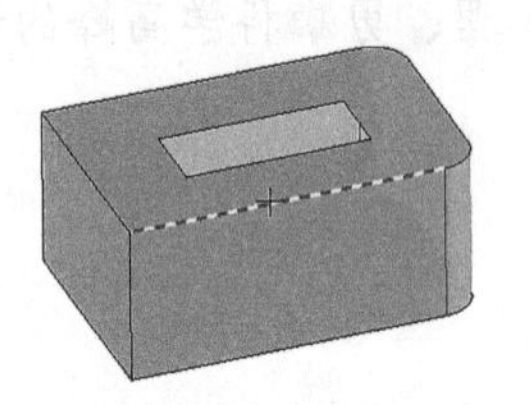

图1–3–3

其他曲线创建命令

注意：在模式中选择复制边线的模式，其类型和草图投影边相同。

3.1.3 相交线

可创建两个面相交形成的线（图 1–3–4）。

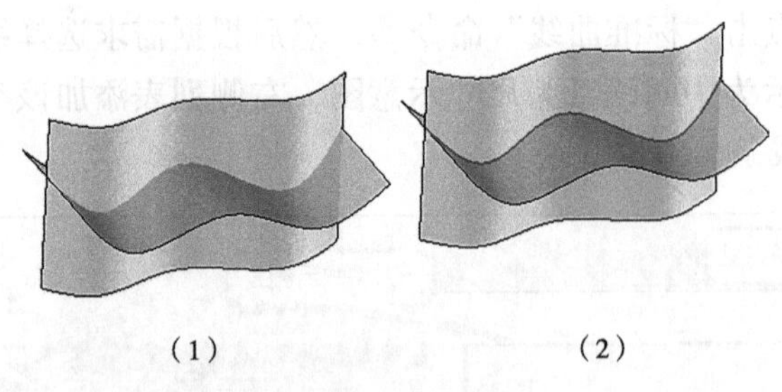

（1） （2）

图1–3–4

（1）创建相交线之前 （2）创建相交线之后

主要步骤为：先选择“相交线”命令，再分别选择两个相交的面（图 1–3–5）。

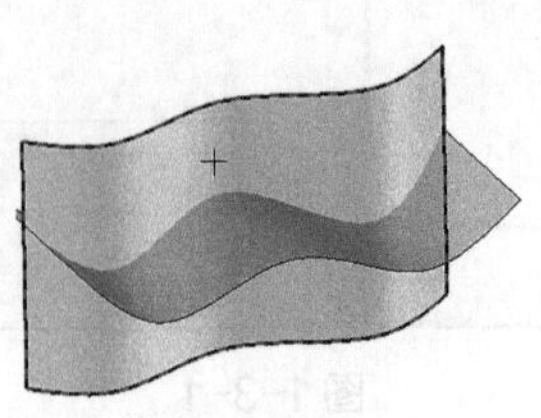

图1–3–5

注意：相交模式有多个，可根据面的类型进行选择（图 1–3–6）。

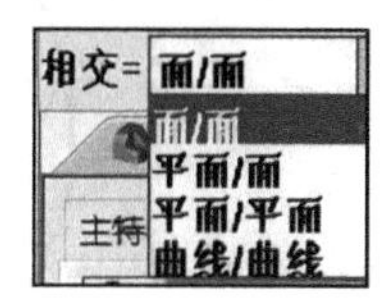

图 1–3–6

3.1.4　加厚曲线

可将一条曲线按照一定厚度创建成闭合曲线（图 1–3–7）。

图 1–3–7

主要步骤为：先点击“加厚曲线”命令，再输入厚度，按回车键，选择参考曲线，（图 1–3–8）。

图 1–3–8

注意：

①加厚后的曲线线型和当前文档选择曲线相同。

②可选择对称为“否”，同时需要输入第二厚度值（图 1–3–9）。

图 1–3–9

③加厚后的尾部可通过端部类型框选择（图 1–3–10）。

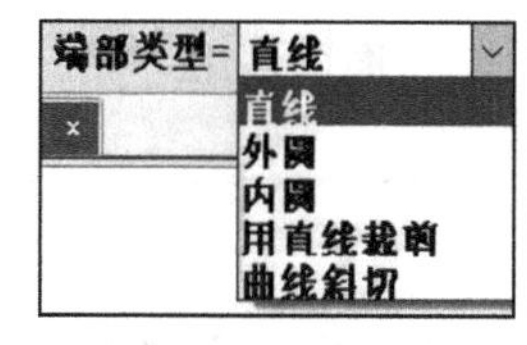

图 1–3–10

3.1.5　包容曲线

可将所选曲线外形包容在一起，并创建一个新的曲线外形（图 1–3–11）。

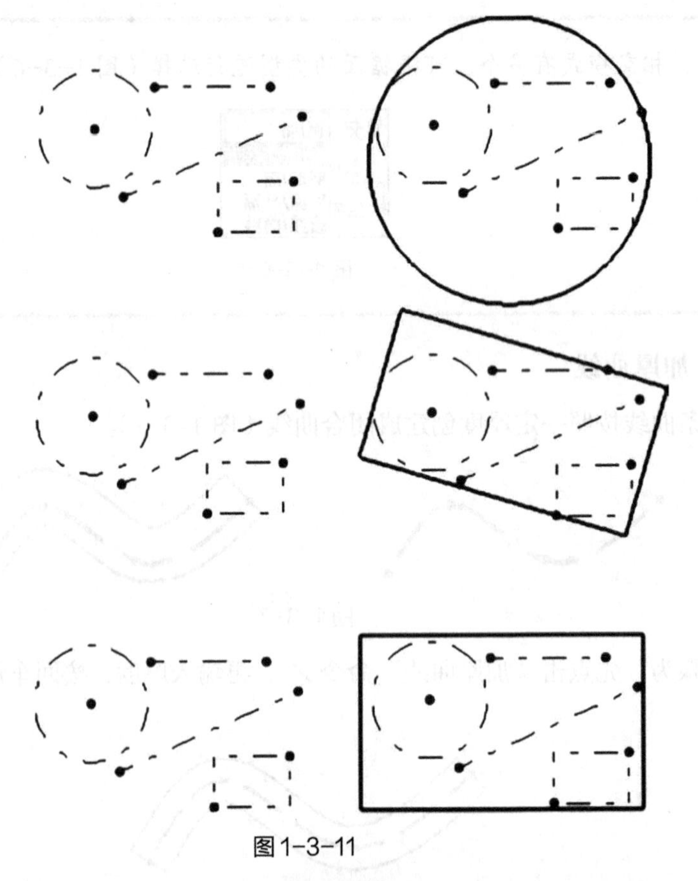

图 1-3-11

主要步骤为：先点击“包容曲线”功能，然后选择包容圆模式，并设置页边距为 0，框选需要包容的曲线（图 1-3-12）。

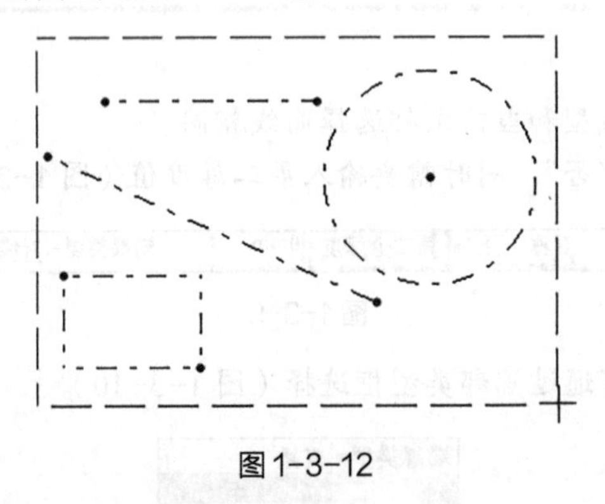

图 1-3-12

注意：

①可在模式位置选择包容模式为包容圆或者包容矩形。

②包容矩形模式下，可选择是否为最小矩形（图 1-3-13）。

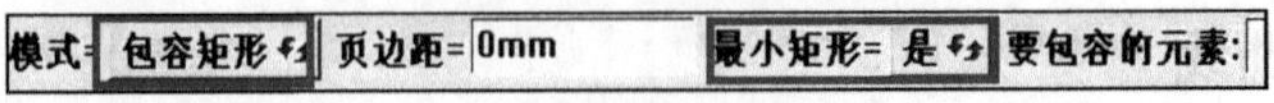

模式= 包容矩形 | 页边距= 0mm | 最小矩形= 是 | 要包容的元素:

图 1-3-13

3.1.6　直线在曲线上

可通过参考点在曲线上创建任意角度直线（图 1–3–14）。

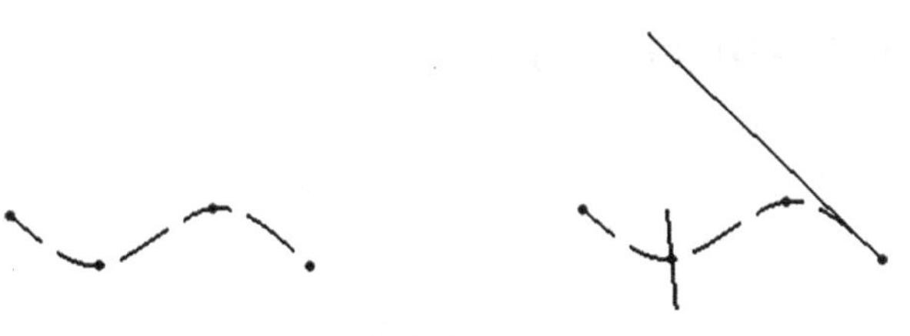

图 1–3–14

主要步骤为：先点击“直线在曲线上”命令，然后选择参考线，对齐方式为法矢，输入长度，按回车键，模式为角度并输入角度（图 1–3–15），再选择创建直线和参考曲线的交点作为参考点（图 1–3–16）。

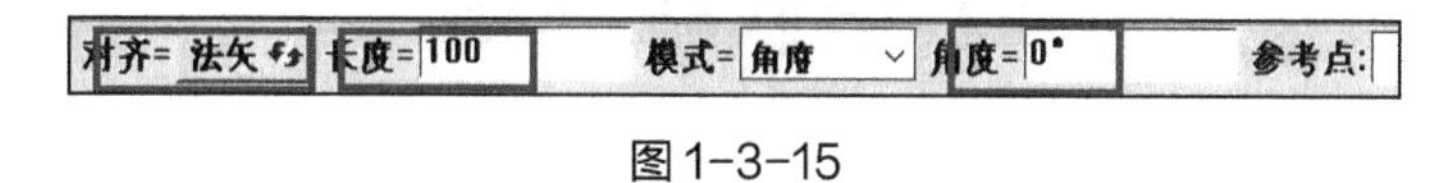

图 1–3–15

> **注意：** 对齐方式可选居中，即创建直线沿参考点向两端延伸。

3.1.7　中线

可通过两条参考线创建中心位置曲线（图 1–3–17）。

图 1–3–16　　　　图 1–3–17

主要步骤为：先点击“中线”命令，再分别选择两条参考线。

3.2　曲线操作

3.2.1　合并

可将两条曲线外形合并成一条曲线外形（图 1–3–18）。

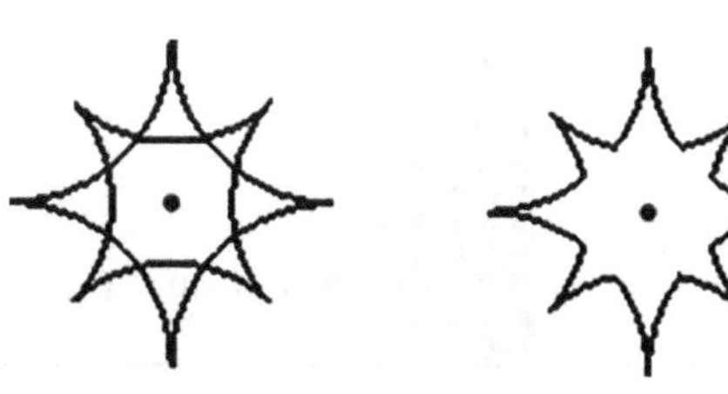

图 1–3–18

曲线操作

主要步骤为：先点击“合并”命令，再分别选择合并的两条曲线。

3.2.2 缝合

可将多条曲线连接为一条曲线（图 1-3-19）。

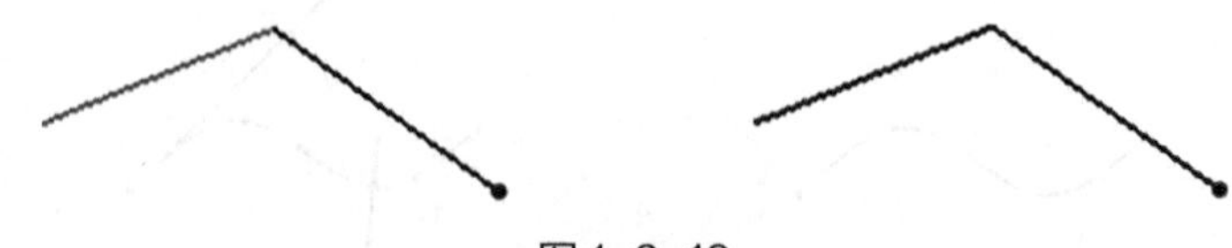

图 1-3-19

主要步骤为：先点击“缝合”命令，再分别选择要缝合的曲线，一直点击“确定”，当信息反馈栏提示“结果曲线为开放曲线”，则缝合成功（图 1-3-20）。

图 1-3-20

注意：当信息反馈栏提示“无效创建”时，需要在公差位置填写大于反馈栏提示的值（图 1-3-21）。

信息反馈栏

无效的创建.
要缝合这些曲线所需的最小精度 = 0.0500000

图 1-3-21

3.2.3 阵列组合

将单个线条按照一定规则进行阵列，并将阵列后的元素首尾缝合相连（图 1-3-22）。

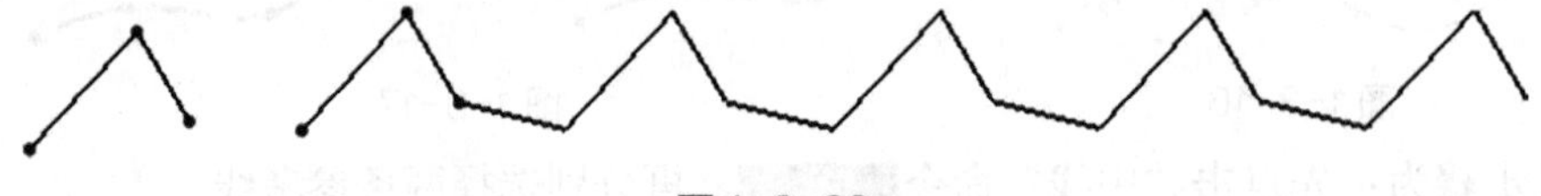

图 1-3-22

主要步骤为：先选择“阵列合并”命令，再点击需要阵列合并的曲线，且按照一定规则进行阵列合并（此阵列包含规则和上文阵列实例规则相同）（图 1-3-23）。

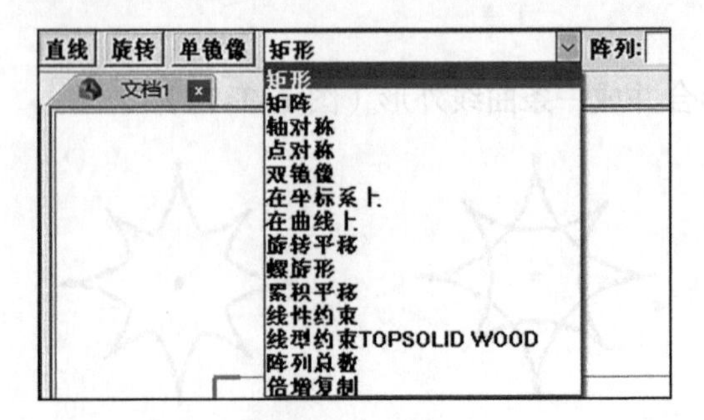

图 1-3-23

3.2.4　变换

可将曲线或外形元素按照一定规则进行转换（如平移，旋转等）。

主要步骤为：先点击“变换”命令 变换，再选择变换规则为平移（图 1-3-24），然后点击平移方向 *X*+（平移方向有 *X*+、*Y*+、*Z*+、*X*−、*Y*−、*Z*−6 个方向，也可选择其他参考线作为移动方向）（图 1-3-25），最后，输入平移距离，按回车键，选择变换的元素。

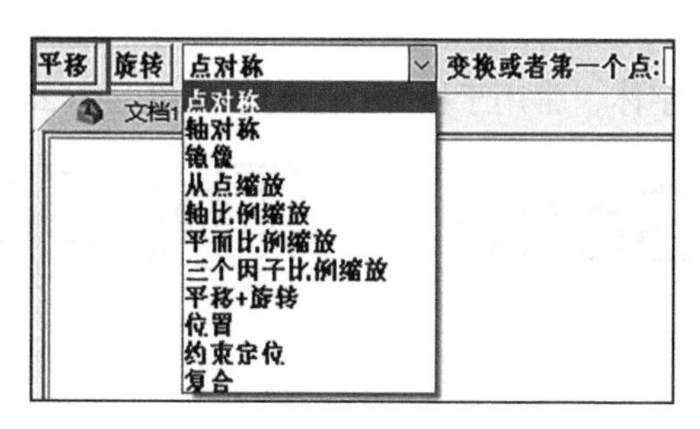

图 1-3-24

X+　X-　Y+　Y-　Z+　Z-　切矢　三个坐标方向平移　移动方向或第一个点:

图 1-3-25

> **注意：**变换包含规则和上文阵列实例规则相同。

3.2.5　光顺

可使曲线光滑，无棱角，图 1-3-26 所示为线光顺前后拉伸对比。

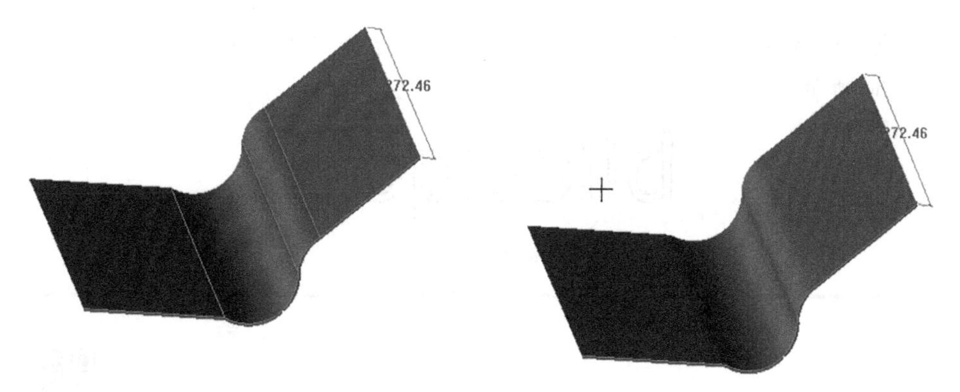

图 1-3-26

主要步骤为：先点击“光顺”命令 光顺，再设置弧长模式，并选择光顺曲线。然后输入点数数值，按回车键，数值越大光顺精度越高（图 1-3-27）。

点数: 3

图 1-3-27

注意：
①弧长模式输入点数在 1000 左右，不宜过高，否则计算量太大，容易死机。
②模式为精度，经常用于异形件木工刀具成型参考曲线的编辑。

3.2.6 转换文字

可将文字转换为空心字体，常用于板件加工刻字（图 1–3–28）。

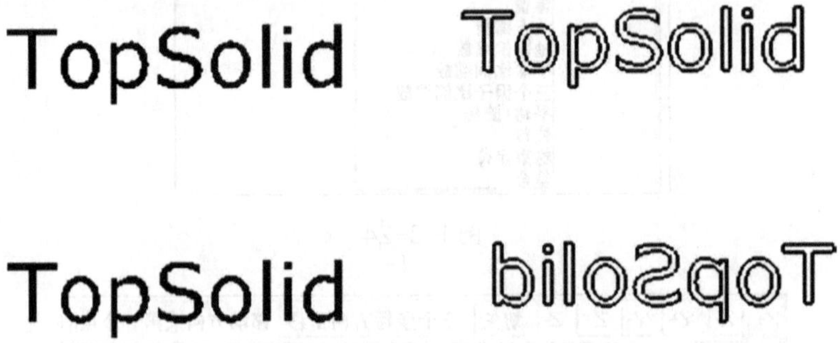

TopSolid TopSolid

TopSolid biloSqoT

图1–3–28

主要步骤为：先点击“转换文字”命令  转换文字，再点击需要转换的文字（图 1–3–29）。

TopSolid

图1–3–29

注意： 镜像效果 = 是否可以切换选择，当选择“是”时，文字镜像显示如图 1–3–30 所示。

biloSqoT

图1–3–30

曲线实例练习

单元4 外 形

【学习目标】

1. 了解 TopSolid 软件如何将二维轮廓转化为三维实体。
2. 掌握 TopSolid 软件的外形创建和编辑命令。
3. 能快速熟练运用 TopSolid 软件外形命令进行建模。
4. 学思结合、知行统一，增强学生勇于探索的创新精神、善于解决问题的实践能力。在学习过程中主动讨论、研究、解决软件使用过程中的实际问题。

4.1 外形创建

外形功能是 TopSolid 进行三维建模的基础功能，包括外形创建及外形编辑两大命令。

外形创建命令主要指的是将二维轮廓转化为三维实体的命令。

4.1.1 拉伸

拉伸主要是指通过拉伸一条曲线创建一个曲面或者实体外形。

主要步骤为：先点击“拉伸”命令，再选择目标元素（图 1-4-1），然后输入拉伸高度，按回车键确定（图 1-4-2）。

拉伸

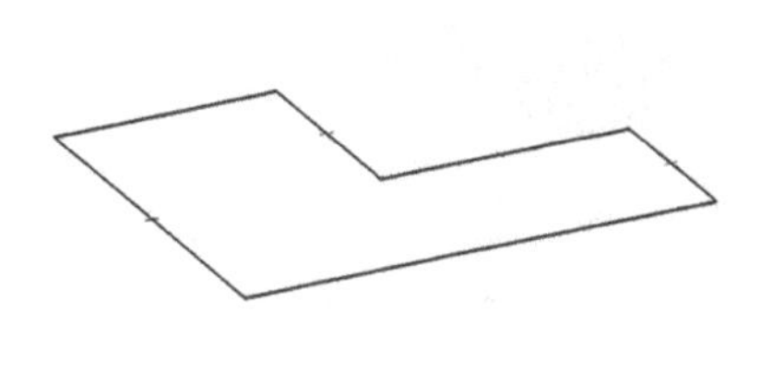

图1-4-1

图1-4-2

注意：

①拉伸元素可以是曲线或者面（图 1-4-3）。

新的轮廓 = 轮廓 | 拉伸元素= 曲线 | 草图= 全部 | 结果= 每个轮廓一个外形 | 方向 | 截面线或文字:

图1-4-3

②一次拉伸多个轮廓，结果不同，结果 = 一个外形，达到以下不同效果（图 1-4-4）。

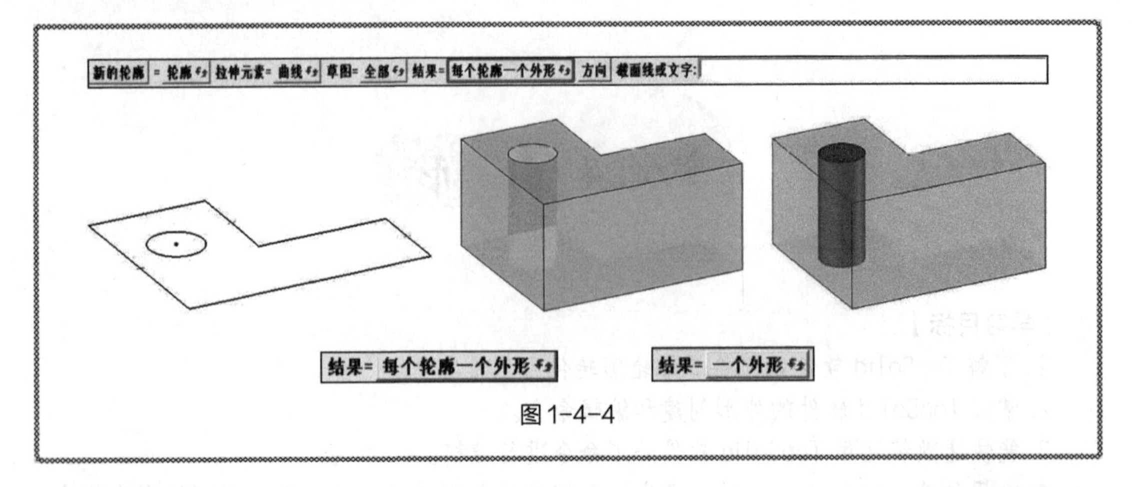

图1-4-4

4.1.2 旋转

旋转

旋转主要是指由曲线绕轴旋转创建一个曲面或者实体外形。

主要步骤为：先点击“旋转”命令，再选择目标元素（图 1-4-5），然后选择轴（图 1-4-6），点击“确定”，确定方向（图 1-4-7），最后输入旋转角度，按回车键确定（图 1-4-8）。

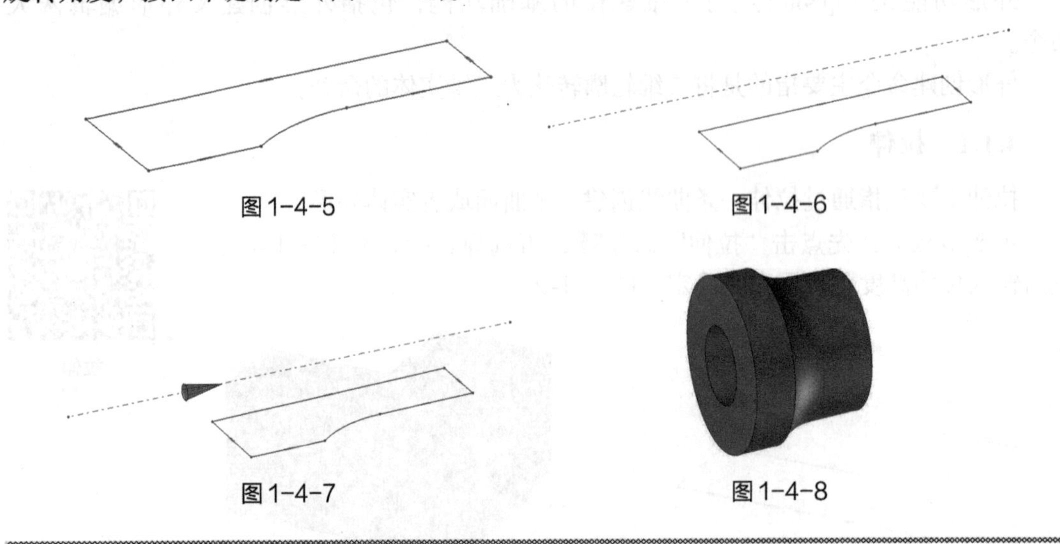

图1-4-5　图1-4-6

图1-4-7　图1-4-8

注意：

①旋转轴可以是曲线本身的边线、外部创建的直线，或者坐标系的轴。

②当旋转轮廓为开放曲线时，旋转得到的为曲面（图 1-4-9）。

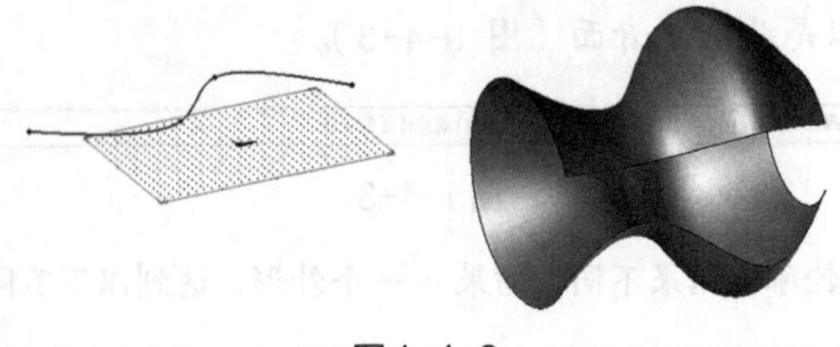

图1-4-9

4.1.3　管状外形

管道主要是指沿着导引线扫描截面线创建一个外形。

主要步骤为：先点击“管状外形”命令，再选择引导曲线（图 1–4–10），然后选择截面线（图 1–4–11）。

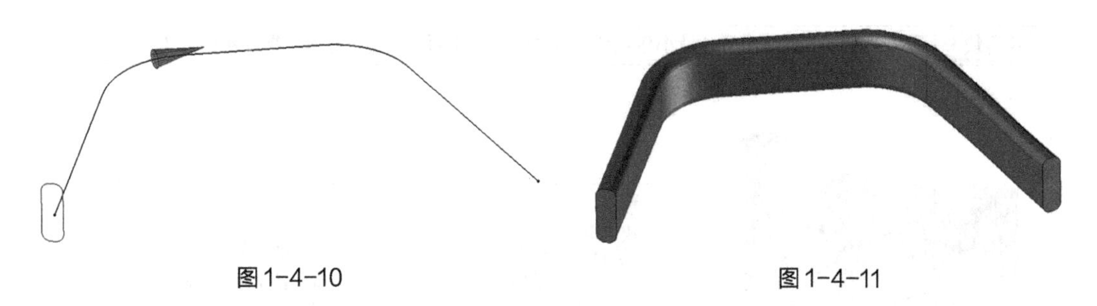

图 1–4–10　　　　图 1–4–11

注意：

①对于直线组成的拐角，分为两种类型（图 1–4–12）。

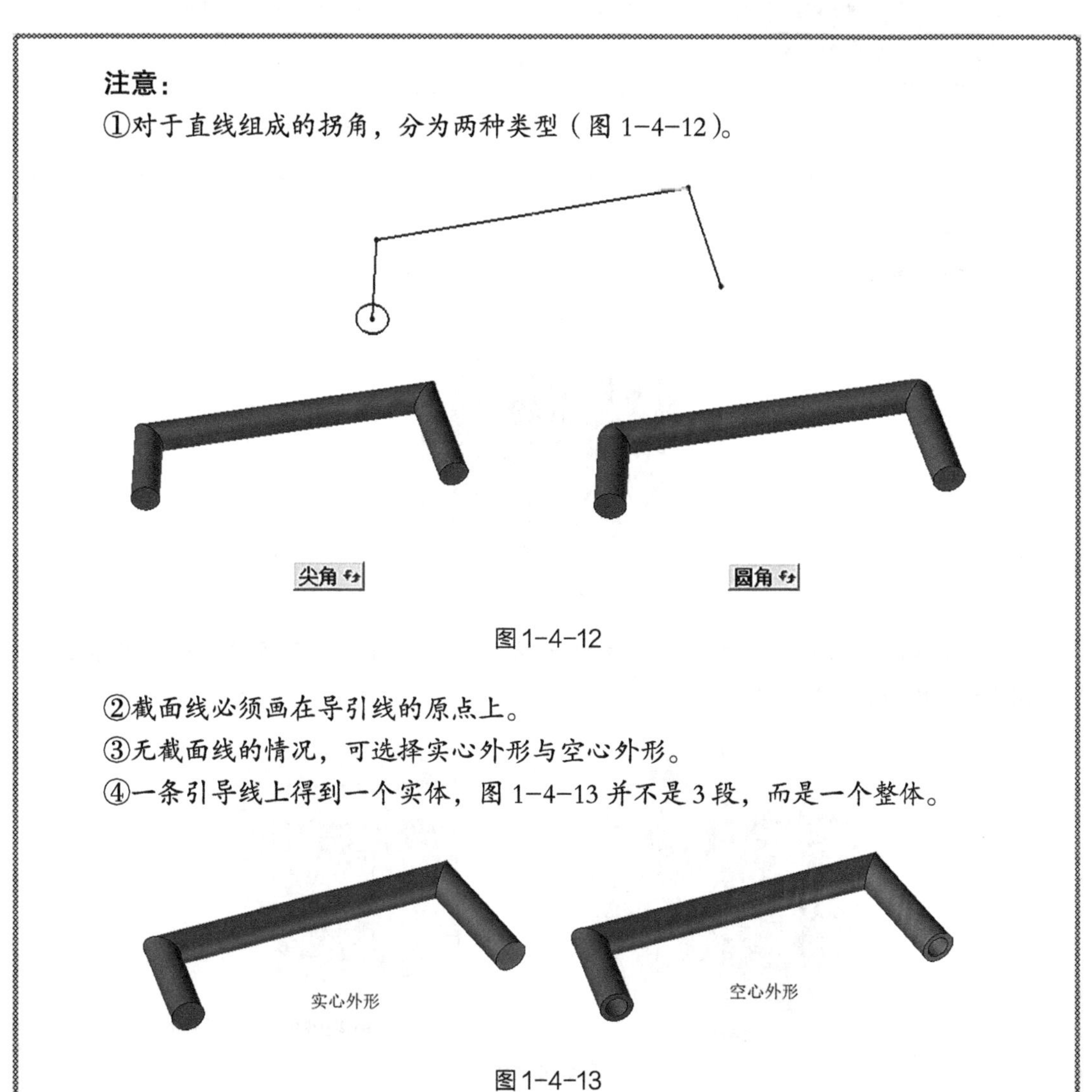

图 1–4–12

②截面线必须画在导引线的原点上。

③无截面线的情况，可选择实心外形与空心外形。

④一条引导线上得到一个实体，图 1–4–13 并不是 3 段，而是一个整体。

图 1–4–13

4.1.4 包容外形

包容体主要是创建一个或多个元素的包容平行六面体或圆柱形封闭形体。

主要步骤为：先点击“包容外形”命令，再选择包容外形的类型（图 1–4–14），然后选择要包容的元素，可以选择多个对象（图 1–4–15），最后填写边距，点击“确定”（图 1–4–16）。

方法= 包容块 遵循= 接下来的操作 最小包容块= 是 自动坐标系= 是 面 要包容的元素:

图1-4-14

图1-4-15

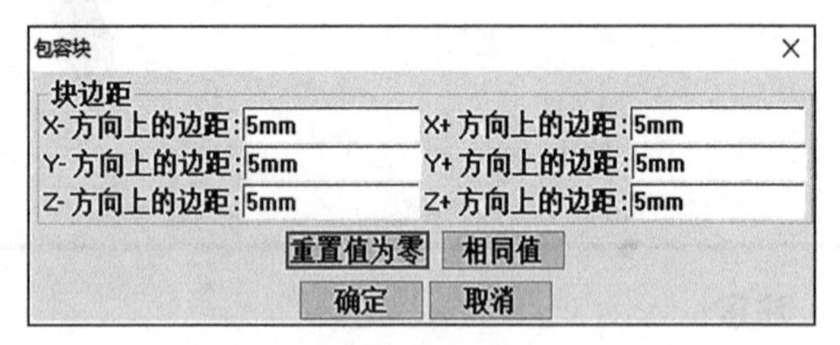

图1-4-16

注意：

①包容模式分为包容块和包容圆柱体（图 1–4–17）。

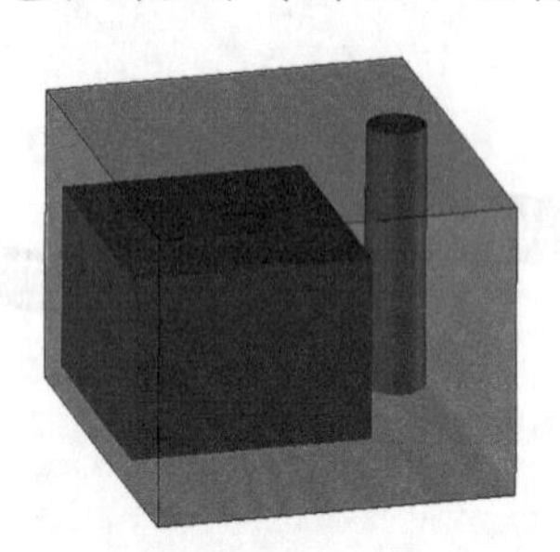

图1-4-17

②可以切换自动坐标系命令，允许手动或自动两种方式确定包容快的坐标系（图 1–4–18、图 1–4–19）。

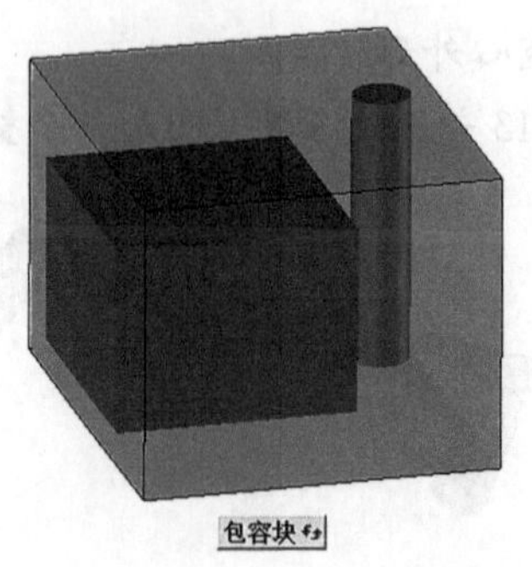

图1-4-18

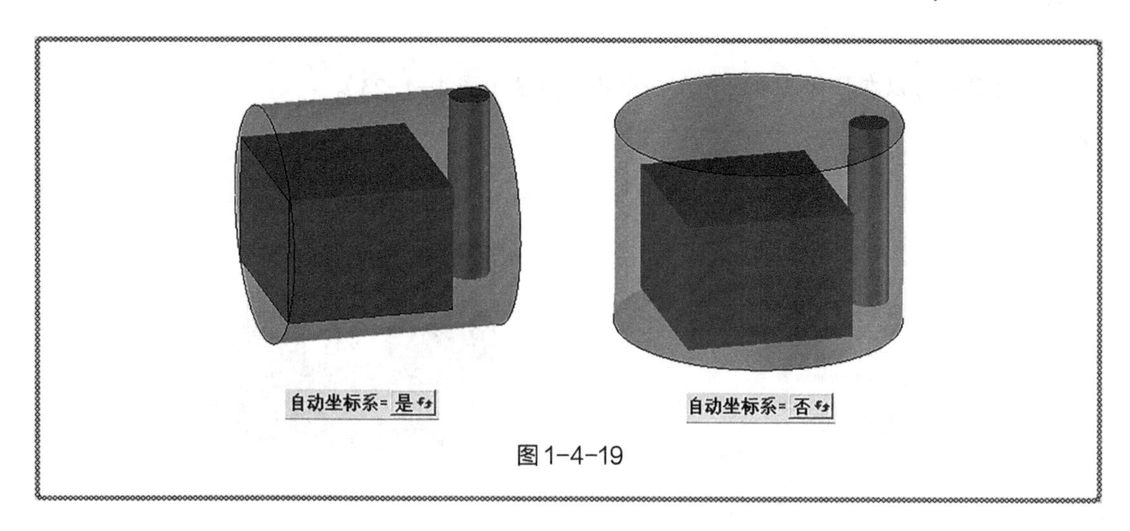

图1-4-19

4.2 外形编辑

4.2.1 凸台

凸台是在实体部分创建一个凸起特征。

主要步骤为：依次选择“凸台”命令、凸台的参考面（图1-4-20）及曲线（图1-4-21），然后输入凸台参数，并点击“确定”（图1-4-22）。

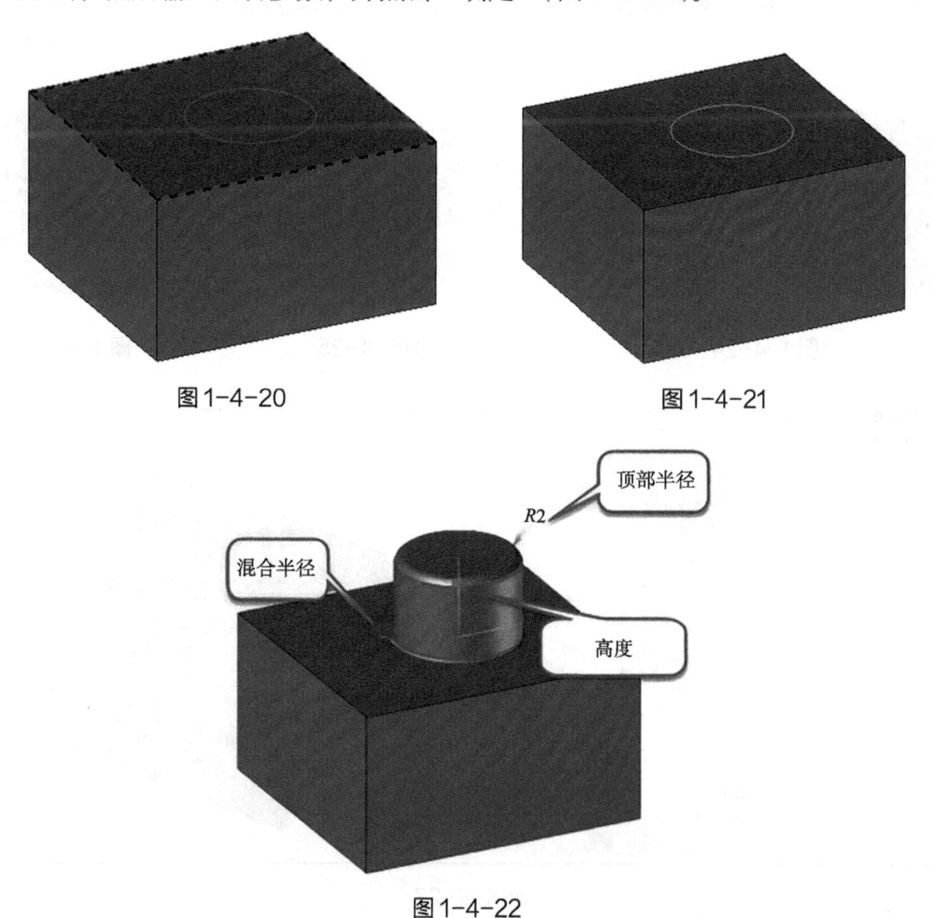

图1-4-20

图1-4-21

图1-4-22

注意：可以在拉伸凸台时添加一个拔模角度（图 1-4-23）。

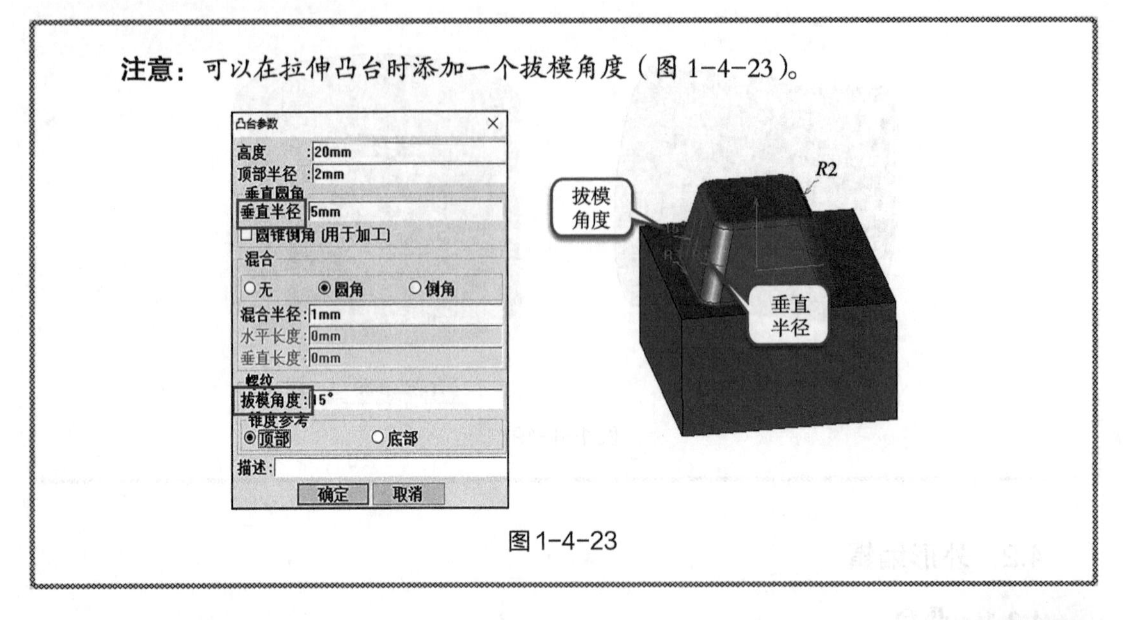

图 1-4-23

4.2.2 挖槽

挖槽是在实体零件上创建挖槽特征（图 1-4-24）。

主要步骤为：依次选择挖槽命令、参考面（图 1-4-25）及曲线（图 1-4-26），然后输入挖槽参数，并点击“确定”（图 1-4-27）。

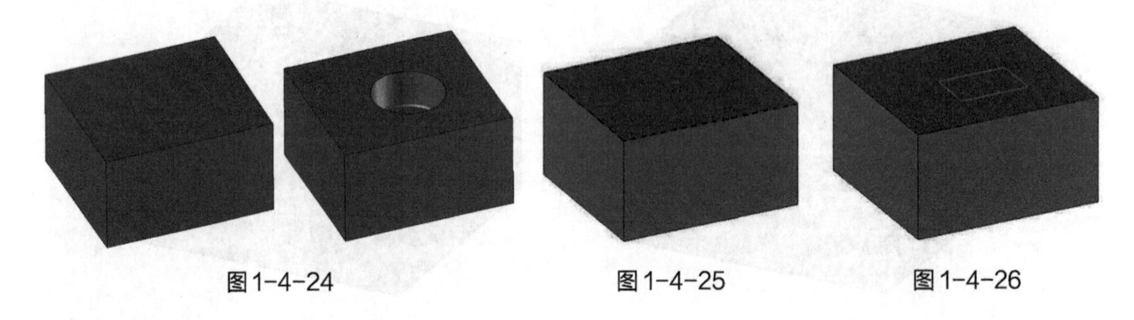

图 1-4-24　　图 1-4-25　　图 1-4-26

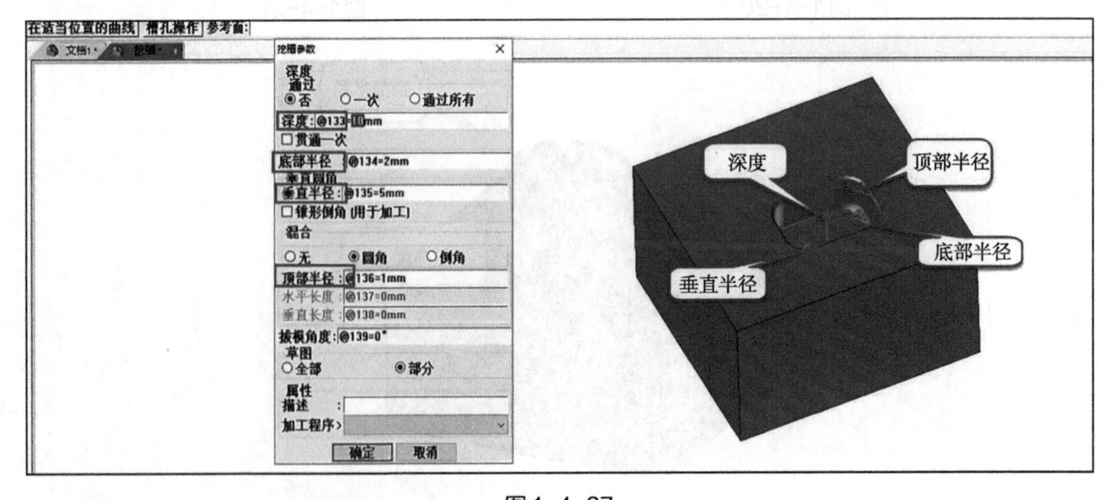

图 1-4-27

注意：

①可以选择通过来创建一个通槽（图 1-4-28）。

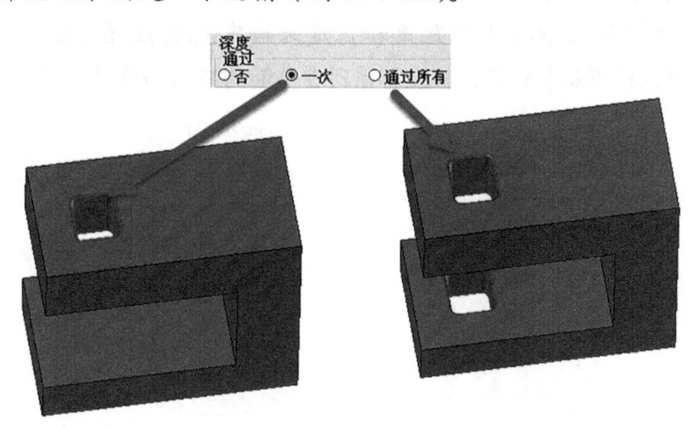

图1-4-28

②当参考曲线在中间时，可以选择是否贯通（图 1-4-29）。

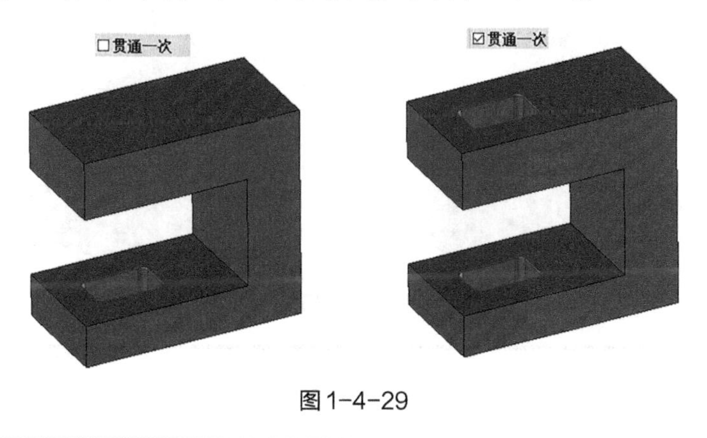

图1-4-29

4.2.3 钻孔

钻孔是在实体表面上确定不同的钻孔类型。

主要步骤为：依次选择“钻孔”命令、要钻孔的面（图 1-4-30）和钻孔类型，点击“确定”（图 1-4-31），然后填写钻孔参数，点击“确定”（图 1-4-32）。

钻孔

图1-4-30

图1-4-31

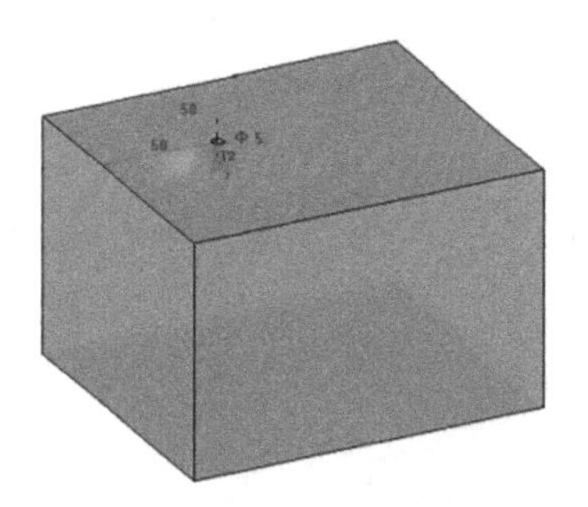

图1-4-32

注意：

①圆柱坐标系可用在圆柱面上钻孔（图 1-4-33）。

②极坐标系可根据到中心点的距离和角度来确定孔的位置（图 1-4-34）。

③极坐标系可以根据钻孔位置到极坐标系所在平面的距离和角度来确定（图 1-4-35）。

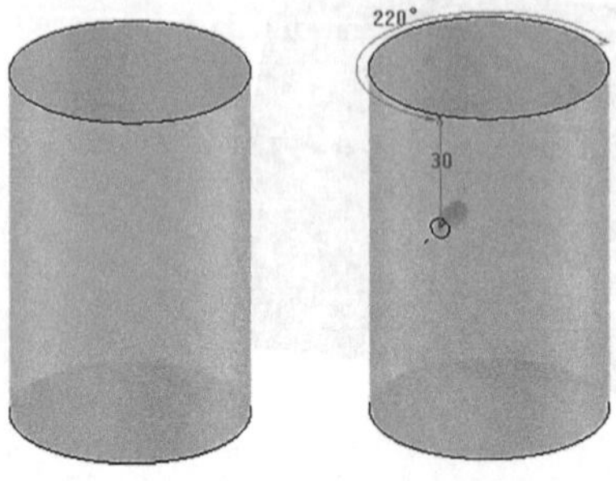

图 1-4-33

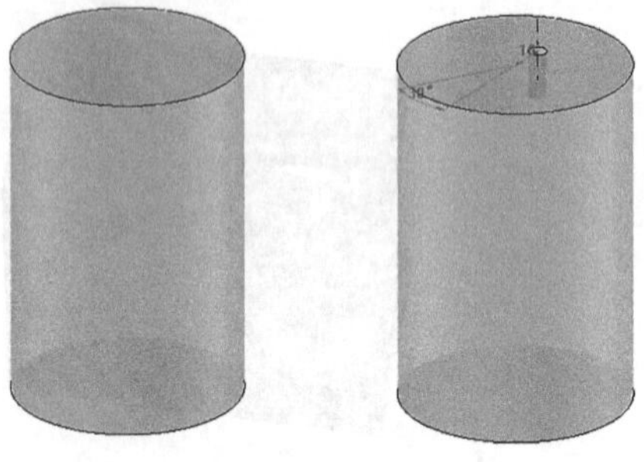

图 1-4-34

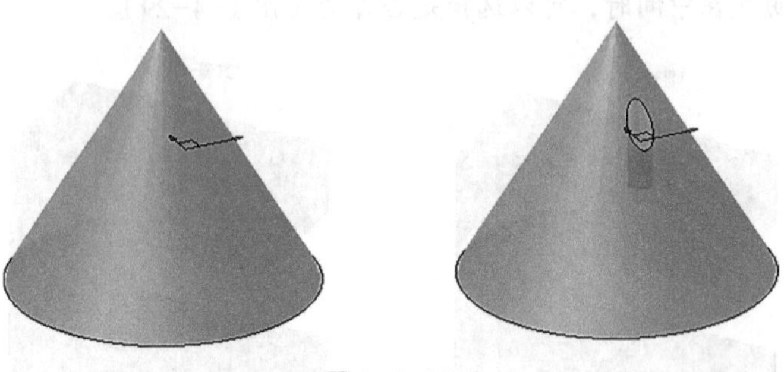

图 1-4-35

4.2.4 裁剪

裁剪

用一个曲线、实体或曲面外形裁剪另外一个实体或曲面外形。

主要步骤为：依次选择“裁剪”命令、要裁剪的外形（图 1-4-36）及裁剪外形或曲线（图 1-4-37），再点击“确定”按钮来确定方向（图 1-4-38），最后选择裁剪方向（显示的箭头指向要删除的一侧）。

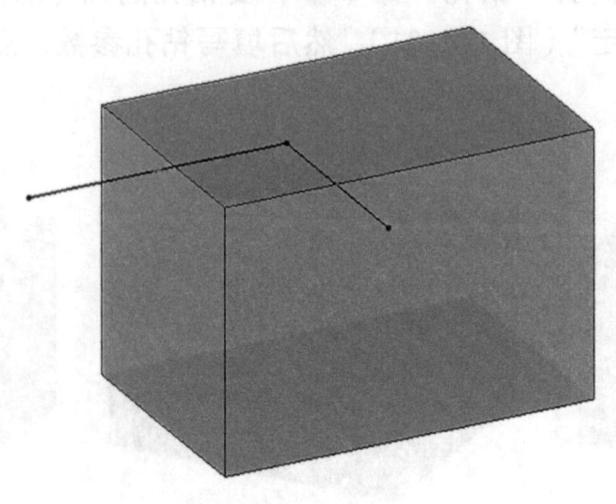

图 1-4-36

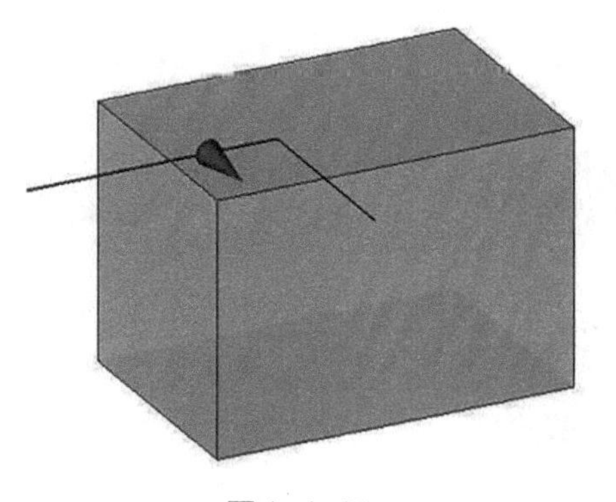

图1-4-37

图1-4-38

注意：

①可以通过选择“保留两个零件”按钮保留外形的两部分（图1-4-39）。

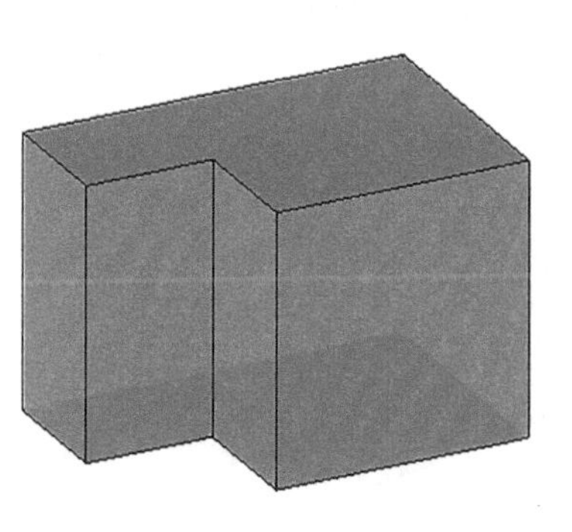

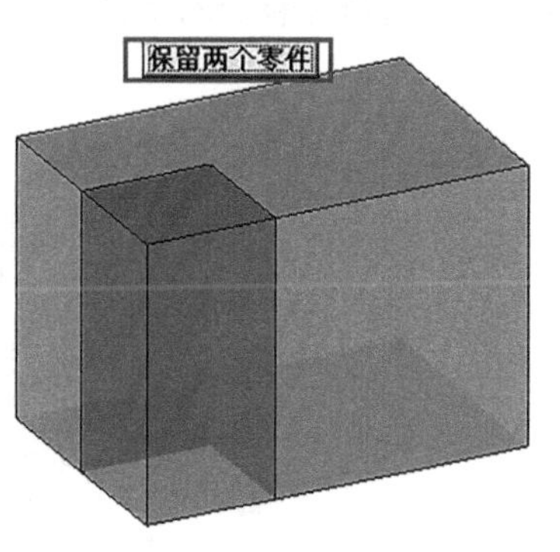

图1-4-39

②可以使用曲面进行裁剪（图1-4-40）。

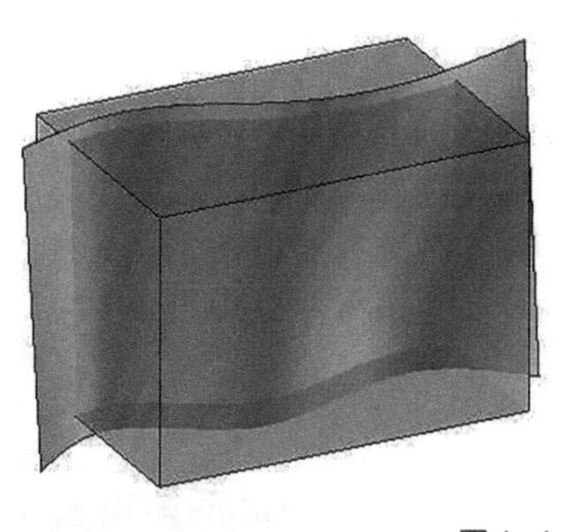

图1-4-40

4.2.5 布尔减

布尔减是从一个外形上减去另一个外形。

主要步骤为：先选择“布尔减”命令，再选择要修改的外形（图1-4-41），然后选择工具外形（图1-4-42），生成效果如图1-4-43所示。

布尔减

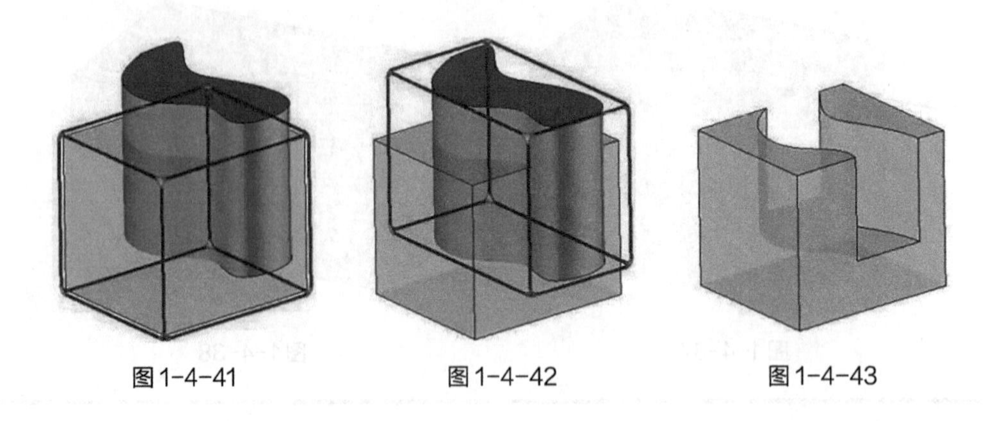
图1-4-41　　图1-4-42　　图1-4-43

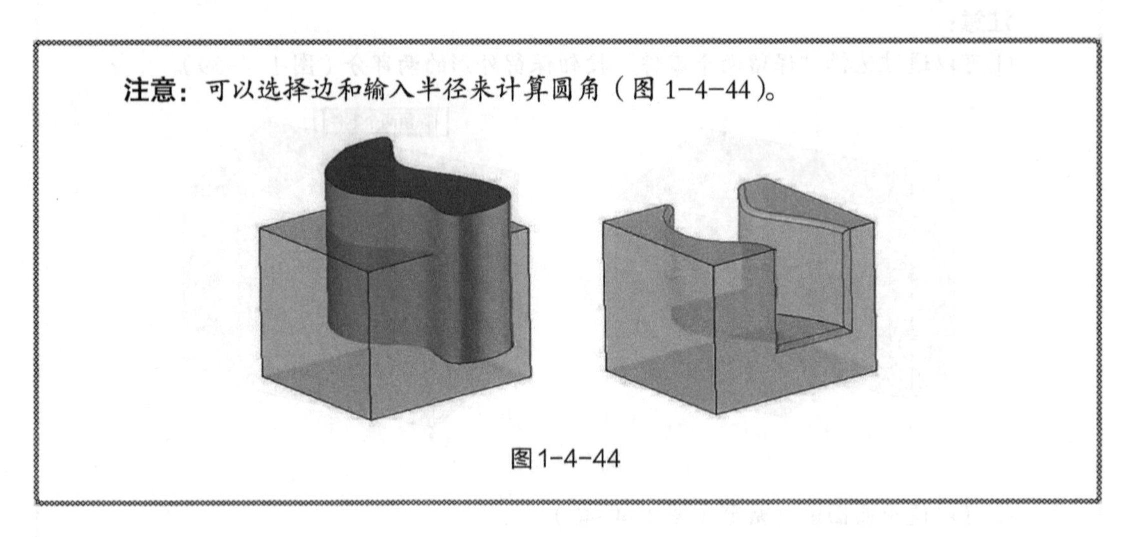
注意：可以选择边和输入半径来计算圆角（图 1-4-44）。

图1-4-44

4.2.6 布尔加

布尔加是把两个外形进行布尔组合，将两个外形视为同一外形元素，布尔加之后的外形会被同时选中。

布尔加

主要步骤为：先选择“布尔加”命令，再选择要修改的外形（图 1-4-45），然后选择工具外形（图 1-4-46），生成效果如图 1-4-47 所示。

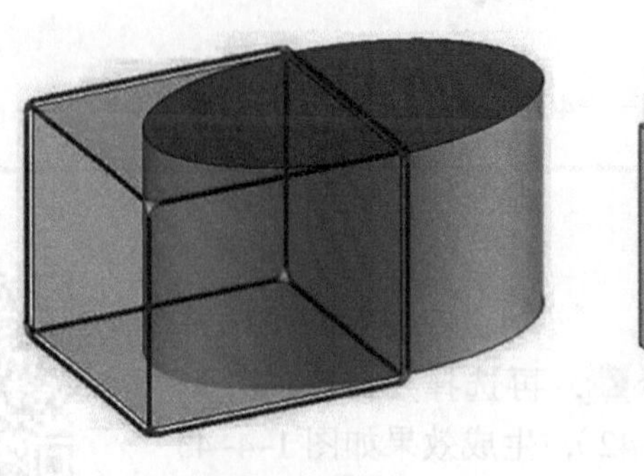
图1-4-45

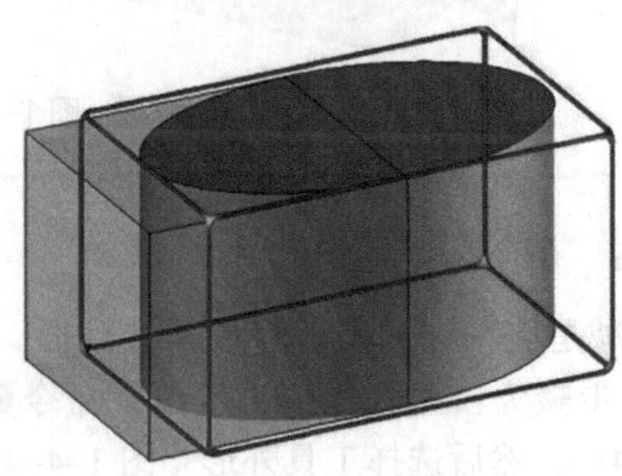
图1-4-46

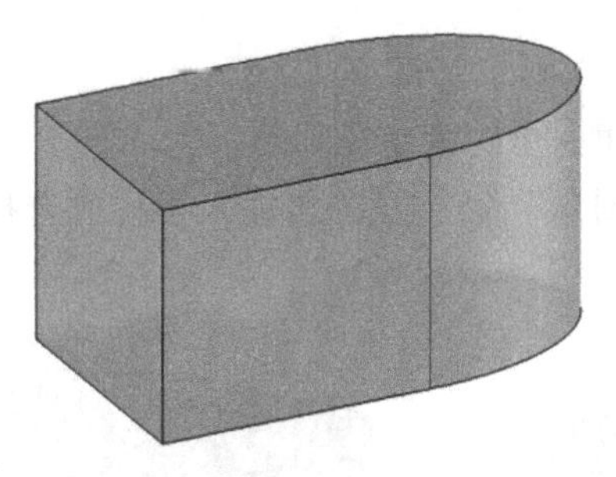

图1-4-47

注意：

①可以用局部操作来排除某一边的外形（图 1-4-48）。

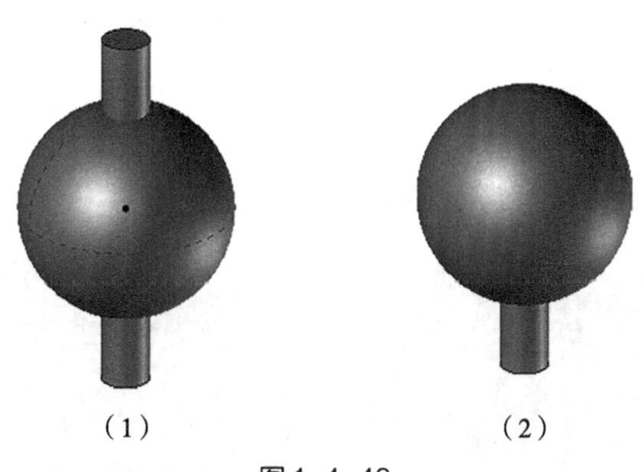

（1）　　（2）

图1-4-48

（1）局部操作前　（2）局部操作结果

②如果通过一半或者部分设计一个零件，并且想使用阵列操作来完成零件的创建并合并（“外形”→“布尔加”），建议直接使用“外形”→“曲面 / 布尔操作”→“阵列合并”。

4.2.7　相交

相交是得到几个外形的交集。

主要步骤为：先选择“相交”命令，再选择要修改的外形（图 1-4-49），最后选择工具外形（图 1-4-50）。

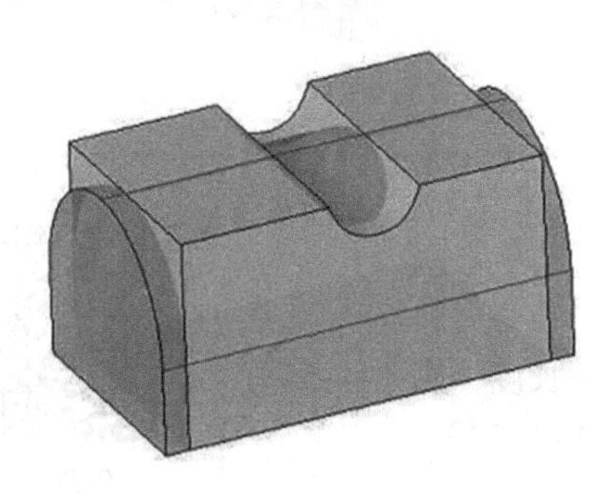

图1-4-49

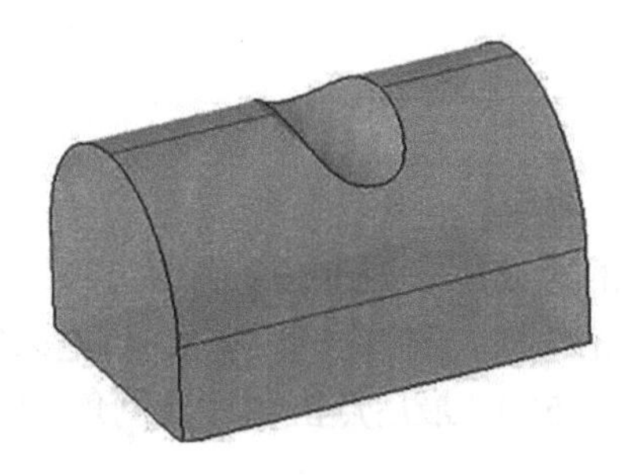

图1-4-50

相交

4.2.8 圆角

圆角是在外形的边上创建一个约束半径圆角。

主要步骤为：先选择“圆角”命令，再输入半径并选择边（图 1-4-51），最后点击“计算倒角”（图 1-4-52）。

图 1-4-51

图 1-4-52

圆角

注意：

①可以对一个圆角边进行裁剪（图 1-4-53）。

图 1-4-53

②可以使用变半径模式，在同一条边上实现多个圆角半径（图 1-4-54）。

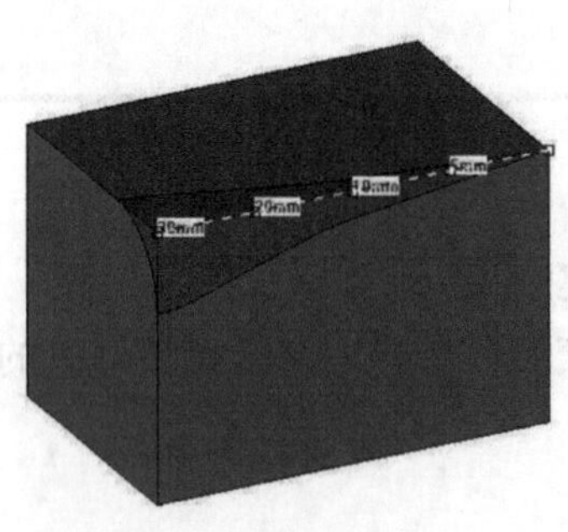

图 1-4-54

4.2.9 倒角

倒角是在外形的边或角上创建一个倒角。

主要步骤为：先选择“倒角”命令，再输入第一长度（图 1-4-55），然后选择边（图 1-4-56），最后点击“计算倒角”（图 1-4-57）。

倒角

图1-4-55

图1-4-56

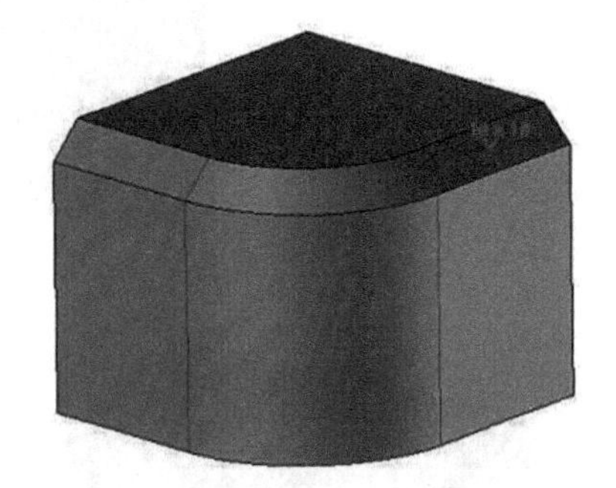

图1-4-57

注意：

①可以使用“打断角部”来对某一个角进行打断（图 1-4-58）。

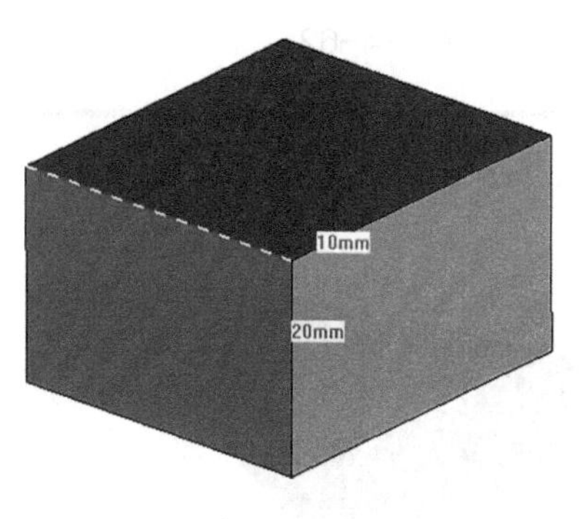

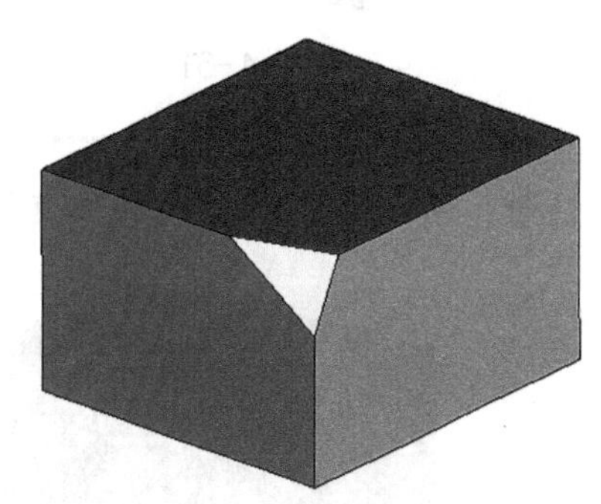

图1-4-58

②等距模式允许在非平面曲面上创建规则的倒角（图 1-4-59）。

等距20×20

图1-4-59

4.2.10　拔模

拔模

拔模是在实体或曲面外形的一个或几个面上创建一个拔模角度。

主要步骤为：先选择“拔模”命令，再输入拔模角度（图 1–4–60），点击“计算拔模”，并选择参考平面（图 1–4–61），最后确定拔模方向，点击“确定”（图 1–4–62）。

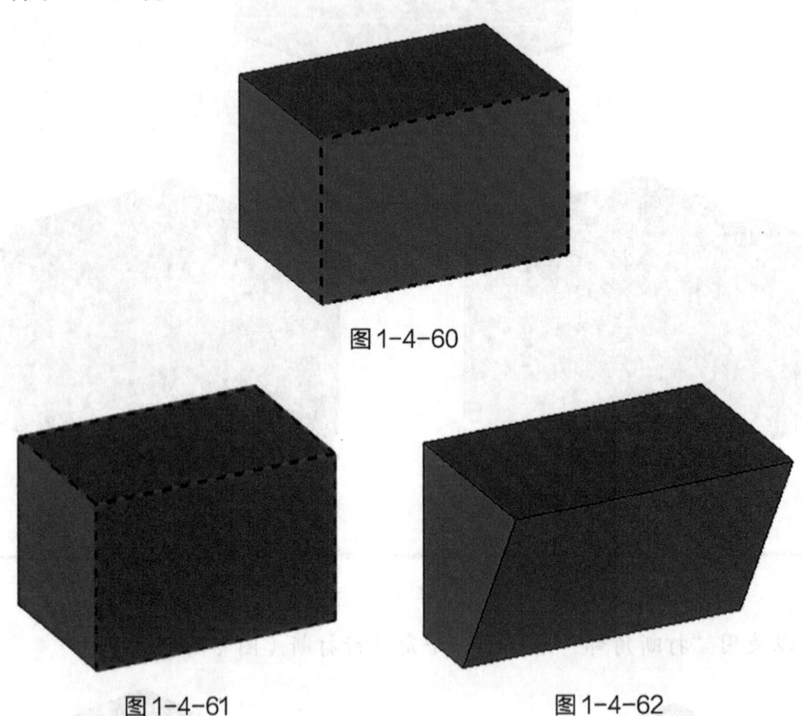

图1–4–60

图1–4–61　　图1–4–62

> **注意：**选项根面为“是”可以直接选择所有的相邻面进行拔模（图 1–4–63）。
>
> 图1–4–63

4.2.11　抽壳

抽壳

抽壳是对一个实体外形进行抽壳。

主要步骤为：先选择“抽壳”命令，再输入全局厚度，选择要抽壳的实体（图 1–4–64）和要穿透的面（图 1–4–65），最后点击“确定”（图 1–4–66）。

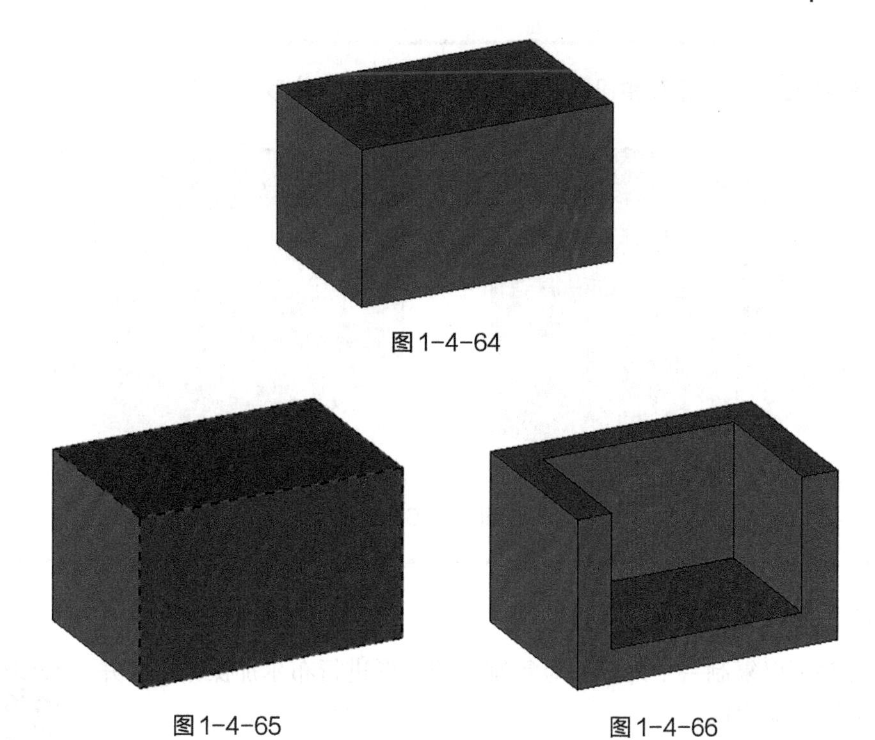

图1-4-64

图1-4-65

图1-4-66

注意：

①可以使用“特定面”按钮为其他面输入不同的厚度（图 1-4-67）。

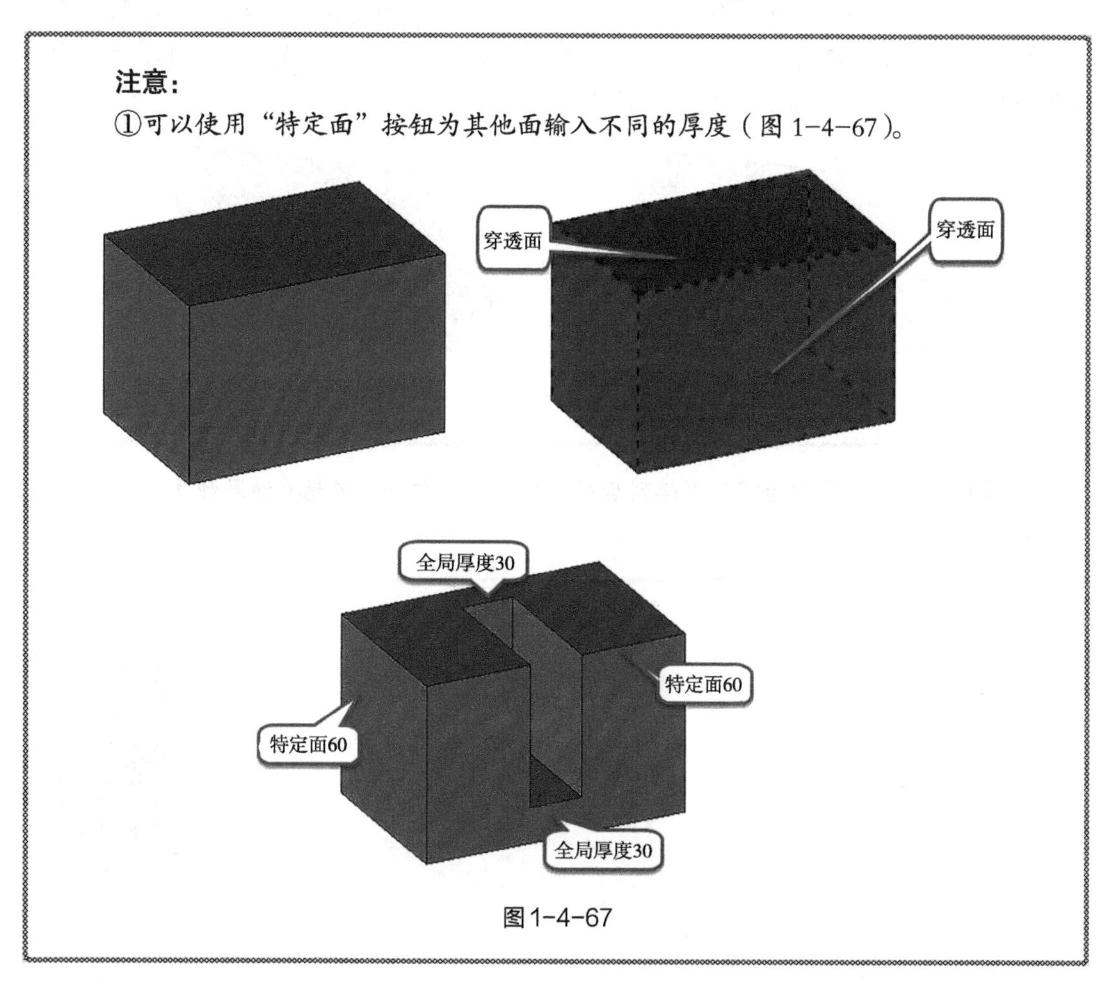

图1-4-67

②可以使用"所有面相同厚度"来创建一个空心外形（图 1-4-68）。

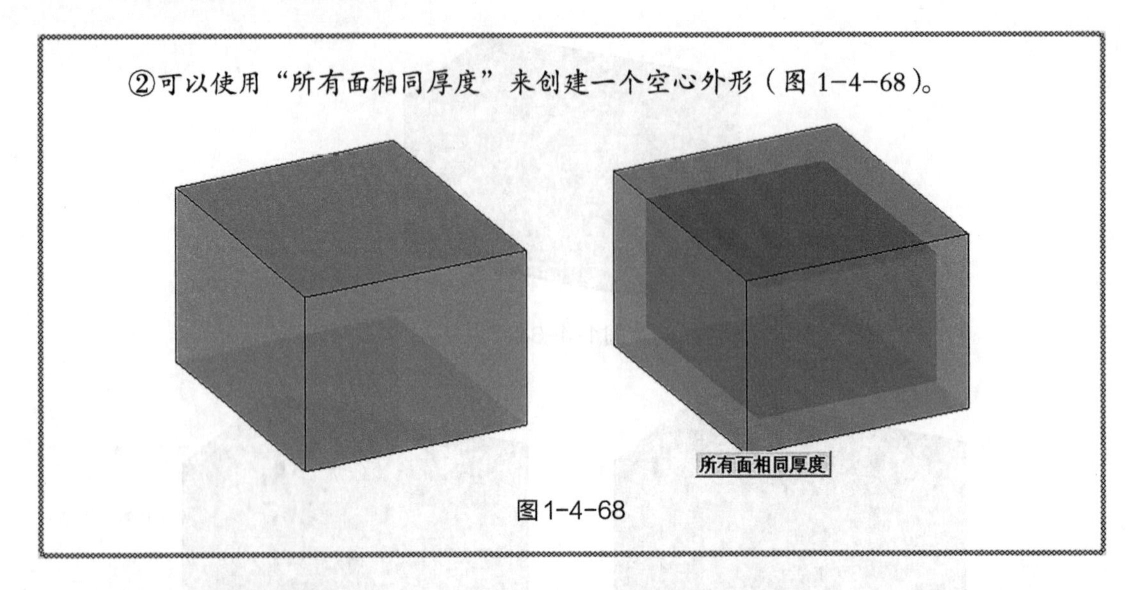

图1-4-68

4.2.12 阵列合并

阵列合并可以复制一个外形并对复制后的外形进行布尔加操作，合并后原外形横版会被隐藏。

阵列合并

主要步骤为：依次"阵列合并"命令、要阵列的实体（图 1-4-69）及阵列方式（图 1-4-70），然后选择旋转，以菱形左下角的边作为轴，角度为 360°，总数为 7，最后点击"确定"。

图1-4-69

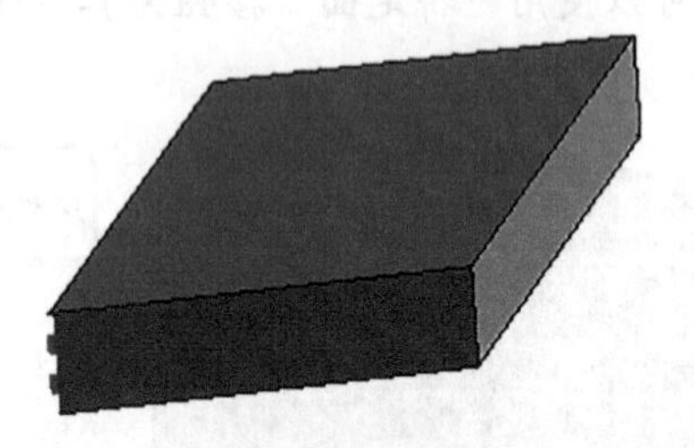
图1-4-70

注意：该命令原理为将外形阵列后对结果进行布尔加。若想要结果独立，可使用"编辑"→"阵列实例"。

外形实例练习

单元 5 曲 面

【学习目标】

1. 了解 TopSolid 软件对方形顶面进行拔模操作的方法。
2. 掌握 TopSolid 软件曲面基本功能。
3. 能熟练运用 TopSolid 对方形顶面进行拔模操作和曲面创建。
4. 培养学生立足时代、扎根人民、深入生活，树立正确的艺术观和创作观。

5.1 曲面创建

曲面是物体的一个体素，三维空间中的点连成线，线的集合构成面，面再构成实体零件。软件中大多有点做的曲线、控制点曲线和 B 样条曲线等，曲面就是这些曲线构成的。本单元主要介绍，曲面构建部分功能。

平面曲面

5.1.1 平面曲面

平面曲面是由一个平面的封闭曲线创建一个平面曲面。

主要步骤为：先选择“平面曲面”命令，再选择截面线（此处可以框选，选择多条封闭曲线）（图 1–5–1），然后由截面线生成曲面（图 1–5–2）。

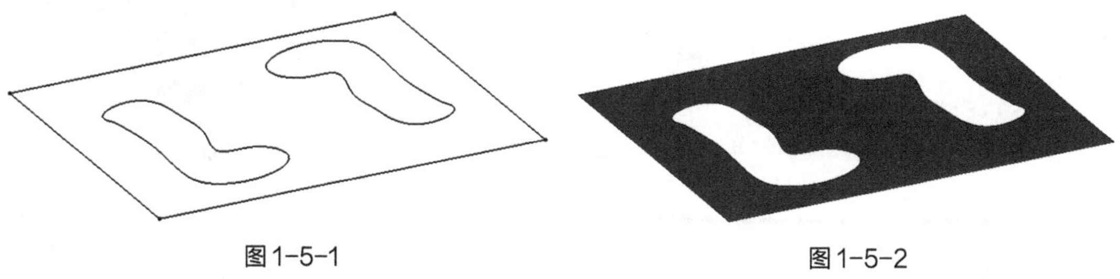

图1–5–1　　图1–5–2

注意：

①曲线一定是平面的并且封闭（图 1–5–3）。

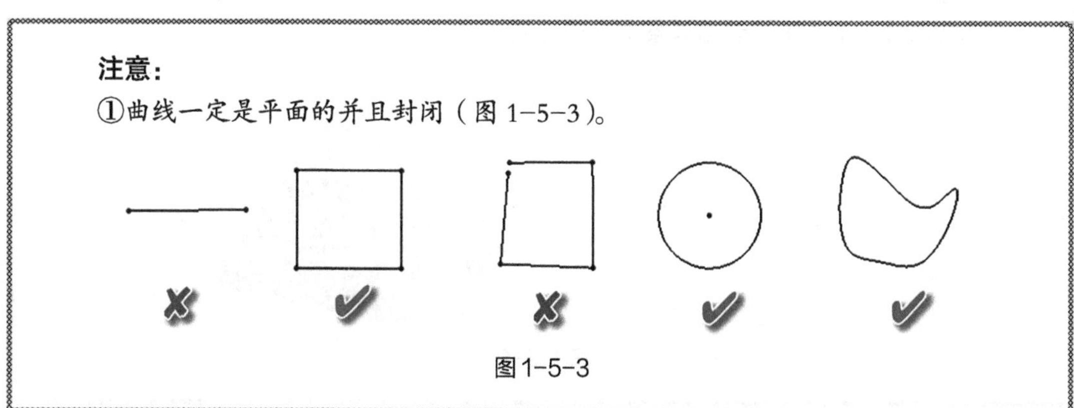

图1–5–3

②转换“平面曲面”按钮可以识别一个单一曲面的B样条类型，并将该封闭轮廓转换成平面外形，这常用于外部导入的模型，如 .igs、.stp 类型等（图 1–5–4）。

新的轮廓 | = 轮廓 | 转换平面曲面 | 通过点的平均平面 | 截面线= 隐藏 | 草图= 全部 | 精度= 0.01 | 截面线或文字:

图1-5-4

③通过点的“平面曲面”按钮，可以将平面上的点形成最大面积的平面曲面（图 1–5–5）。

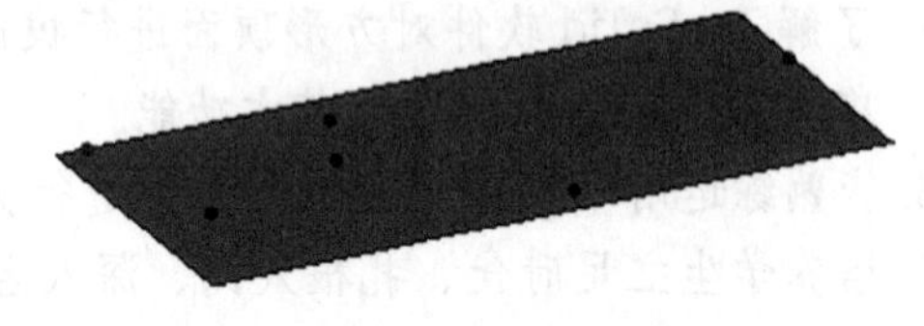

图1-5-5

5.1.2 直纹面

直纹面

直纹面是在两条曲线或边之间创建一个直纹面曲面。

主要步骤为：先选择“直纹面”命令，然后选择截面线和第二条截面线（图 1–5–6），确定方向并点击“确定”（图 1–5–7），即可生成直纹面（图 1–5–8）。

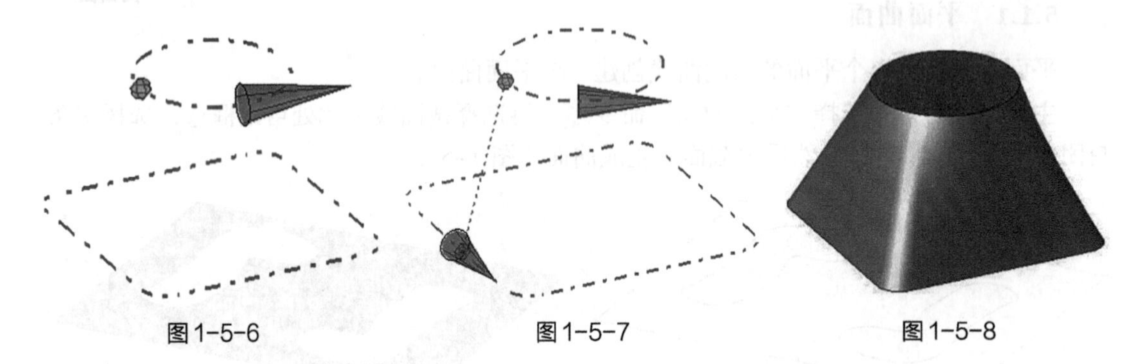

图1-5-6　　图1-5-7　　图1-5-8

注意：

①可以用一个点来代替第二条截面线（图 1–5–9）。

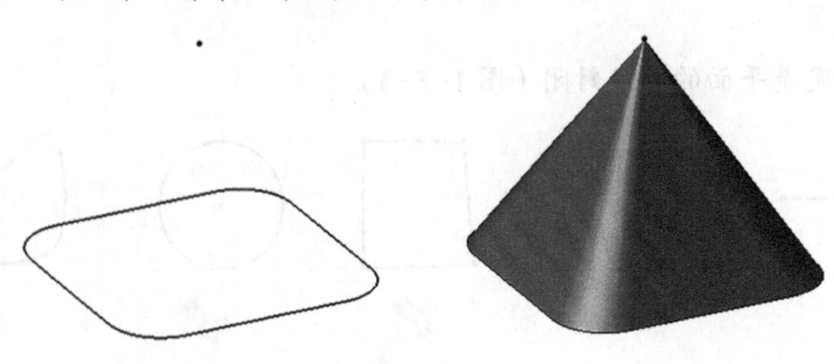

图1-5-9

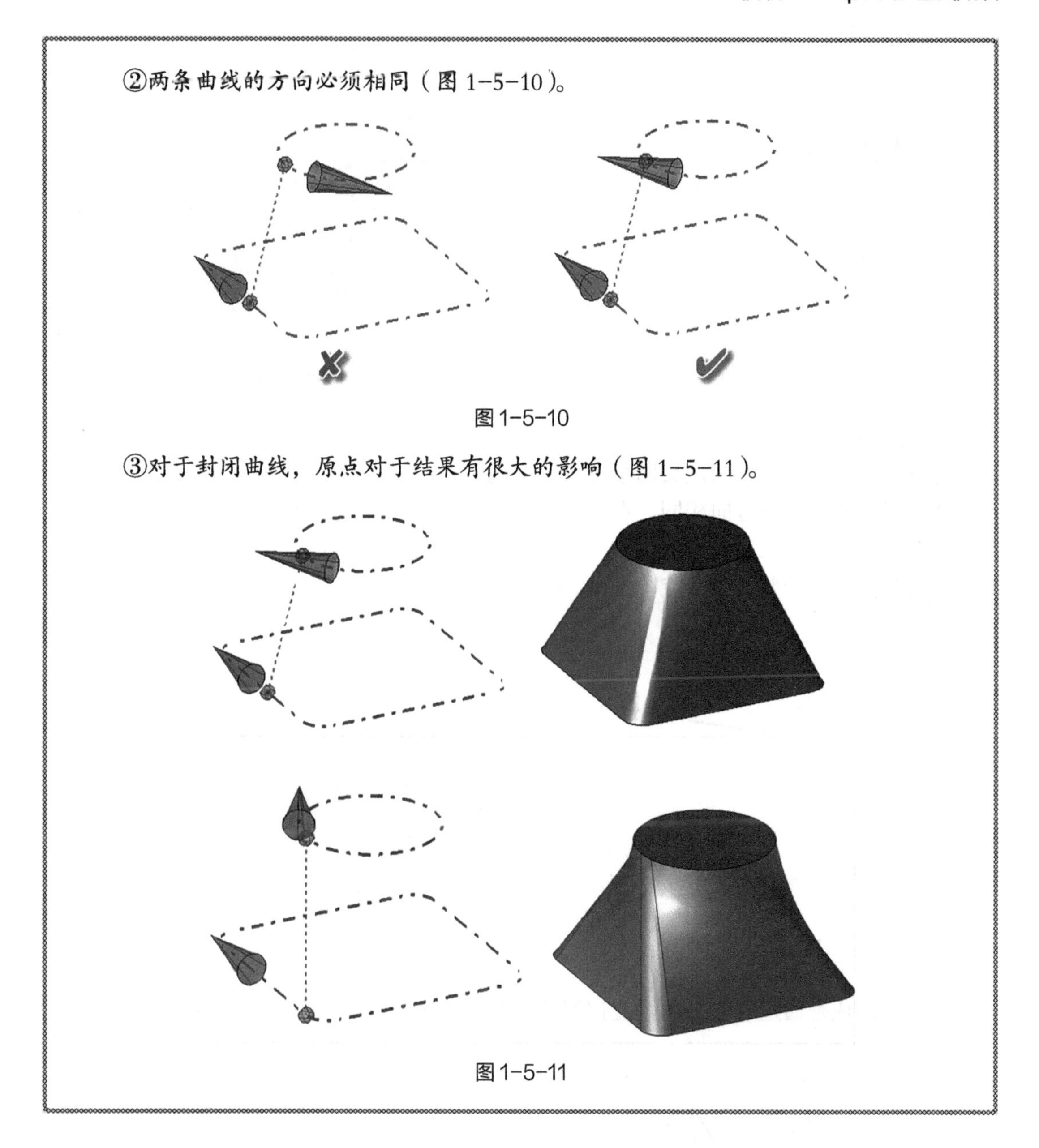

②两条曲线的方向必须相同（图 1-5-10）。

图 1-5-10

③对于封闭曲线，原点对于结果有很大的影响（图 1-5-11）。

图 1-5-11

【知识拓展】

（1）曲面命令之对应关系

一些功能在曲线上通过扫掠来创建外形。可以根据需要的结果或使用的曲线，用不同的方式定义这种扫掠。如下是曲线间不同的对应关系类型：

当创建外形时，软件将根据参数范围使一条曲线与另一条曲线做全局对应。例如，圆的参数范围是角度。

结果是单曲面，这是默认的模式，多数情况会得到满意的结果（图 1-5-12）。

（2）段到段

当创建外形时，软件尝试将每天曲线上线段一一对应。结果为每组对应的线段一个曲面，这个模式仅适用于母线有相同数量的线段（图 1-5-13）。

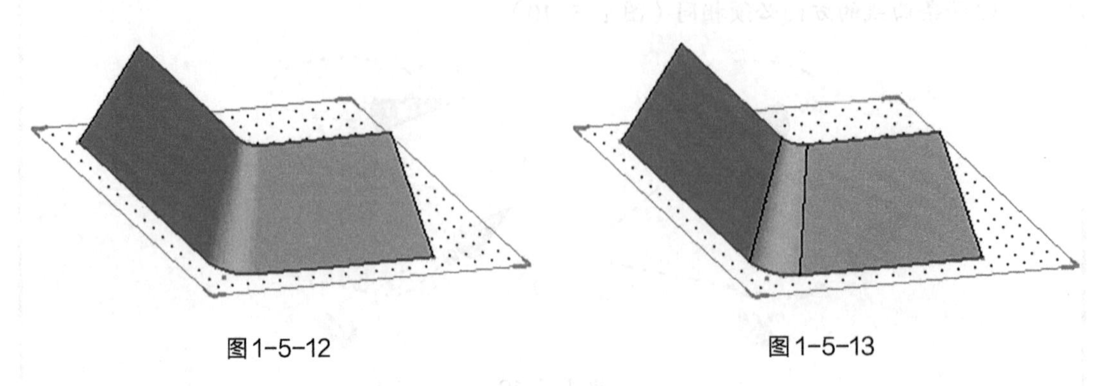

图 1-5-12　　图 1-5-13

（3）点到点

这种模式可以在曲线间定义两组对应点，这种模式存在的可能性和局限性如下：

①点必须和曲线的方向相同，点所在的曲线必须被选择为红色。

②如果你想要有二重点（退化），你需要在曲线上选择之前的点（如圆角上）。

③每条曲线至少要有两个点（图 1-5-14）。

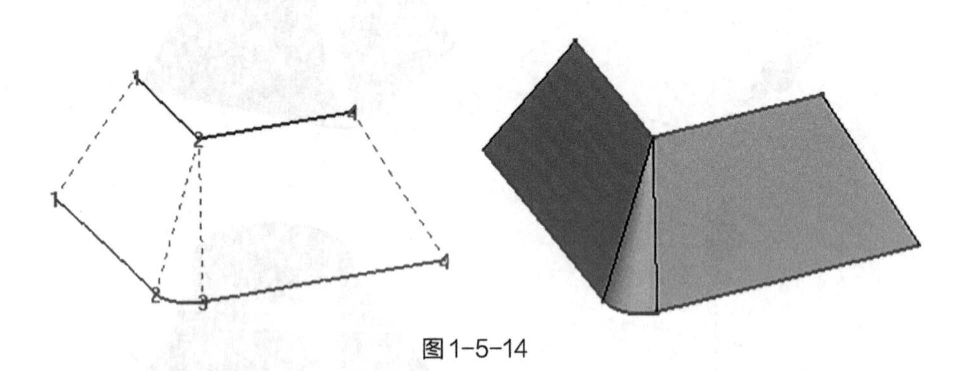

图 1-5-14

（4）平行平面

外形的形成是通过一个平面垂直扫到选定的方向来完成的（图 1-5-15）。

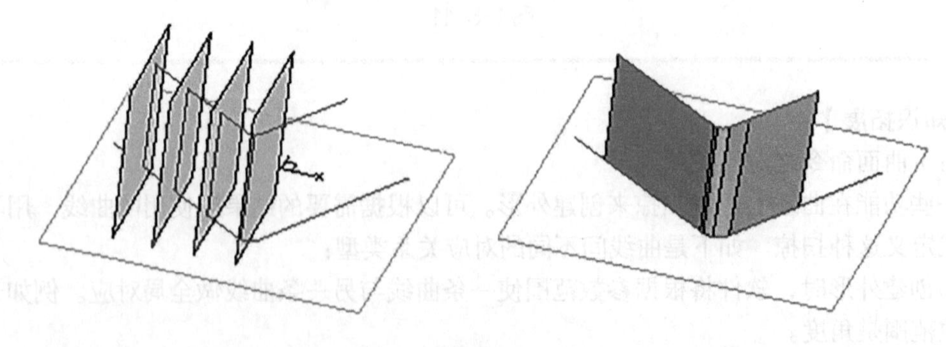

图 1-5-15

这里选择的方向是 X 轴（也可以选择一个边或者一个线段来定义扫掠方向）。只有当扫掠平面与所有曲线同时相交时，才会生成外形。在这个模式中，扫掠是根据旋转轴（轴、边或者线段）角度位移完成（图 1-5-16）。

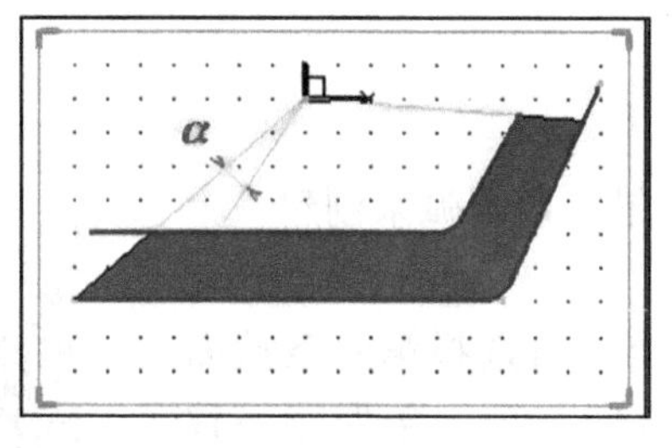

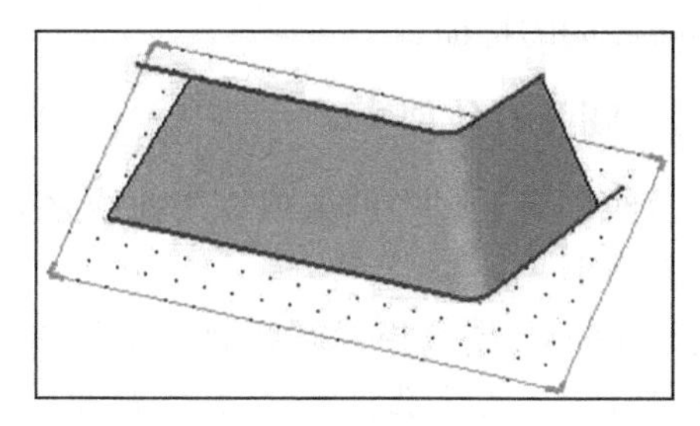

图1-5-16

曲面命令之同步关系：

（5）弧长

在创建一个外形时，使用“同步 = 弧长”扫掠，曲线上的扫掠与它们的长度成比例。

（6）参变

在创建一个外形时，使用“同步 = 参变”扫掠，TopSolid 将自然曲线参数相对应。示例如下：

一条线的参变范围为 0 到 1［0，1］

一段圆弧的参变范围为 0 到 360［0，360］（图 1-5-17）。

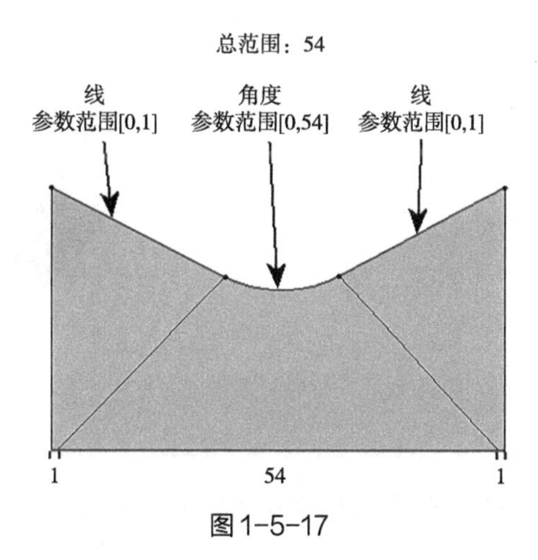

图1-5-17

（7）比例

使用同步类型为比例时，曲线会在每个切线点上进行调整，使该点两边的切线与另一条曲线上的相对点具有相同的比例。这样可以保证从一个点到另一个点的切线是恒定的，基于这些点创建的外形不会有任何边缘。

（8）连续

这种模式与“比例”有相同原理，但在连续模式下，两条曲线切线的相切值会相同。注：这两种模式直接影响曲线的拓扑结构。不是所有情况都适用。如果发生不适用情况，使用比例或弧长。

（9）参数常数

在使用“匹配模式 = 曲线到曲线”创建一个规则外形时，如果两条曲线具有相同数量的控制点。和相同数量的节点数，则此选项允许创建包含等参曲线的曲面，这些曲线具有与参考曲线相同的特征。

5.1.3 圆弧直纹面

圆弧直纹面是通过在两条或 3 条曲线之间扫描一段圆弧来创建一个实体或曲面外形。

圆弧直纹面

主要步骤为：先选择“圆弧直纹面”命令，再选择第一条截面线（图 1–5–18），然后选择第二条截面线，且方向与第一条保持一致（图 1–5–19），接着选择 XY 平面（中间圆弧垂直于参考平面），并输入起始半径与终止半径（图 1–5–20），最后点击“确定”，生成圆弧直纹面（图 1–5–21）。

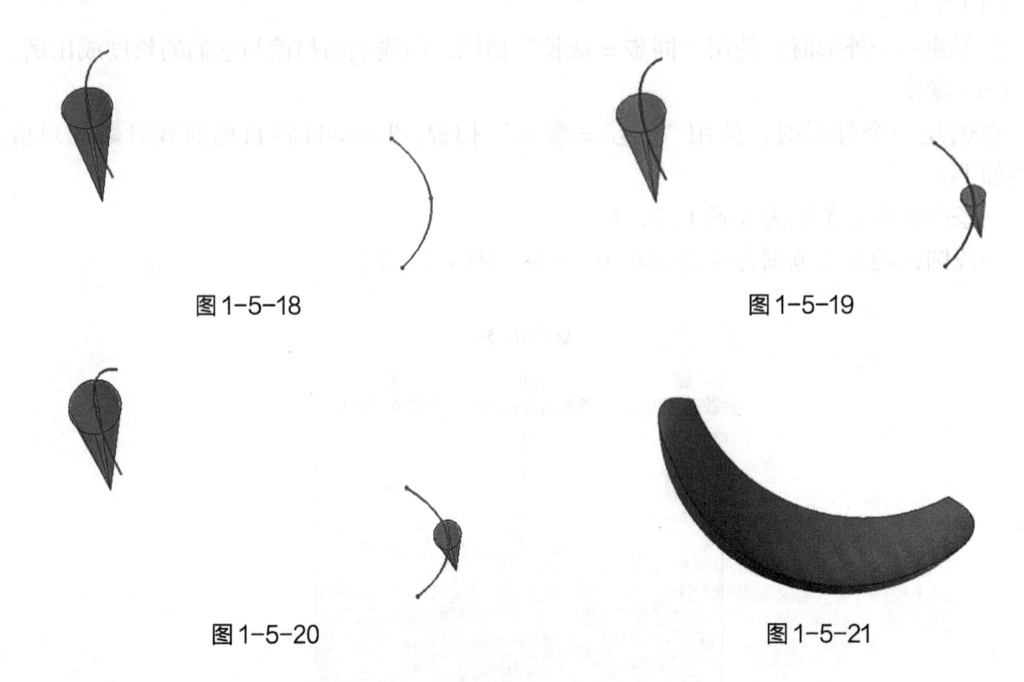

图 1–5–18 图 1–5–19

图 1–5–20 图 1–5–21

注意： 可以选择 3 条截面线来代替输入半径（图 1–5–22）。

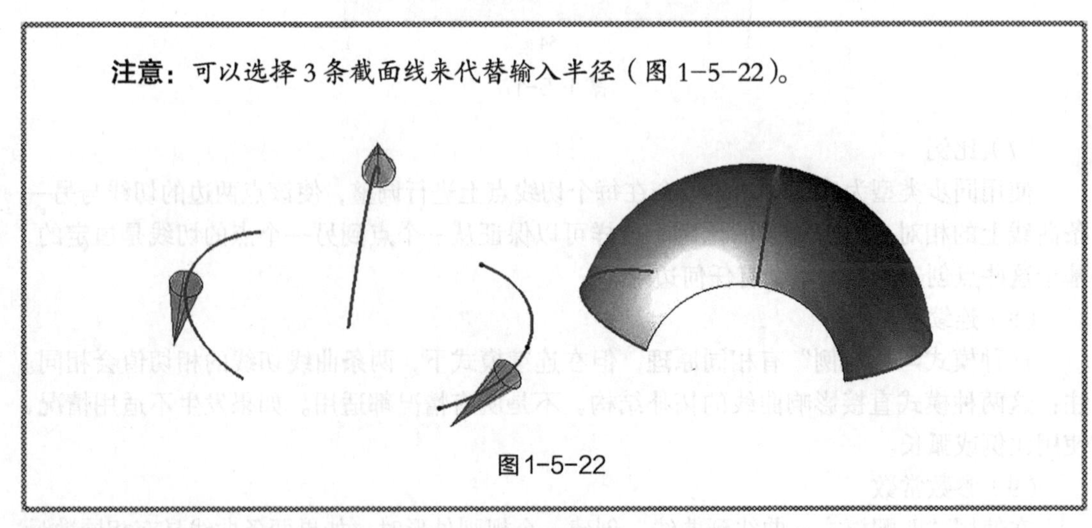

图 1–5–22

5.1.4 放样曲面

放样曲面

放样曲面是通过一些曲线或边创建一个外形。

主要步骤为：先选择“放样曲面”命令，再选择第一条截面线（图 1–5–23），然后可以将截面线方向箭头调整至同一方向，直接点击“确定”（图 1–5–24），最后点击“确定”，生成曲面（图 1–5–25）。

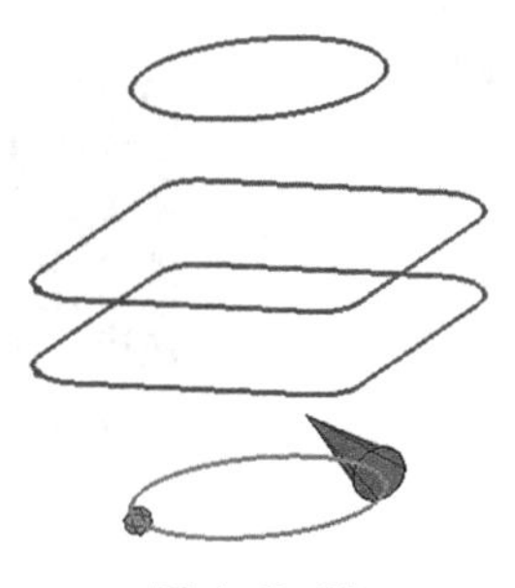

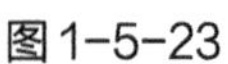

图1-5-23

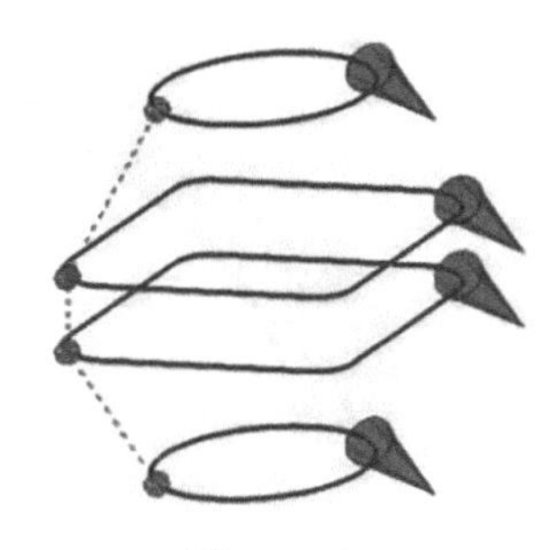

图1-5-24

图1-5-25

注意：

①所有截面线方向必须相同（图 1–5–26）。

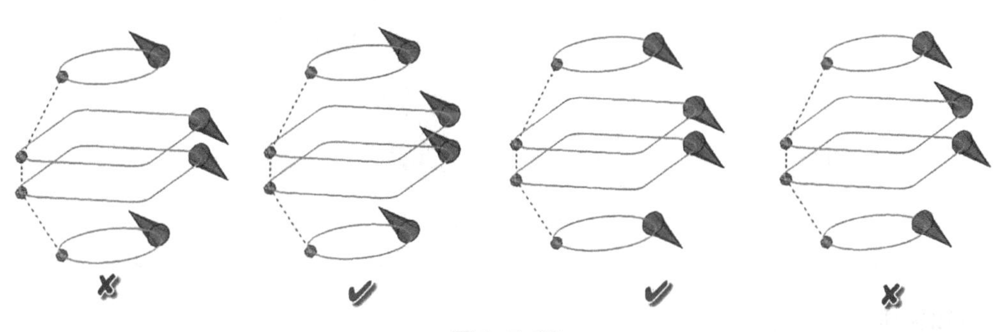

图1-5-26

②必须按照顺序选择截面线（图 1–5–27）。

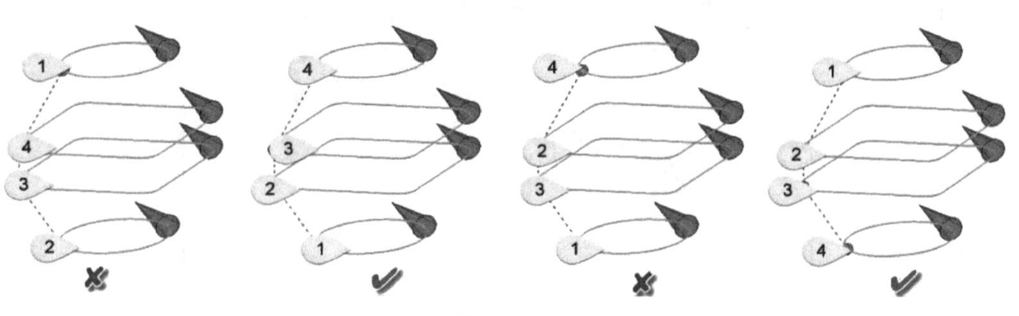

图1-5-27

③所有的截面线类型必须相同（都为开放曲线或封闭曲线）。

5.1.5 扫掠曲面

扫掠曲面是沿着一条或两条路径扫描曲线来创建一个外形。

主要步骤为：先选择“扫掠曲面”命令，再依次选择一条导引线和一条截面线（图 1-5-28），点击“确定”，即生成扫掠曲面（图 1-5-29）。

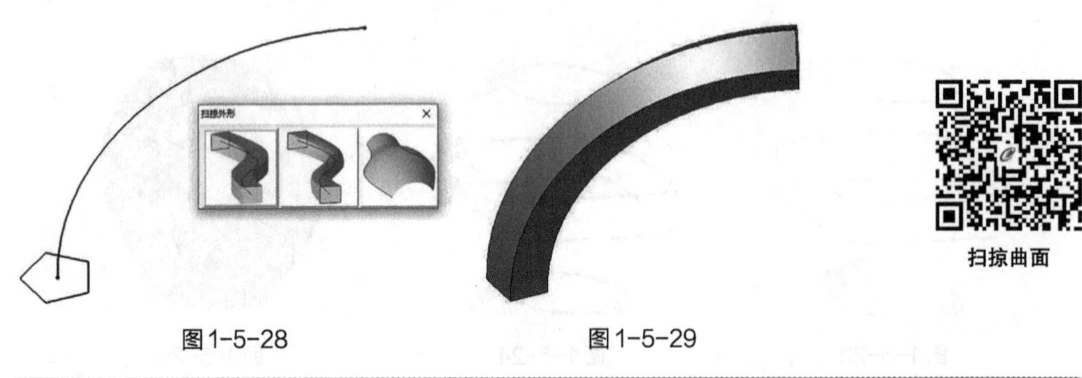

图1-5-28　　图1-5-29

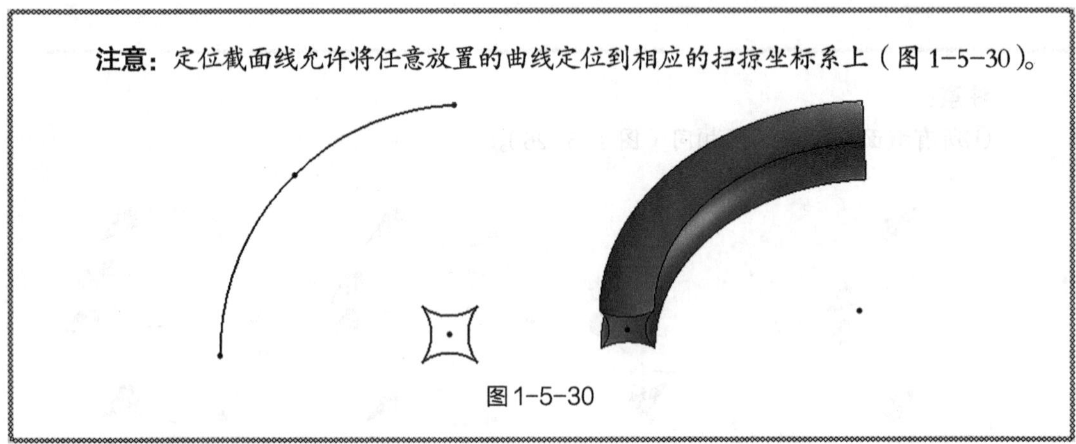

注意：定位截面线允许将任意放置的曲线定位到相应的扫掠坐标系上（图 1-5-30）。

图1-5-30

【知识拓展】

（1）扫掠方法

为了精确地定义扫掠移动，最简单的方法就是考虑截面线固定在坐标系中，它的“原始”沿着导引线移动。这个坐标系被称作“扫掠坐标系”（图 1-5-31）。

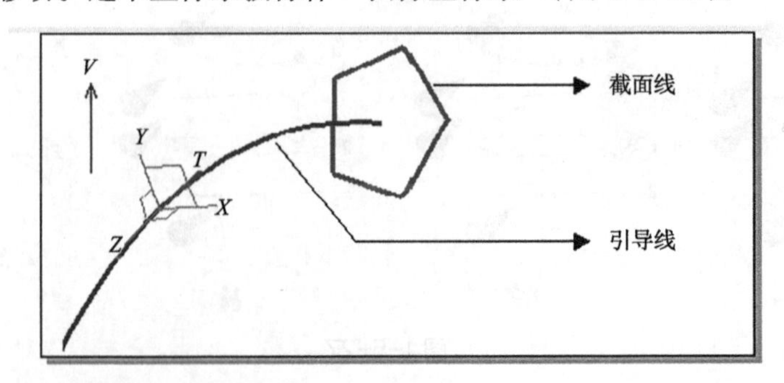

- 向量*V*表示 垂直方向。
- *T*向量是导引线在扫掠坐标系上的切向。
- *X*，*Y*和*Z*是定义扫掠坐标系的方向的向量。

图1-5-31

通过定义不同的扫略坐标系，可以得到不同的扫略几何（图 1-5-32）。

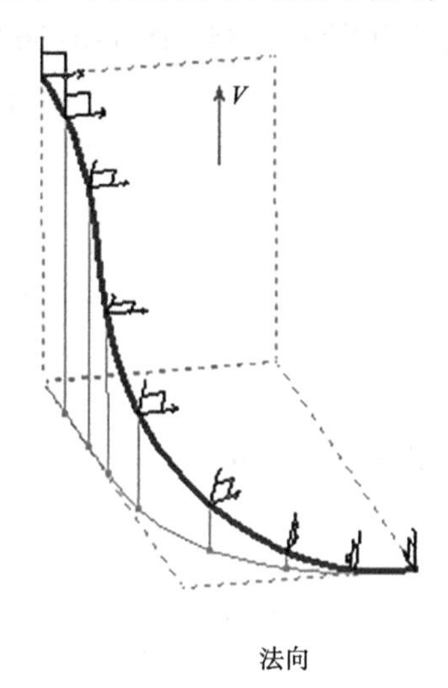

法向

图 1-5-32

（2）法向模式

在法向模式下，扫掠坐标系定义如下（图 1-5-33）：

Z 方向是 *T* 的反方向（*Z*=–*T*）。

X 方向是正交于 *T* 和 *V*（X=*T*^*V*）。

Y 方向是正交于 *X* 和 *Y*（*Y*=*Z*^*X*）。

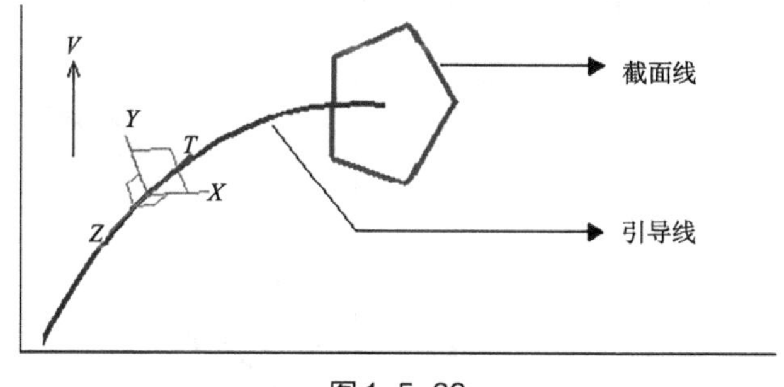

图 1-5-33

这是最常用的方法，因为如果截面线是一个平面曲线，位于扫掠坐标系的 *XY* 平面上，那么在扫掠过程中，它将始终与引导曲线垂直。所以可以得到一个恒定的扫掠面（图 1-5-34）。

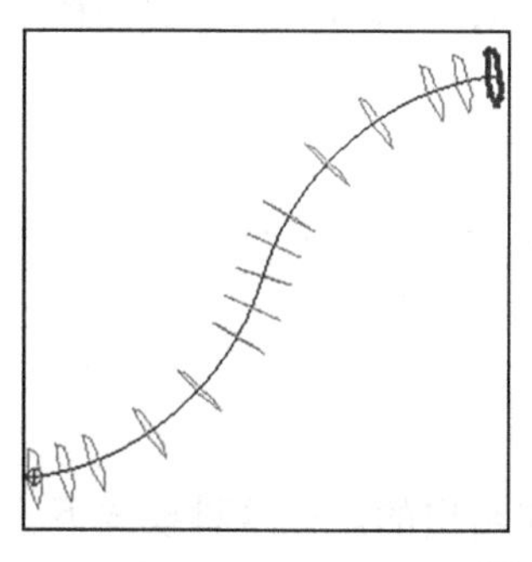
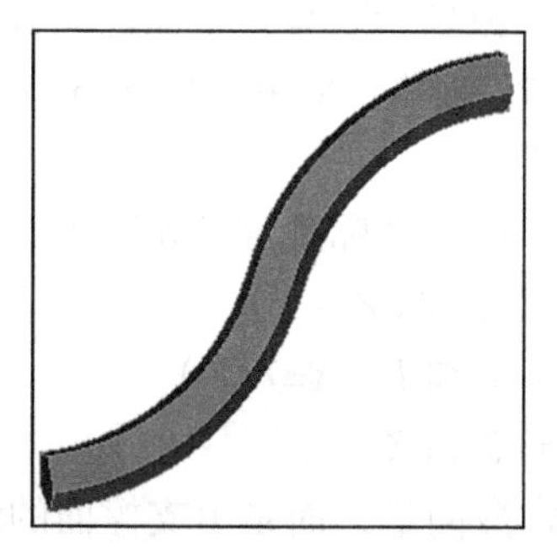

图 1-5-34

（3）垂直模式

垂直模式下，扫掠坐标系定义如图 1-5-35、图 1-5-36 所示。

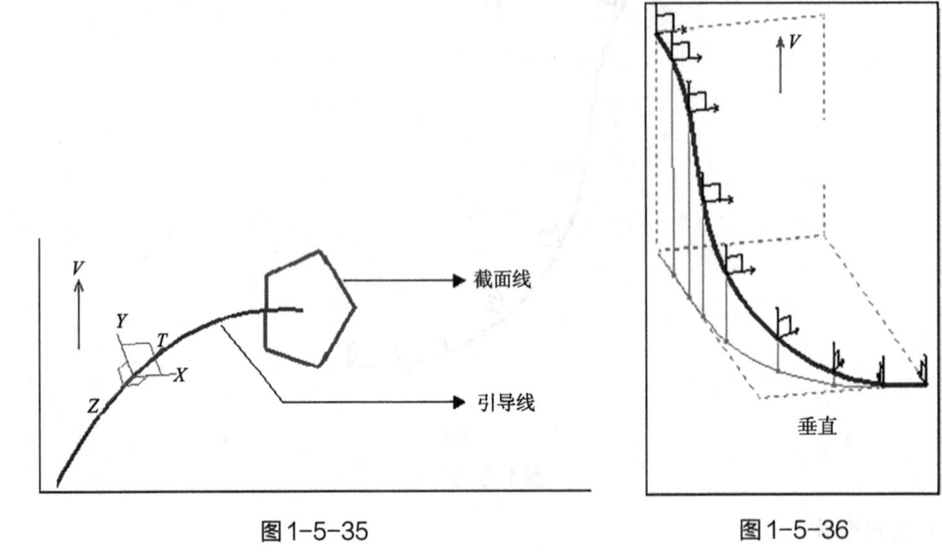

图1-5-35　　图1-5-36

Y 方向等于 V（$Y=V$）。

X 方向正交于 T 和 V（$X=T\wedge V$）。

Z 方向正交于 X 和 Y（$Z=X\wedge Y$）。

如果截面线是扫掠坐标系 XY 平面上的一条直线，且角度是 Y，那么在扫掠过程中，这条直线将保持这个角度与垂直方向（图 1-5-37）。

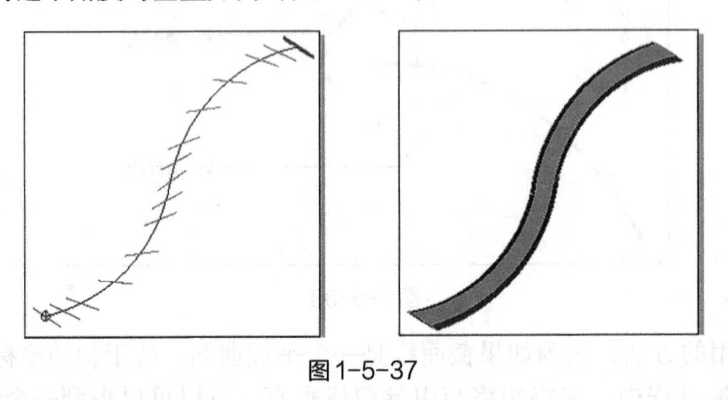

图1-5-37

（4）移动模式

移动模式下扫掠坐标系有一个恒定的方向：截面曲线沿引导线简单平移。它必须被定义为"在适当位置"（图 1-5-38、图 1-5-39）。

（5）在面上模式

在面上模式，扫掠坐标系定义如图 1-5-40、图 1-5-41 所示。

Z 方向是 T 的反向（$Z=-T$）。

X 方向正交于 T 和 V（$X=T\wedge V$）。

Y 方向正交于 X 和 Z。

V 不是一个常数向量，而是由支撑面的法向给出的。在这种模式下，垂直方向不会被要求，因为它由引导线上每个点计算得来。

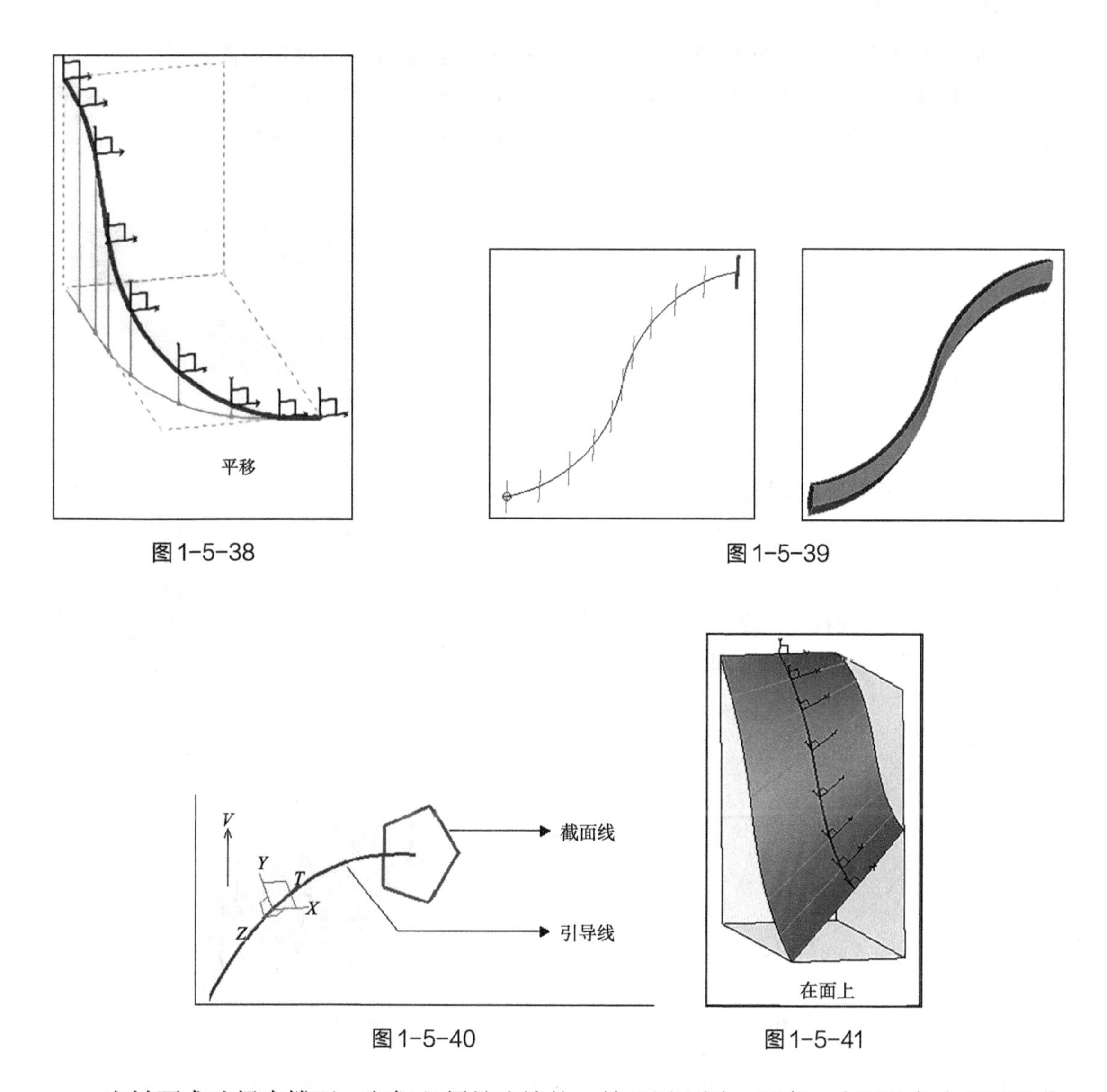

图 1-5-38

图 1-5-39

图 1-5-40

图 1-5-41

它被要求选择支撑面，它们必须是连续的，并且属于同一元素。为了避免由于引导曲线和构造及其与支撑面的切线问题，最好将导向曲线投影在支撑面上（图 1-5-42）。

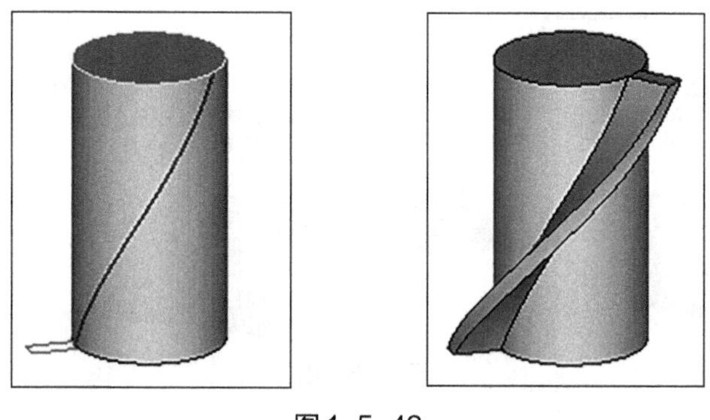

图 1-5-42

5.1.6 拱顶曲面

拱顶曲面是使用一条导引线和一条（或多条）截面线创建一个拱顶曲面外形。

主要步骤为：先选择“拱顶曲面”命令，再依次选择引导线（图 1–5–43）和截面线（图 1–5–44），点击“确定”，输入公差，即生成拱顶曲面（图 1–5–45）。

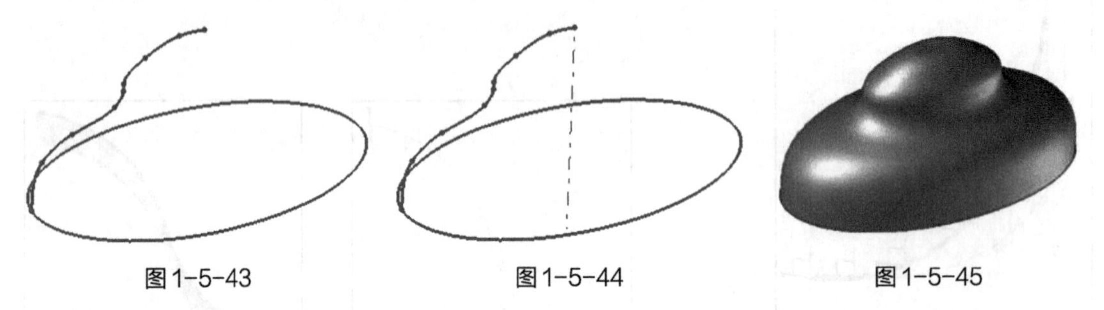

图1–5–43　图1–5–44　图1–5–45

5.1.7 3 或 4 条曲线包围曲面

3 或 4 条曲线包围曲面是使用有公共边的 3 条或 4 条曲线创建一个曲面。

主要步骤为：选择“3 或 4 条曲线包围曲面”命令，选择截面线并点击“确定”（图 1–5–46），即可生成曲面（图 1–5–47）。

3 或 4 条曲线包围曲面

图1–5–46

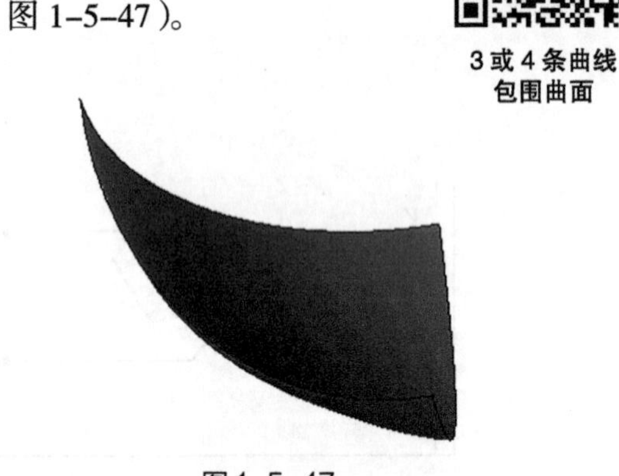

图1–5–47

注意：

①选项曲面类型有光顺的和紧的两种类型（图 1–5–48）。

光顺的

紧的

图1–5–48

②可以用 4 条线形成一张面（图 1–5–49）。

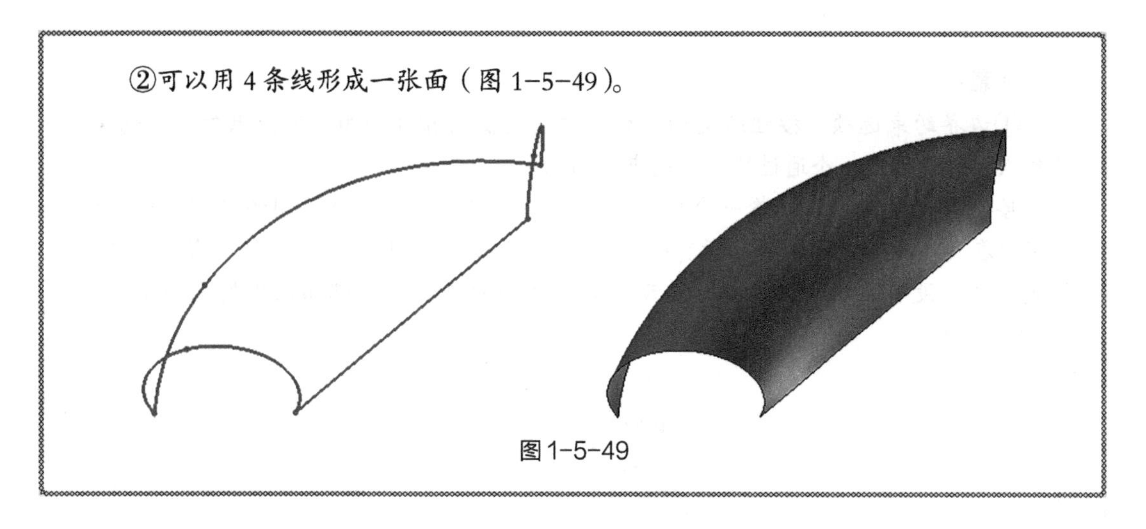

图 1–5–49

5.1.8 约束曲面

约束曲面是通过选择一些曲线和点作为通过点或边界约束创建一个曲面。

主要步骤为：

①选择“约束曲面”命令。

②选择边界约束（图 1–5–50）。

③点击“自动”按钮，并抓取边界边（图 1–5–51）。

④点击“所有给定切矢”，自动初始曲面选择“是”（图 1–5–52）。

⑤点击“确定”，输入公差，生成约束曲面（图 1–5–53）。

约束曲面

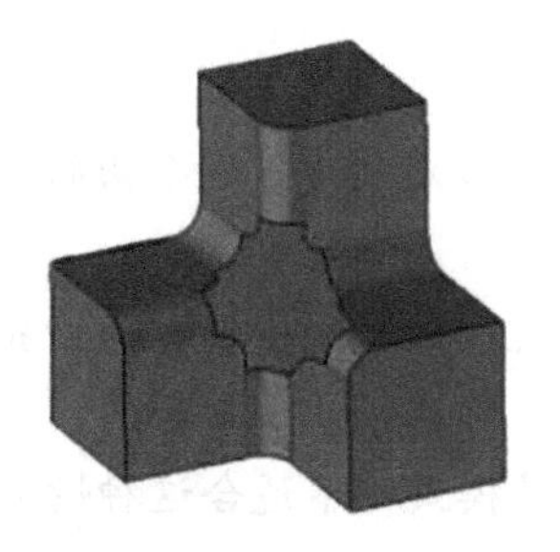

图 1–5–50

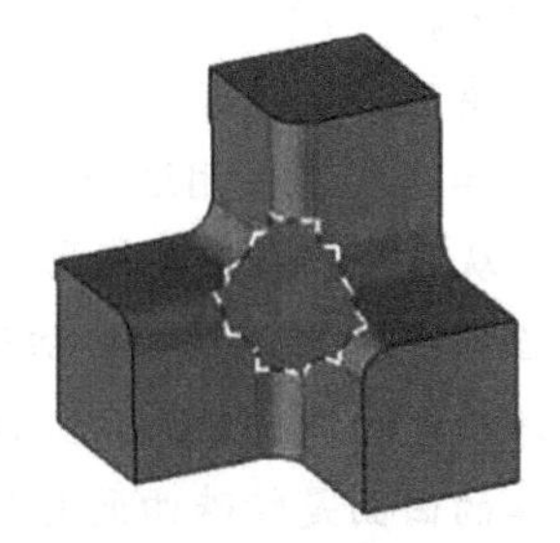

图 1–5–51

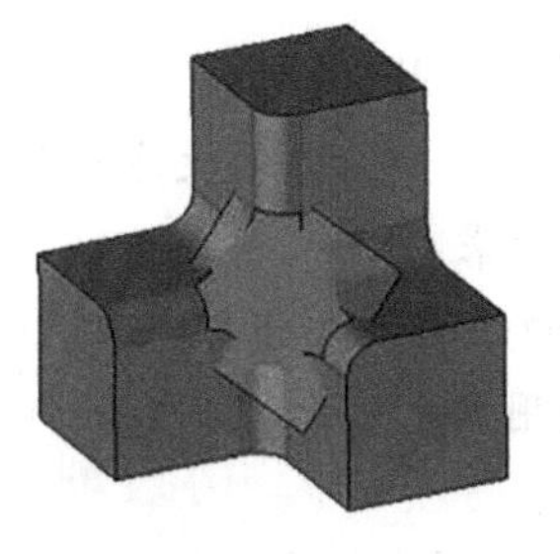

图 1–5–52

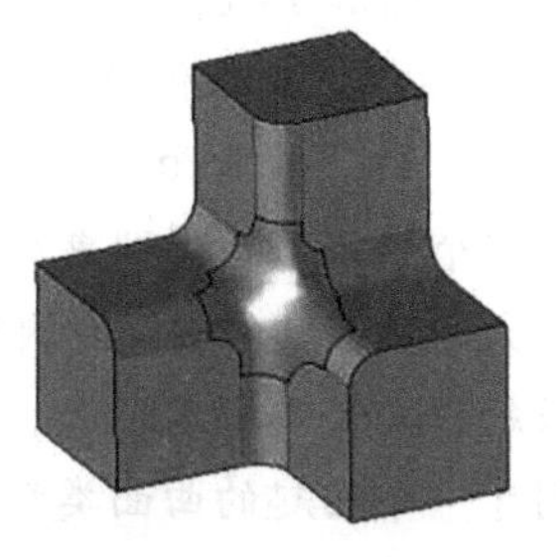

图 1–5–53

注意：

①边界约束选项。按钮给定切矢允许你通过使用相邻曲面的选择强加一个切矢。按钮点允许你创建一个通过所选择的点的曲面。

按钮自动允许通过选择一个已存在的外形的边界自动检查封闭的外部限制，然后可以在3个按钮之间选择：所有给定切矢，切向约束应用于相邻面的所有边；没有给定切矢，没有添加切向约束；手动模式，由用户来定义相邻面应用切向约束的边（图1–5–54）。

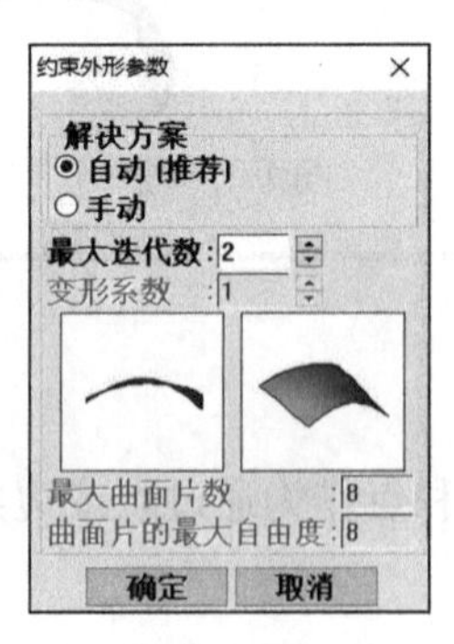

图1–5–54

按钮“没有边界约束”只能用于连续曲线不封闭的情况。在这种情况下，边界约束必须选择内部约束。

②内部约束选项。按钮给定切矢允许使用一个面强加一个切矢作为内部约束。要做到这一点，首先使用功能选择面，然后在这个切向上选择应用的内部约束。

“允许你为约束曲面设置一个通过点”按钮。用户也可以在这个点上通过给出一个方向来加一个切矢。

③初始曲面。有两种模式可以应用：

自动初始曲面＝否：在使用这个功能之前，必须创建了这个曲面。这个曲面一定要大于边界约束，从而可以在上面投影。

自动初始曲面＝是：可以在3种初始曲面之间选择：平面，是由孔的约束定义计算的平均平面；球，是由孔的约束定义计算的平均球；最小拟合面，是接近初始数据的曲面。如果创建的曲面是特殊曲面且其他两种模式都不适合这种情况，就只能使用这种方法。

最大迭代数：允许做更精确的计算，使约束更接近于给定的精度（如果增加这个数值，计算时间明显增加）（图1–5–54）。

变形系数（0~5）：这个数值越高，表面的变形越大。

最大曲面片数：最终的曲面分成片用于计算。如果你的最终曲面有非常大的曲率变化，最好增加这个数值从而得到更加精确的结果。

曲面片的最大自由度（3~25）：调整最终曲面的最大自由度。

平面：如果约束的变形程度不大，推荐使用这个。

球：推荐用于一个凸起的曲面类型。

最小拟合面：推荐用于扭曲的外形。

5.1.9　瓶体曲面

可以使用两个纵截面和 n（$n \geqslant 1$）个横截面创建瓶体曲面。

主要步骤为：选择“瓶体曲面”命令，依次选择两条纵截面线（图 1-5-55）和两条横截面线（图 1-5-56），点击“确定”，即生成瓶体曲面（图 1-5-57）。

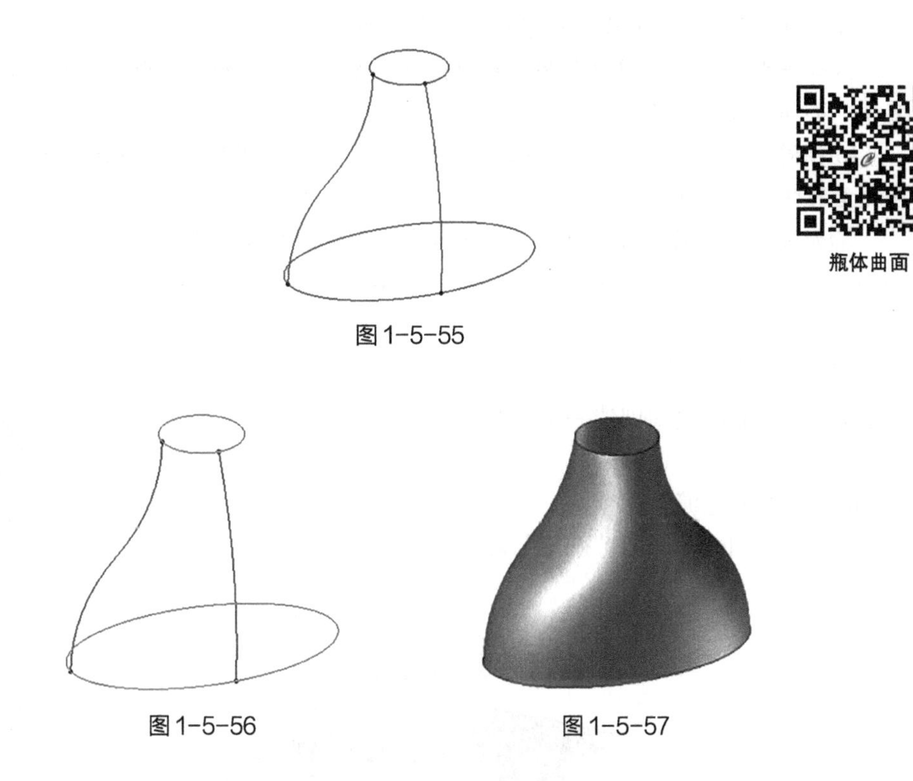

图 1-5-55

图 1-5-56

图 1-5-57

5.1.10　网格曲面

网格曲面是使用交错曲线构成的网格创建一个曲面或实体（至少 4 条曲线）。

主要步骤为：选择“网格曲面”命令，再选择要用来创建网格曲面外形的曲线（可以框选）（图 1-5-58），点击“确定”，生成曲面（图 1-5-59）。

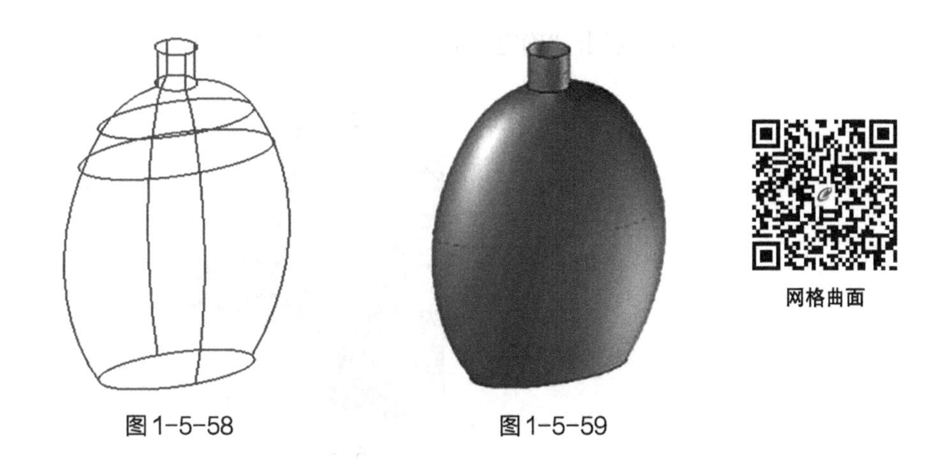

图 1-5-58

图 1-5-59

注意：

①曲线必须相交。

②网格曲面支持相交曲线，但是限制相交的创建外形。

③每条截面线必须与每一条导引线相交一次。

④曲线可以是 3D 或者自由模式（非平面曲线）。

⑤如果截面线或导引线封闭，可以得到一个实体。面被添加到末端从而得到一个实体。添加的面必须是平面。

⑥相同类型的所有曲线（截面线或导引线）必须全部开放或者全部封闭，并且相同类型的曲线不能相交。

⑦如果截面线或导引线封闭，至少需要 3 条截面线或导引线。

5.1.11 曲面过渡

曲面过渡

可以在两个曲面之间创建一个圆角。

主要步骤为：

①选择“曲面过渡”命令。

②选择第一侧面，点击“确定”确定方向（图 1-5-60）。

图1-5-60

③选择第二侧面，点击“确定”确定方向（图 1-5-61）。

图1-5-61

④点击“确定”，调整参数及输入半径（图 1–5–62）。

⑤生成过渡曲面（图 1–5–63）。

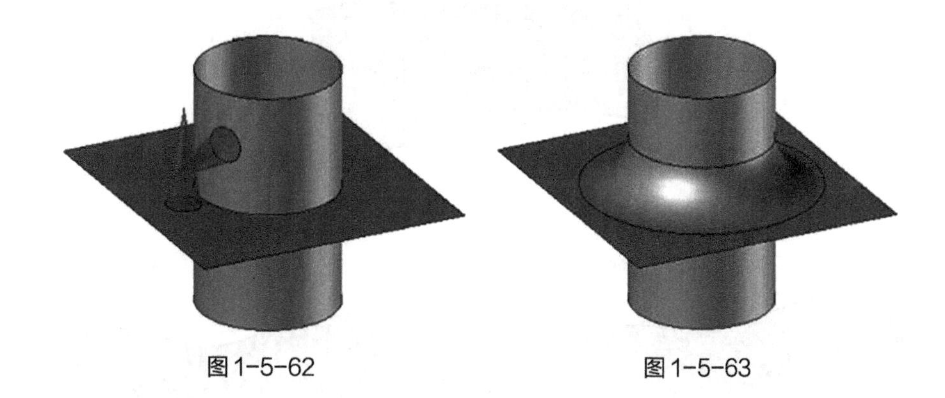

图 1–5–62　　　　图 1–5–63

5.1.12　相切曲面

相切曲面是创建一个曲面与一个已知的曲面关于一条曲线或者这个曲面的等参数相切。

相切曲面

主要步骤为：先选择“相切曲面”命令，再依次选择参考曲面（图 1–5–64）、相切曲面的原始选项（ISO 或曲线）（图 1–5–65），给出相切曲面的长度并点击“确定”（图 1–5–66）。

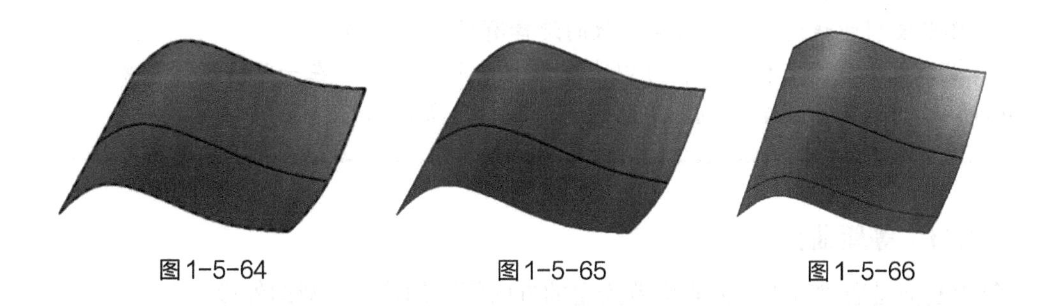

图 1–5–64　　　　图 1–5–65　　　　图 1–5–66

> **注意**：可以为相切曲面创建两种类型的原始。
>
> ISO：需要指定参数（0~1）在依赖于所选择方向的 *U* 或 *V* 方向的曲面上定义等参数的位置。选择 ISO，就可以创建“垂直于曲线”或“沿着等参数”。
>
> 曲线：可以在下拉菜单中沿着要创建相切曲面的元素选择。需要选择参考曲线。

5.1.13　垂直曲面

垂直曲面是基于一个已经存在的曲面，创建一个与之正交的曲面，正交方式可以是“关于一条曲线”或与存在的曲面“等参”。

垂直曲面

主要步骤为：选择“垂直曲面”命令，再依次选择参考曲面（图 1–5–67）、ISO 或曲线（图 1–5–68），输入长度，选择参考曲线（图 1–5–69）。

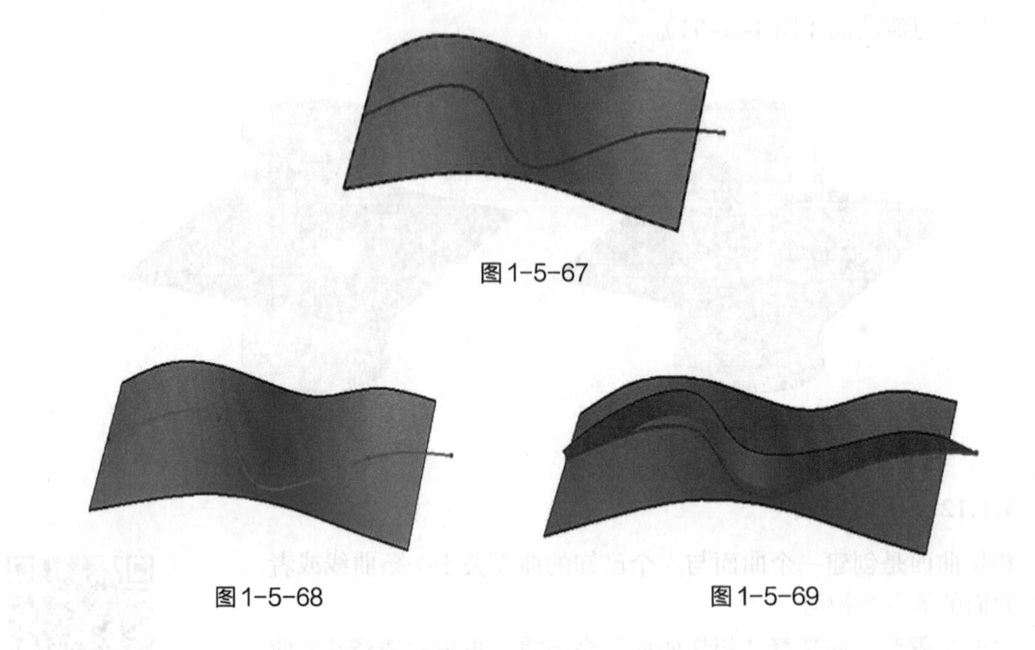

图 1-5-67

图 1-5-68　　图 1-5-69

注意：

①选择的等参数显示在参考曲面上。

②当使用曲线选项时，对等参数的选择有很大的影响。

③如果曲线没有被创建，可以减少垂直曲面的长度。在一些情况下，要创建的曲面会自动相交并且 TopSolid 不允许创建这种无法加工的曲面。

5.1.14　等距曲面

等距曲面是通过选中的元素沿着给定的方向等距创建一个新的外形。

主要步骤为：先选择“等距曲面”命令，再选择参考外形（实体或曲面）(图 1–5–70)，给出全局距离（可正可负）(图 1–5–71)，点击“所有面相同等距”按钮，生成等距曲面（图 1–5–72）。

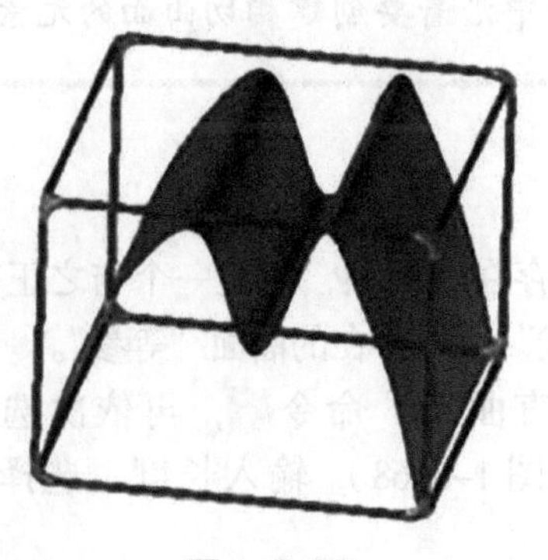

等距曲面

图 1-5-70

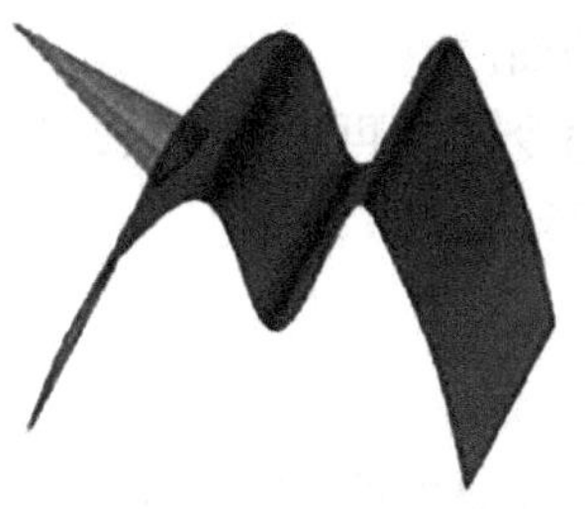

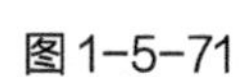

图 1-5-71　　图 1-5-72

注意：

①当等距值太大，而且等距值不能自相交时，用精确模式计算就会失败。在这种情况下，可以使用选项模式为逼近得到一个缩短的外形（没有自相交）。

②可以通过在“特定面的等距”中给定距离，给一些面不同的距离，然后选择这些面。

5.1.15 复制面

复制面是复制实体或取面元素上裁剪的或未裁剪的曲面。

主要步骤为：先选择“复制面”命令，再选择要复制的面，并调节拖动点来控制面的大小（图 1-5-73），点击“确定”（图 1-5-74）。

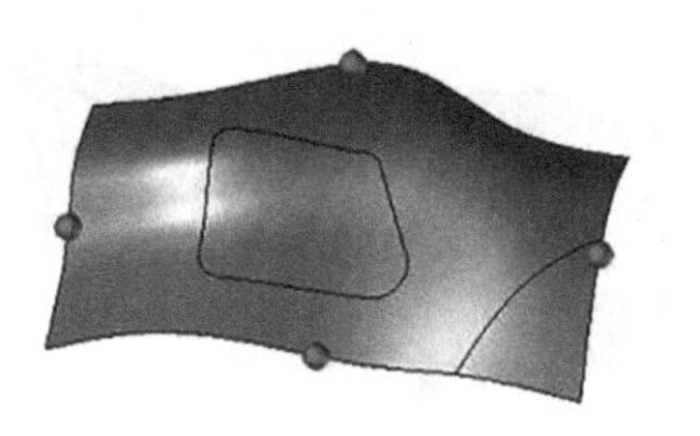

图 1-5-73

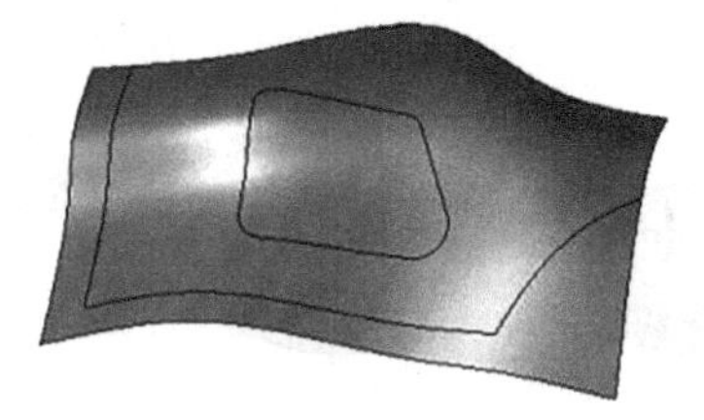

图 1-5-74

复制面

注意：

“面 = 未裁剪的或已裁剪的”，即允许得到延伸的面或原始的面（图 1-5-75）。

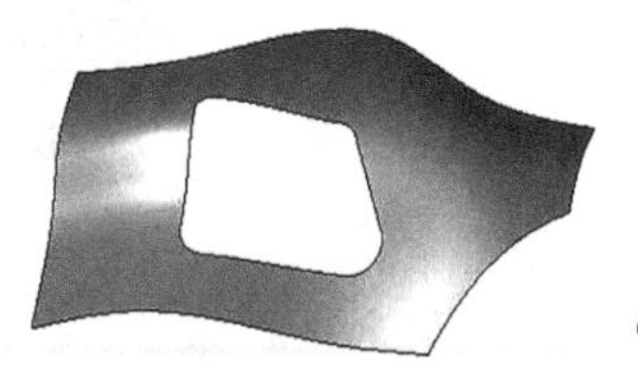

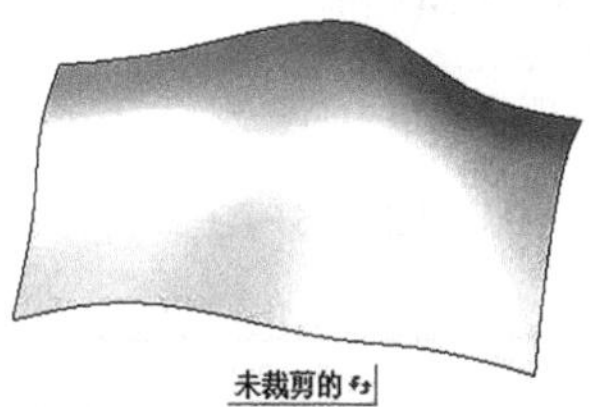

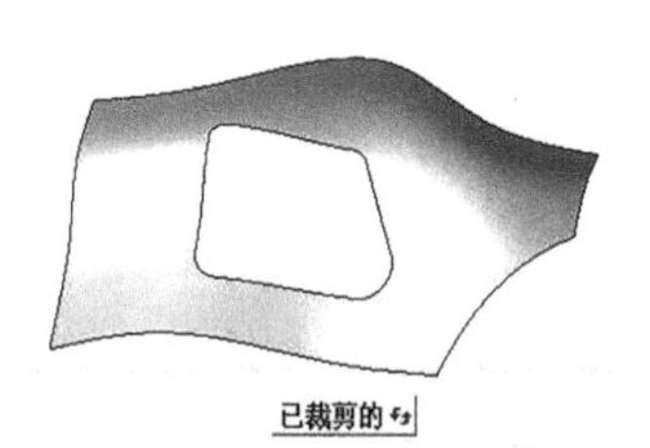

图 1-5-75

5.1.16 表达式定义曲面

表达式定义曲面是由 3 个表达式创建一个曲面。

主要步骤为：先选择“表达式定义曲面”命令，再选定原点，并在下面的对话框中给出每一根轴的表达式和需要的参数（图 1–5–76）。

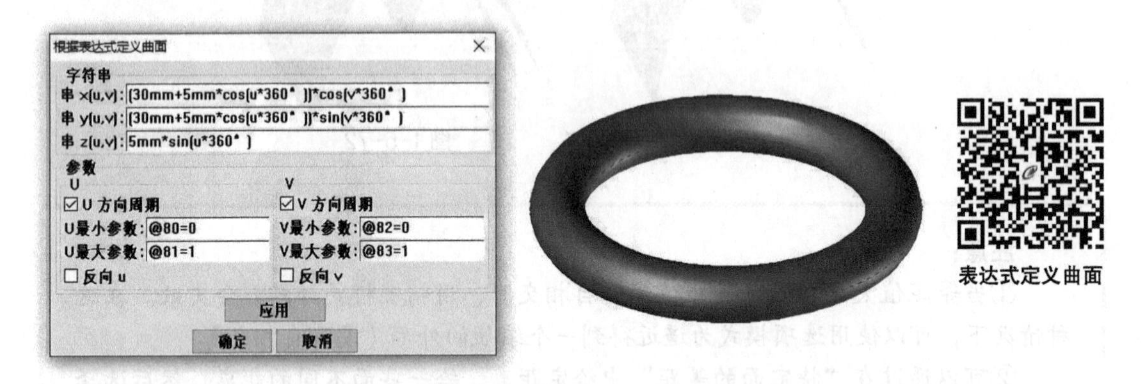

图1–5–76

5.2 曲面操作

5.2.1 加厚

加厚是加厚一个曲面外形，从而使其变成一个实体。

主要步骤为：先选择“加厚”命令，再选择要加厚的曲面（图 1–5–77），输入厚度（图 1–5–78），点击“所有面相同厚度”，生成实体（图 1–5–79）。

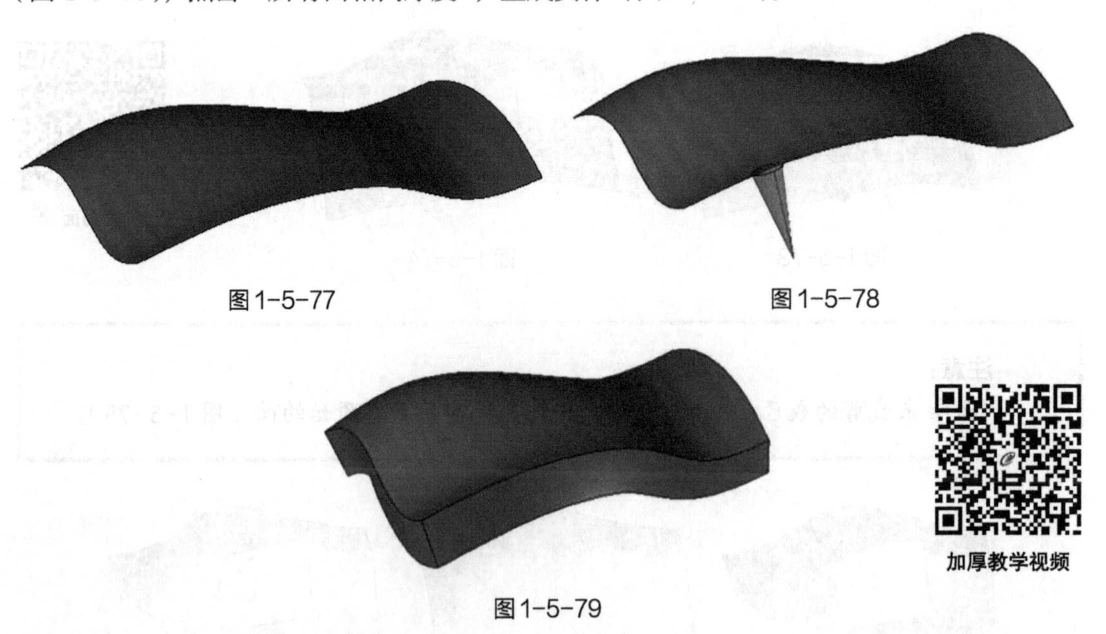

图1–5–77

图1–5–78

图1–5–79

注意：厚度数值可以是负值，这种情况下就会向相反的方向加厚。

5.2.2　延伸

延伸是创建切向延伸一个曲面。

主要步骤为：先选择“延伸”命令，再选择要延伸的面，给出延伸长度（图 1–5–80），选择要延伸的边，得到延伸曲面（图 1–5–81）。

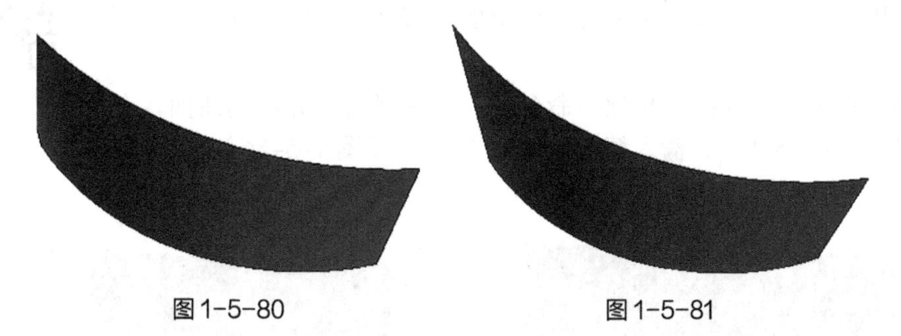

图 1–5–80　　图 1–5–81

> **注意：**
> ①切矢指延伸与面相切，所做的扩展是一个不同于参考面的面。
> ②精确指延伸尝试跟随曲面的曲率，所做的延伸是参考面的一部分。

5.2.3　烙印

烙印是在外形的一个或者几个面上烙印一条曲线。烙印操作使用面与曲线的拓扑链接投影一条曲线到一个面上。烙印曲线会成为面的一条边。

主要步骤为：先选择“烙印”命令，再选择要烙印的外形及烙印曲线（图 1–5–82），选择方向“Z–”，选择要考虑的外形面（图 1–5–83），最后点击“确定”，生成烙印曲线（图 1–5–84）。

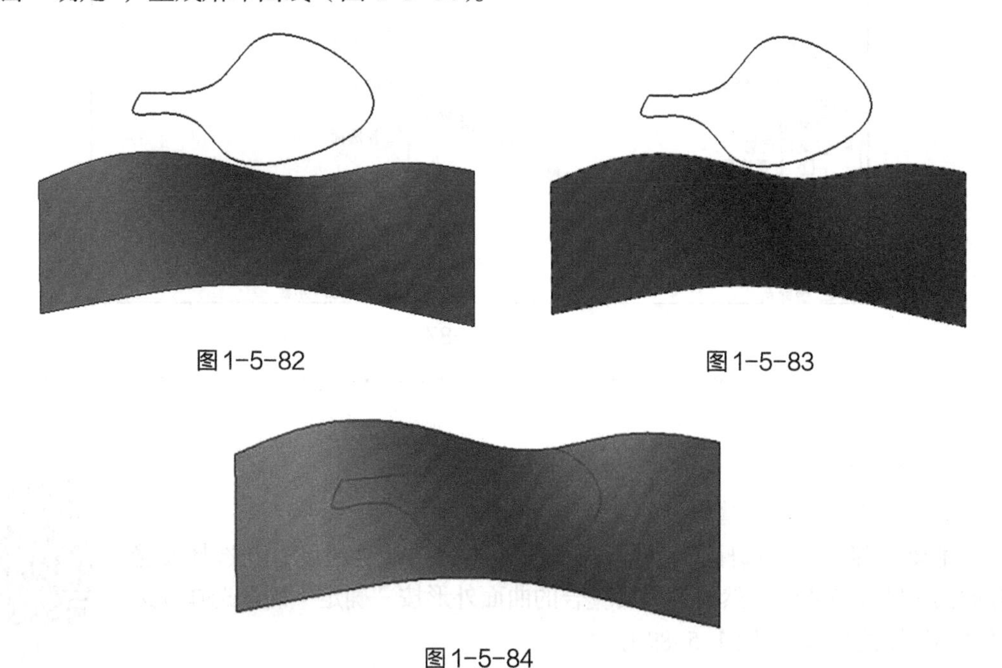

图 1–5–82　　图 1–5–83

图 1–5–84

5.2.4 光顺

光顺一组曲面可得到一个单一的曲面。

一般认为简单的几何体都是光顺的，如圆柱、球、椭圆体等。如果在一个面上有一些褶皱，或者过渡太突然，则不是光顺的。因为外观要受到主观因素的影响，难以定义几合外形的美观性，所以光顺是一个模糊的定义。

光顺

主要步骤为：先选择“光顺”命令，再选择需要光顺的曲面，点击“确定”（图 1-5-85），输入精度，点击“确定”（图 1-5-86）。

图1-5-85

图1-5-86

注意：

①平面模式下，*U*、*V* 方向上点的数量越多，在面之间的连接越精确，但是计算时间会增加。

②对于单个面上 *UV* 线的显示与隐藏，可以在“文档属性”→“显示选项”→“ISO 线”中进行设置（图 1-5-87）。

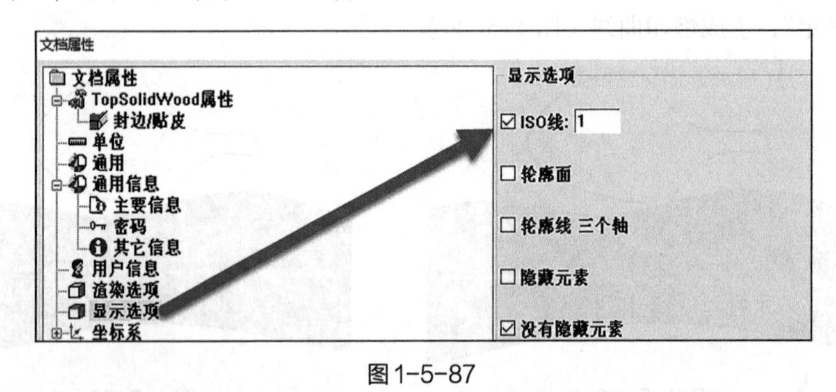

图1-5-87

5.2.5 缝合

缝合是把曲面外形缝合到一起。

主要步骤为：先选择“缝合”命令，再给出缝合精度，并选择要缝合的面（图 1-5-88），然后选择要缝合的曲面外形按“确定”确认选择并选择“不复制边界边”（图 1-5-89）。

缝合

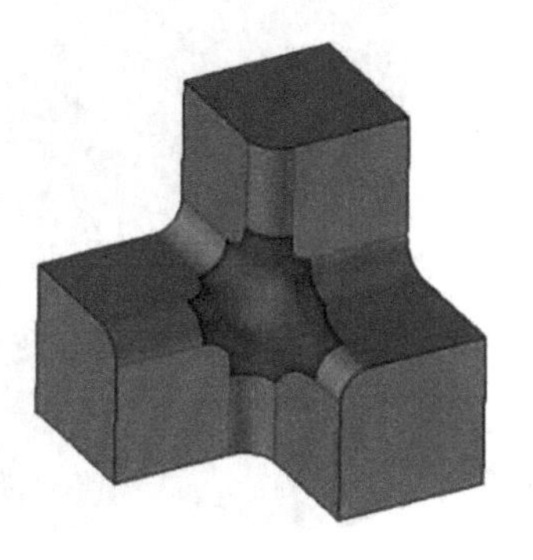

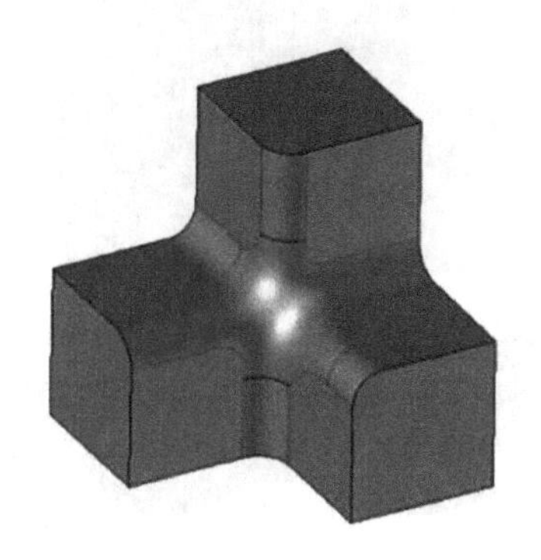

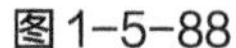

图1-5-88　　图1-5-89

> **注意**：缝合之后，可以在以下 3 个按钮之间选择。
>
> 不复制边界边：简单结束功能。
>
> 复制边界边：复制缝合曲面的边界边。这样会允许显示曲面上存在的孔。可以选择一条加厚的线型和一个不同的颜色来简单地定位边。
>
> 以中点复制边界边：与前一个按钮操作相同，但是创建了边的中点。

5.2.6 调整连续

调整连续

调整连续是调整一个曲面的连续性。

主要步骤为：

①选择“调整连续”命令。

②选择要调整的面的边（图 1-5-90）。

③选择参考边并点击“确定”确认选择（图 1-5-91）。

图1-5-90

图1-5-91

④为变形定义影响带（图 1-5-92）

⑤点击“确定”使选择生效（图 1-5-93）。

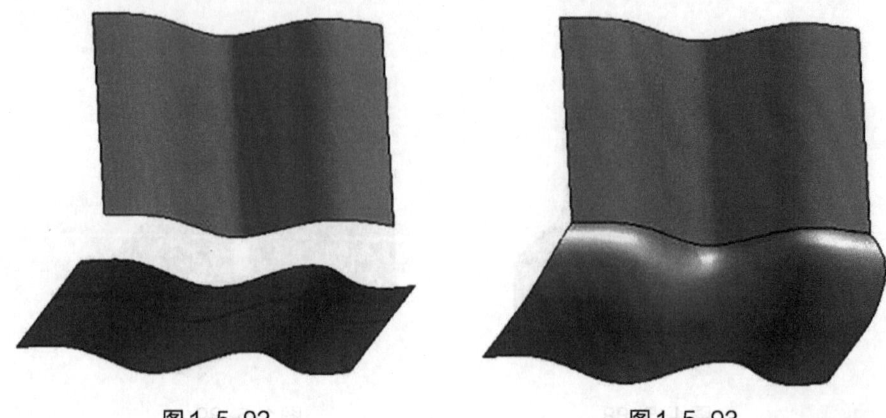

图 1-5-92　　　　图 1-5-93

曲面实例练习

单元 6　装配设计

【学习目标】

1. 掌握木材板件拼接的方法，调入其他部件组合在一起，对其进行限制约束，制作家具爆炸图。

2. 理解操作面板的功能。

3. 会导入不同的模型，将模型按照想要的尺寸拼接在一起，组成一个完整的家具，生成爆炸图展示细节。

6.1　调入

打开准备好的素材“家具柜体 .top”（图 1–6–1）。

6.1.1　调入子装配 / 零件

主要步骤为：

①使用“装配”→调入子装配 / 零件”命令并进行浏览，调入“左门板 .top”。

图 1–6–1

②点击命令提示中的“测量”按钮，并依次点击“第一参考元素”→前封板的“底面”和“第二参考元素”→底板的“顶面”以此确定门板的高度，点击“确定”，确定该参数值（图 1–6–2）。

确定 | 测量 | 高度=@775=483mm | 自动->h=800 | 全部自动 | d/@51

图 1–6–2

③点击“测量”，并依次点击“第一参考元素”→左侧板“内侧面”和“第二参考元素”→中竖的左侧面以此确定门板的宽度，点击“确定”。

④在屏幕绘图区域任意位置点击，放置左门板到装配中。

⑤选择“原始几何”为门板的底面，“目标几何”为底板的顶面（图 1-6-3）。

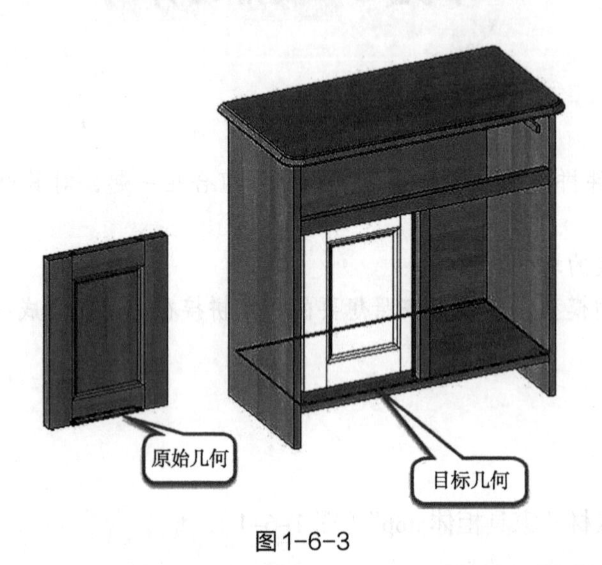

图1-6-3

⑥类型选择“匹配”，将门板放置在底板上，点击“确定”（图 1-6-4、图 1-6-5）。

确定	类型= 匹配	距离= @927=0mm

图1-6-4

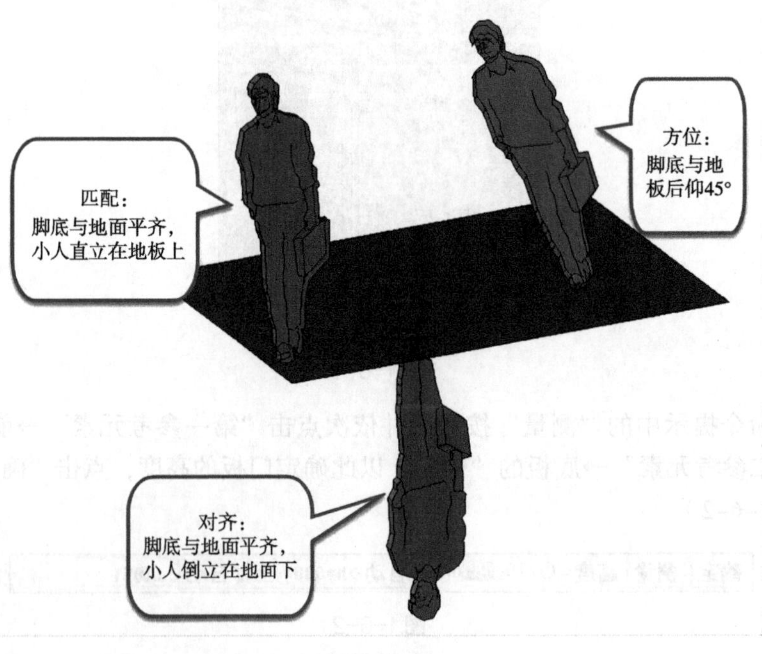

图1-6-5

⑦“原始几何”选择天地轴铰链的圆柱体，默认会抓取轴，目标几何选择地板上的圆孔，点击“确定”（图 1-6-6）。

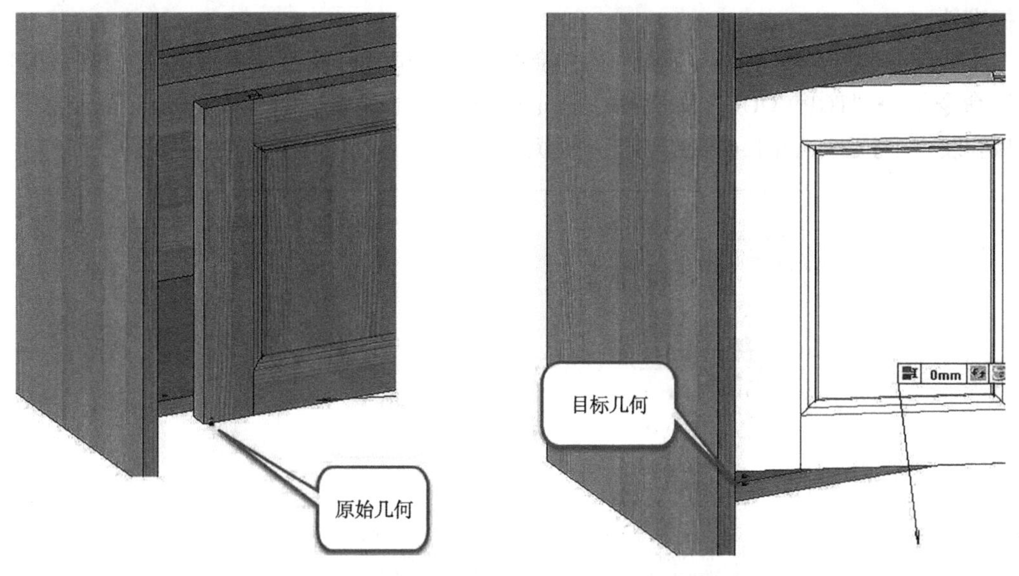

图1-6-6

⑧定位后，保证门板与底板贴合，天地抽插在孔内，这种数值方向还存在自由度，可以使用“拖动”按钮对门板的开合进行调整，也可直接选择门板的正面，与柜体底板前面匹配，但这样就会完全约束，不可做开门动作（图 1-6-7）。使用相同方法调入右门板。

图1-6-7

注意：由于该门板为参数化设计的组件，门板长、宽尺寸都是可以二次定义的，故在此需要赋予门板正确的长和宽，方便匹配柜体。

6.1.2 调入标准件

区别于调入本地创建的门板，还可以使用“调入标准件”命令来调入存放在标准库中的标准件。

①使用“装配”→“调入子标准件”命令（在屏幕绘图区域点击鼠标右键，即可激活该命令）→“TOPWOOD”→“Modern upholstery”→“Wood”→“Straight handle”，给门板安装一个拉手（图 1-6-8），点击“确定”。

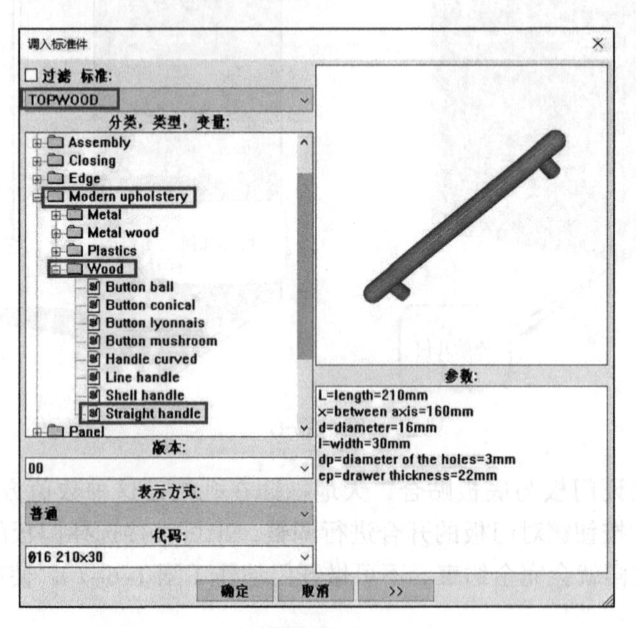

图1-6-8

②“目标坐标系”选择门板的正面（图 1-6-9）。

图1-6-9

③点击门板的上表面为第一个对齐的面或边（图 1-6-10），门板的底面作为平行的面或边（图 1-6-11、图 1-6-12）。再选择右侧面作为第一对齐的面或边，并输入距离为 30，并点击回车键确定（图 1-6-13、图 1-6-14）。

结束 第一个对齐的面或边:

图1-6-10

图1-6-11

图1-6-12

距离= 30 平行面或边:

图1-6-13

图1-6-14

④将拉手固定在门上，若方向不对，可点击按钮“90°”，或者点击绘图区域的箭头，将拉手旋转90°，并点击“结束”(图1-6-15、图1-6-16)。

结束 关键点=FR1 阵列 -90° 90° 180° 旋转角度=@990=0° 单击修改:

图1-6-15

图 1-6-16

⑤使用相同的方法，对右门板安装拉手。

> **注意：** 目前使用的是调入标准件的方法，掌握调用规则即可，标准库及标准件的创立，将在后面的章节提到。

6.2 约束

①使用调入方法，调入抽屉组件。

②测量抽屉尺寸（图 1-6-17）。

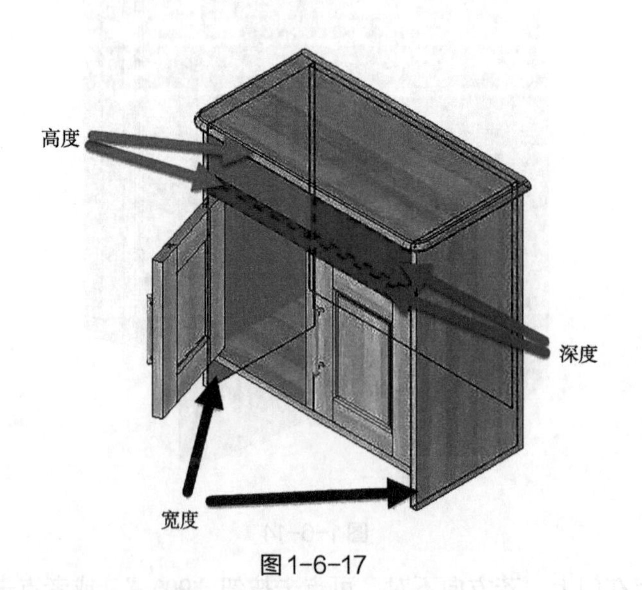

图 1-6-17

③尺寸确定后，开始约束其位置（图 1-6-18）。

在调入时，选择原始几何和目标几何，系统会自动给出优化的约束关系，但有时可以点击“自动”按钮选择想要的约束关系（图 1-6-19）。

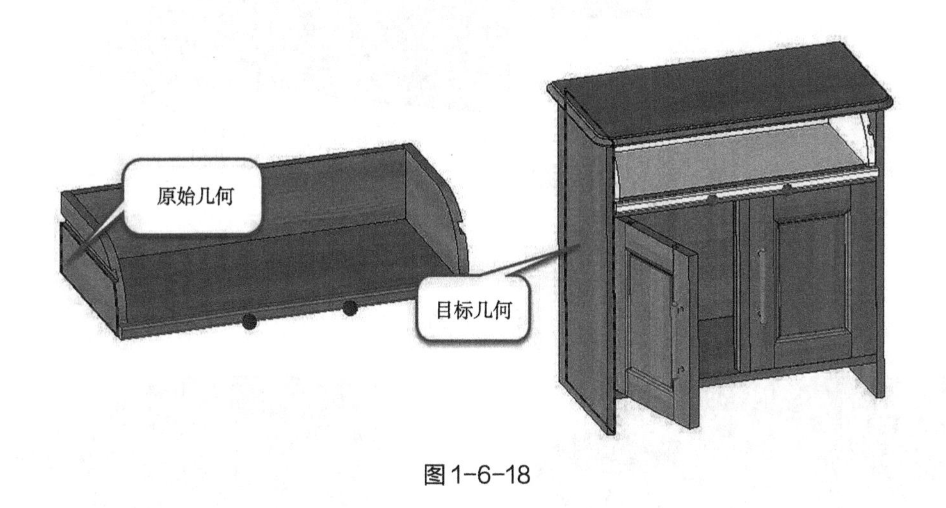

图 1-6-18

结束 | 移动/旋转 | 类型: 自动 | 磁化= 是 | 原始几何:

图 1-6-19

6.3　干涉检查

下面继续调入抽屉挡板进行装配。

①使用“装配”→“调入子装配 / 零件”命令并进行浏览，调入“抽屉挡板 .top”，调节宽度和高度（图 1-6-20）。

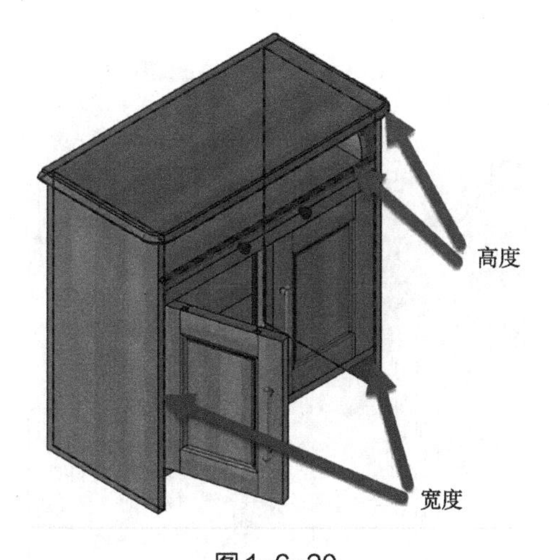

图 1-6-20

②确定尺寸后进行定位，原始几何选择销钉的轴，目标集合选择“侧板的孔”（图 1-6-21）。

③原始几何选择“挡板的右侧面”，目标几何选择“柜体右侧板的内侧面”（图 1-6-22）。

④装配好以后，点击“分析”→“碰撞检查”命令。

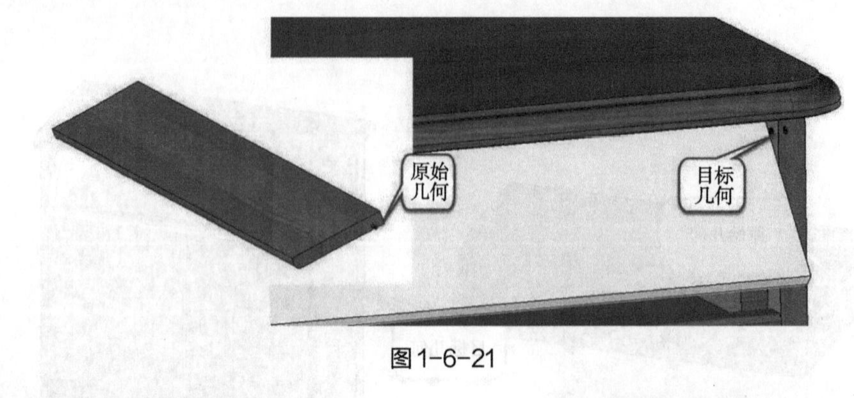

图 1-6-21

图 1-6-22

⑤点击“要分析的外形”→“抽屉挡板”，“分析其他外形”→“抽屉”（图 1-6-23），点击“结束”。

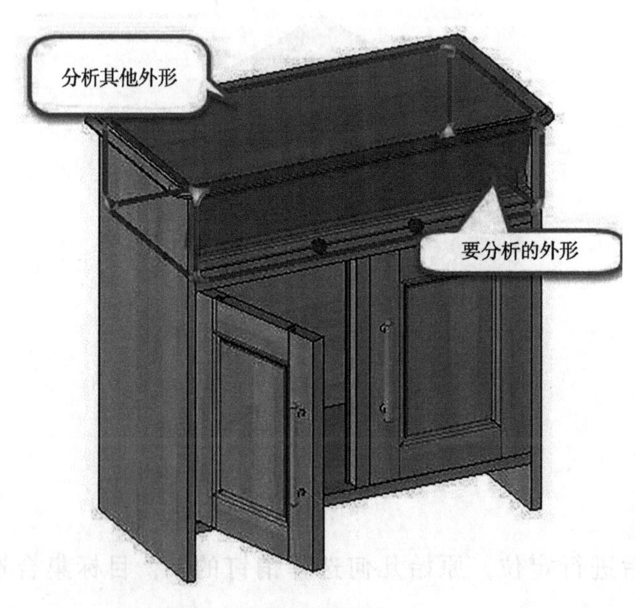

图 1-6-23

在设计模式下，屏幕中相互碰撞的部分显示为红色，且主集合中弹出碰撞干涉集合，提示抽屉挡板和抽屉侧板存在干涉情况（图 1-6-24）。

碰撞干涉集合：[1]
@1205：分析 1
@1200：外形
@1201：干涉外形 @1200 [2]
@1202：外形
@1203：干涉外形 @1200 [2]
@1204：没有碰撞 [6]

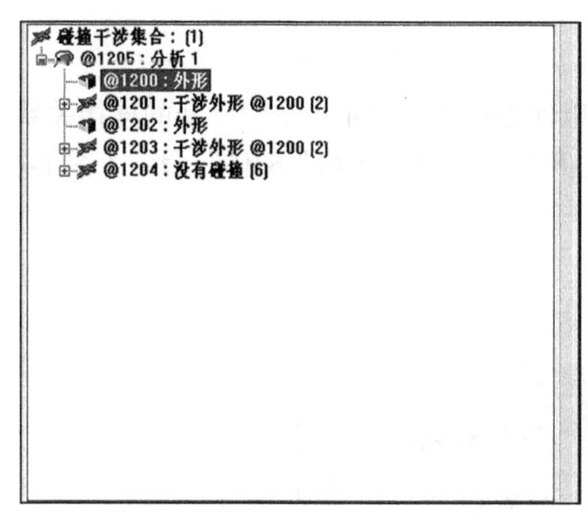

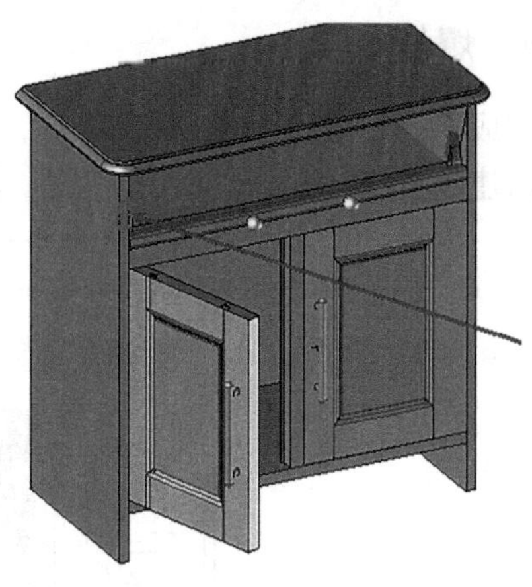

图 1-6-24

⑥在特征树“分析 1”处点击右键，删除，并拖动，对柜体进行调整（图 1-6-25）。定义装配（图 1-6-26）。

⑦使用“装配”→“定义装配”命令，点击“特征”按钮（图 1-6-27），点击“确定”，并保存该文档。

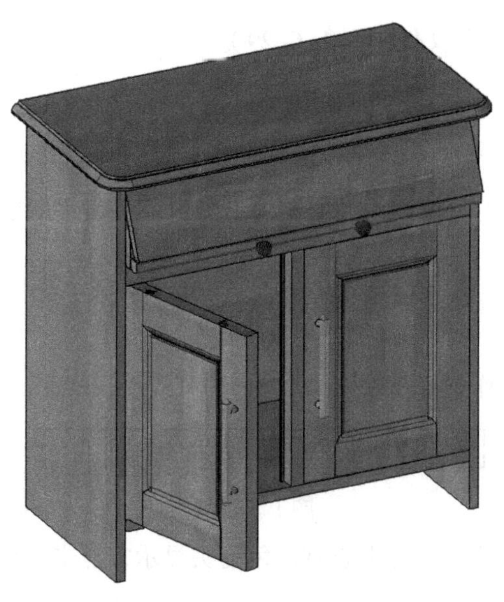

图 1-6-25

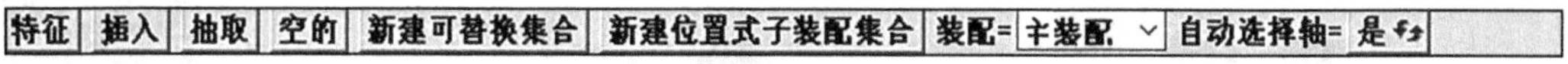

特征
插入
抽取
空的
新建可替换集合
新建位置式子装配集合
装配= 主装配
自动选择轴= 是

图 1-6-26

集合定义
描述 : 家具柜体
参考 :
供应商 >
程序 >
零件类别 >

图 1-6-27

6.4 爆炸

当完成一个装配后也需要装配爆炸，以便更清晰地显示各个组件间的连接关系。

①新建一个空白的设计文档，使用“装配”→“创建爆炸装配体”命令（图 1–6–28）。

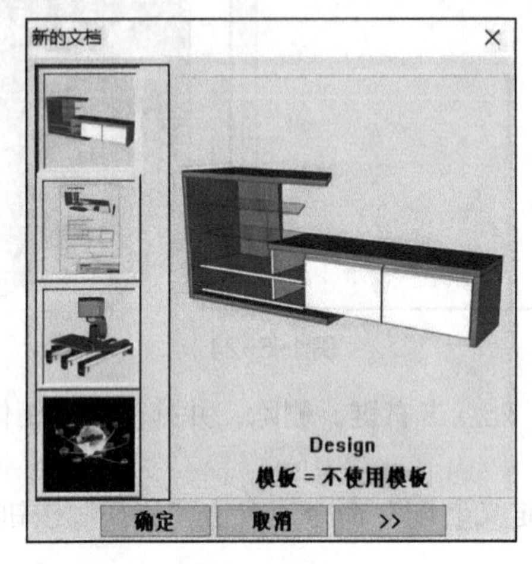

图 1–6–28

②浏览“家具柜体 .top”文件（图 1–6–29）。

浏览 选择装配文档:

图 1–6–29

③爆炸标准件为“是”，爆炸类型选择“球形爆炸”，点击“确定”（图 1–6–30）。

确定 爆炸标准件= 是 爆炸类型= 球形爆炸

图 1–6–30

④填写爆炸系数，爆炸中心在绘图区域柜子中心，任意点击一点（图 1–6–31）。

球形系数= @32=1.5 爆炸中心:

图 1–6–31

绘图区域上，装配体炸开，且中心有红色箭头显示，点击“可对单独零件进行平移或者旋转”（图 1–6–32）。

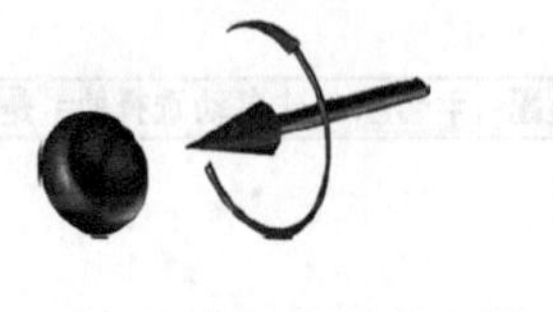

平移

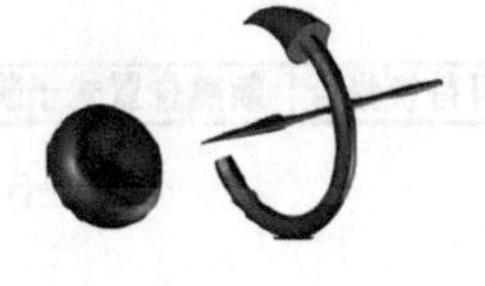

旋转

图 1–6–32

装配设计
实例练习

单元7 木 工

【学习目标】

1. 掌握木工装配操作的基本知识，熟练使用工具。
2. 了解功能面板的功能，熟练掌握基本操作。
3. 了解木工功能的便捷性，认识木工装配的流程。
4. 能够借助木工操作功能对自动装配各种零部件的便捷操作。

7.1 木工建模

木工功能是 TopSolid 在家具行业得以推广的核心技术，里面包含了诸多家具设计独有的命令，如榫卯、刀具成型、封边贴皮等，极大提高了用户的工作效率。

木工建模命令最重要的是约束块功能，此功能使家具建模效率得到巨大的飞跃。

7.1.1 约束块

“约束块”命令是通过捕捉参考面及定位面来快速建模的功能。在不通过 2D 线条生成零件的情况下直接在 3D 环境中设计零件，可快速、简单地进行修改。

主要步骤为：

①选择“约束块”命令。

②输入厚度，选择第一平面（图 1–7–1）。

③选择第二平面（图 1–7–2）。

④选择另一平面的第一平面（图 1–7–3）。

⑤选择另一平面第二平面（图 1–7–4）。

⑥选择定位平面（图 1–7–5）。

约束块

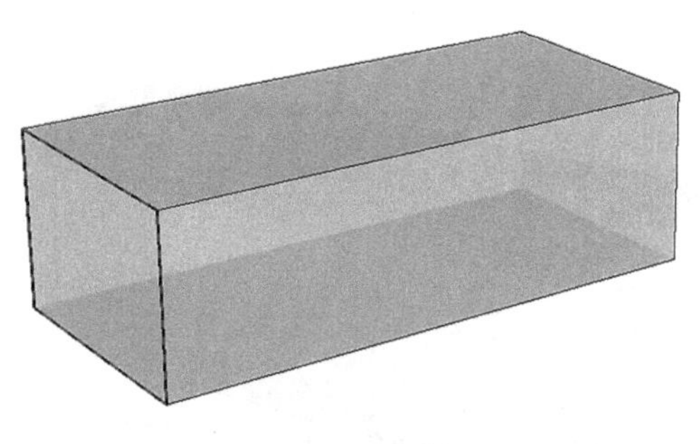

自动 厚度=@66=19mm 第一偏移=@61=0mm 第一平面

图 1–7–1

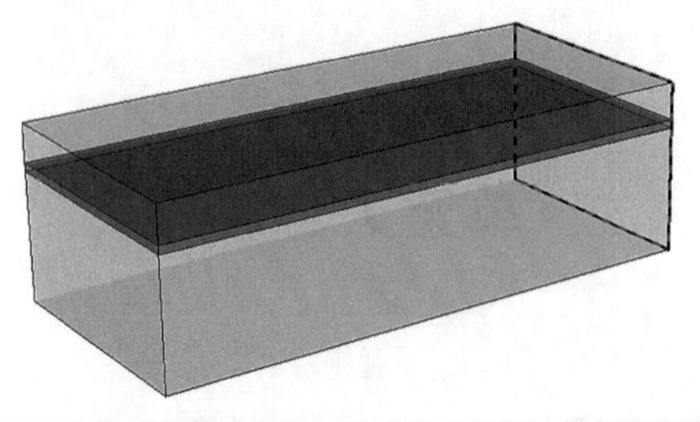

模式= 面 转换方向 第二偏移=@4634=0mm 允许非平行面= 否 第二平面或点

图1-7-2

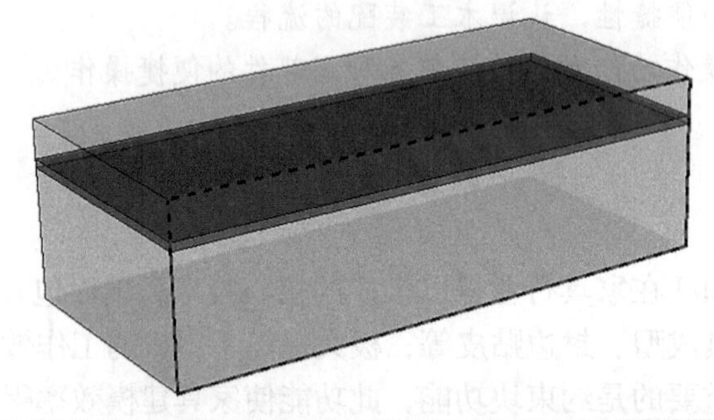

自动平面 转换方向 第一偏移=@4636=0mm 厚度=@4638=19mm 第一平面

图1-7-3

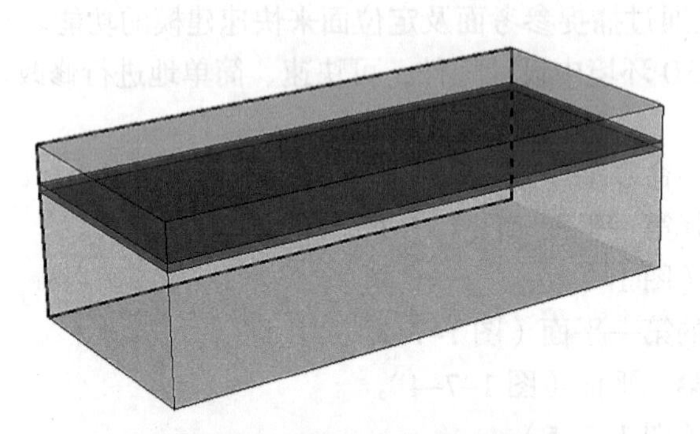

模式= 面 第二偏移=@4637=0mm 第二平面或点

图1-7-4

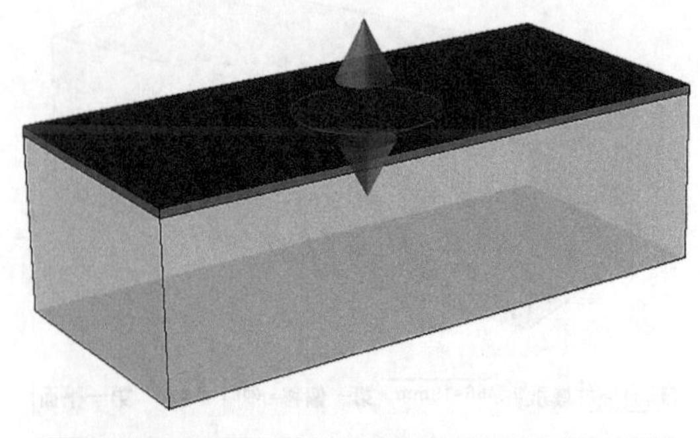

自动 厚度=@4708=19mm 第一偏移=@4703=0mm 第一平面

图1-7-5

注意：

①使用自动模式直接在某一平面定位。

②使用“修改元素”命令，点击零件并点击红色箭头可以修改约束平面、偏移值（或长度值）（图 1-7-6）。

③使用修改命令点击生成约束块后，会出现 6 个约束面的箭头，分别代表约束块基于定位平面的 6 个定位信息。

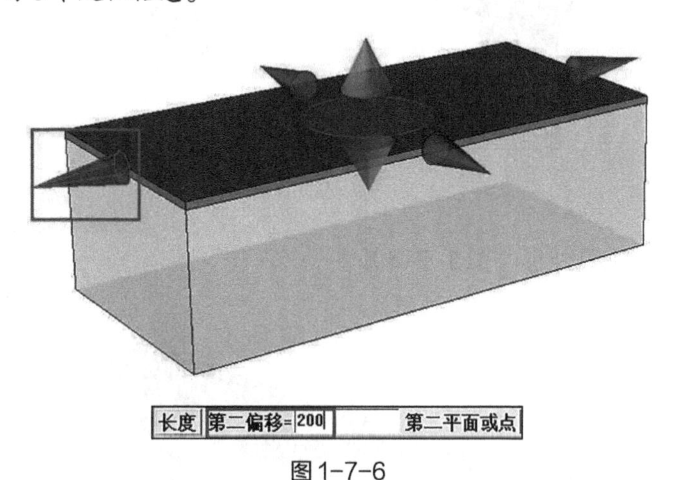

长度 | 第二偏移=200 | 第二平面或点

图 1-7-6

7.1.2　约束段

约束段

“约束段”命令可根据给定的部分约束进行快速建模，并在后续使用时在下拉列表中快速选择已创建的约束段。

注意：共享厚度按钮，可以快速检索已存在的约束厚度，当其中一个被修改时，另一个将自动修改。

7.2　木工操作

木工操作主要包含一些符合家具工艺的外形编辑命令。

对角斜切

7.2.1　对角斜切

将两个零件沿着指定方向并由两方向的平分线进行切割。

主要步骤为：

①选择“对角斜切”命令。

②选择“模式”→“自动”。

③选择“斜面加工”为“否”。

④选择要修改的外形（图 1-7-7）。

图1-7-7

⑤选择要使用的工具外形（图 1-7-8）。

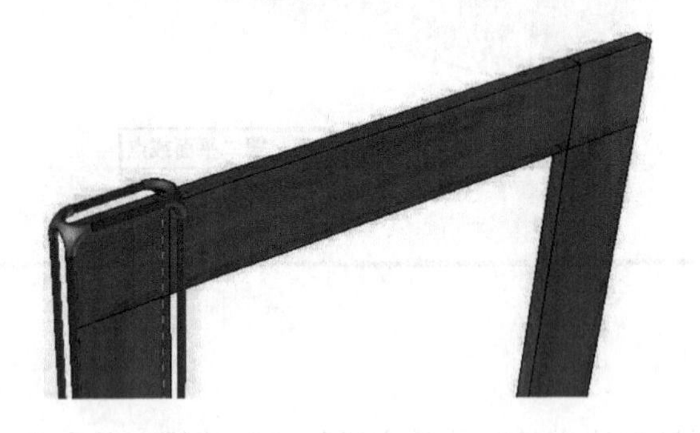

图1-7-8

⑥可以确定当前箭头方向或更改方向（图 1-7-9）。

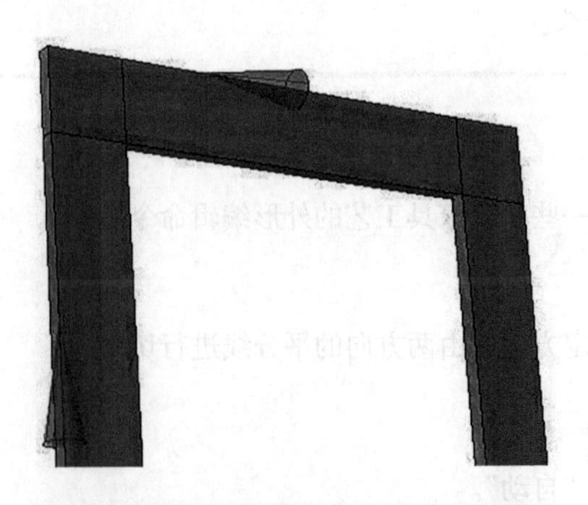

图1-7-9

⑦完成对角斜切（图 1–7–10）。

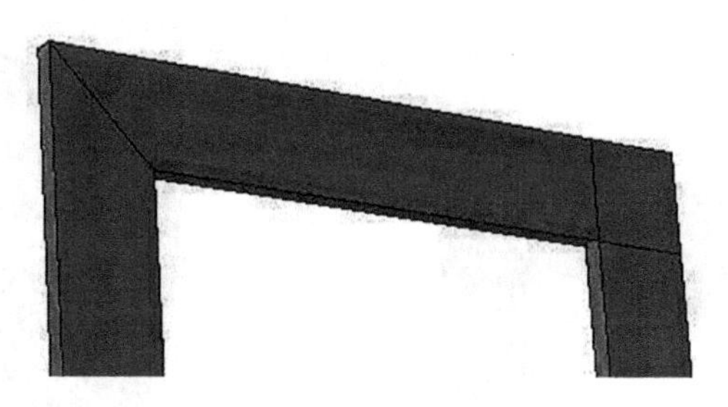

图1–7–10

注意：

①自动模式：软件根据外形几何自动判断斜切的刀具方向。

②手动模式：允许指定斜切的刀具参考边及指向。

③ TopSolid 2020 之后的版本，在“对角斜切”命令中添加了“自动加工”选项，可在手动模式下选择刀轴与斜切面的对应方式。自动模式将使用默认设定的方式，可在“工具”→“系统选项”→“Top’Wood 配置”→“操作”→“斜切页签”设定。

④垂直：5 轴机床使用锯片加工。

⑤平行：5 轴机床使用铣刀侧刃加工。

7.2.2　平面正切

与对角斜切原理相似，对一个零件给定方向，另一零件给定切割平面。主要步骤为：

平面正切

①选择“平面正切”命令。

②选择要修改的零件（图 1–7–11）。

③指定切割方向（图 1–7–12）。

④设置间距：切割平面（图 1–7–13）。

⑤选择切割平面（图 1–7–14）。

⑥完成平面正切（图 1–7–15）。

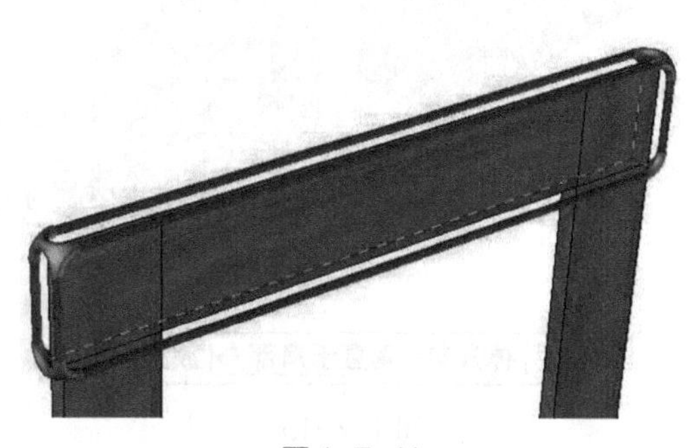

图1–7–11

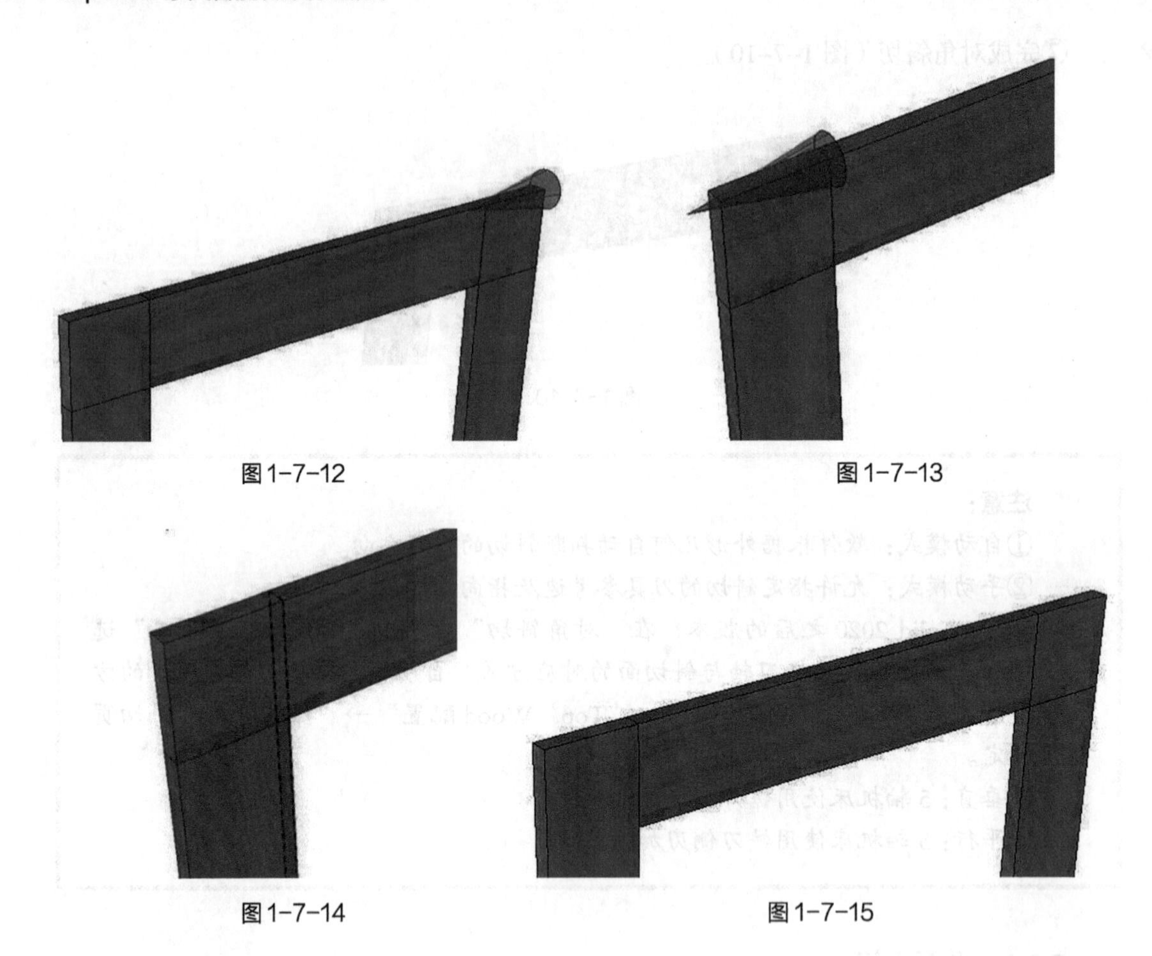

图 1-7-12　　图 1-7-13

图 1-7-14　　图 1-7-15

7.2.3 榫头

榫头

通过设置定位面尺寸创建榫头。

主要步骤为：

①选择“榫头”命令。

②选择放置面（图 1-7-16）。

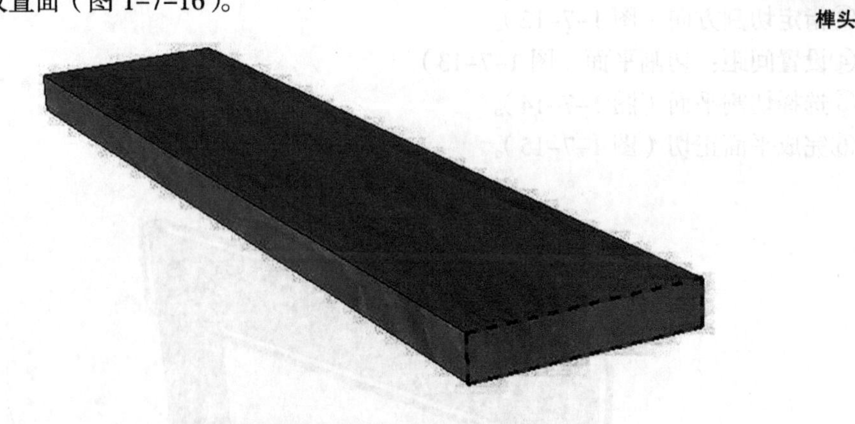

模板 榫方向= 垂直于肩部 放置面:

图 1-7-16

③选择基准面（或边）（图 1–7–17）。

忽略不接触的面　右侧边= 自动　左侧的面或这边

忽略不接触的面　上边= 自动　底部的面或这边

图 1–7–17

④选中榫类型及设置数值（图 1–7–18、图 1–7–19）。

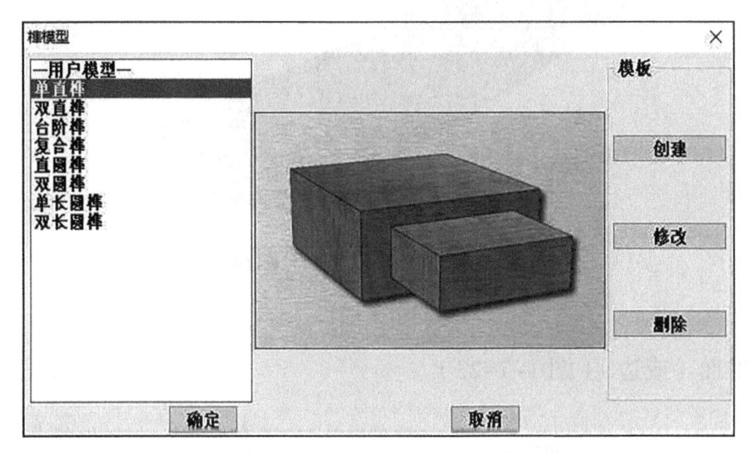

图 1–7–18

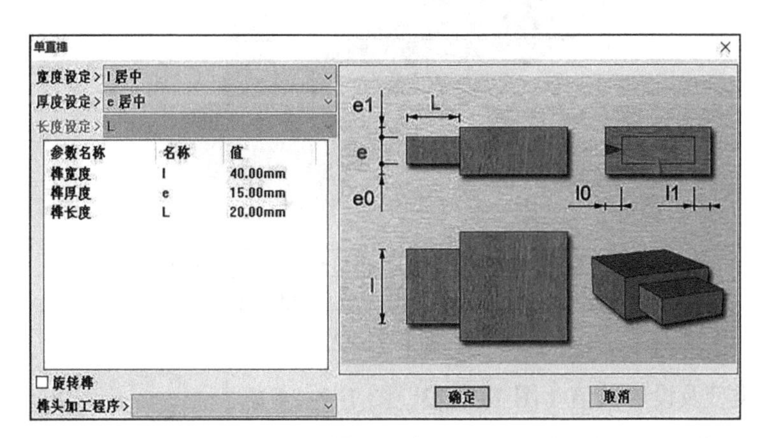

图 1–7–19

⑤完成榫头创建（图 1–7–20）。

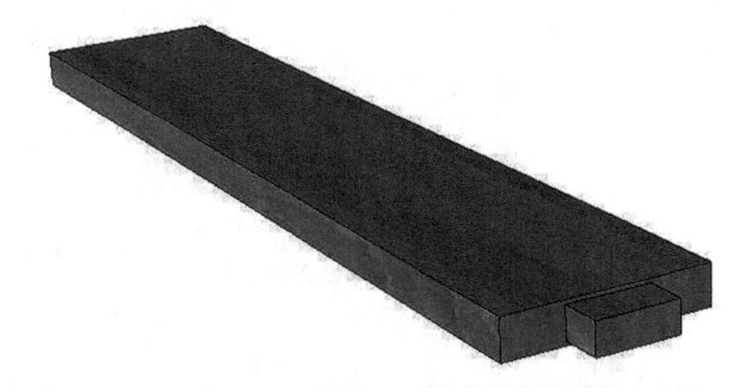

图 1–7–20

7.2.4 榫眼

此命令是通过设置定位面尺寸创建榫眼。

主要步骤为：

①选择“榫眼”命令。

②选择放置面（图 1–7–21）。

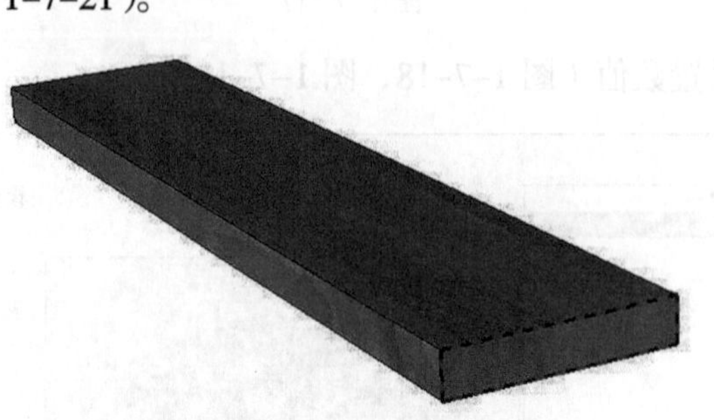

图 1–7–21

③选择基准面（或边）（图 1–7–22）。

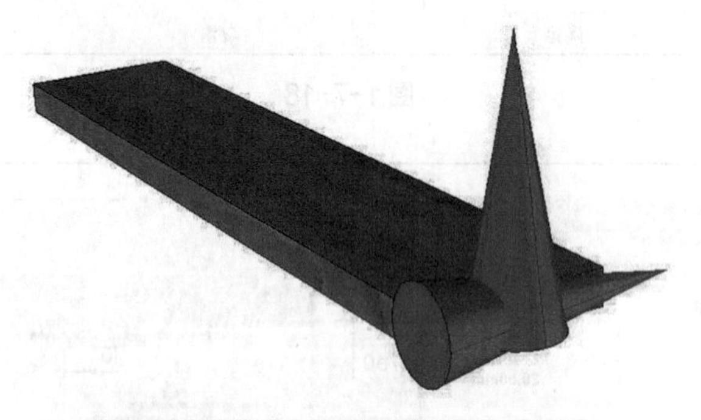

图 1–7–22

④选择榫类型及设置数值（图 1–7–23、图 1–7–24）。

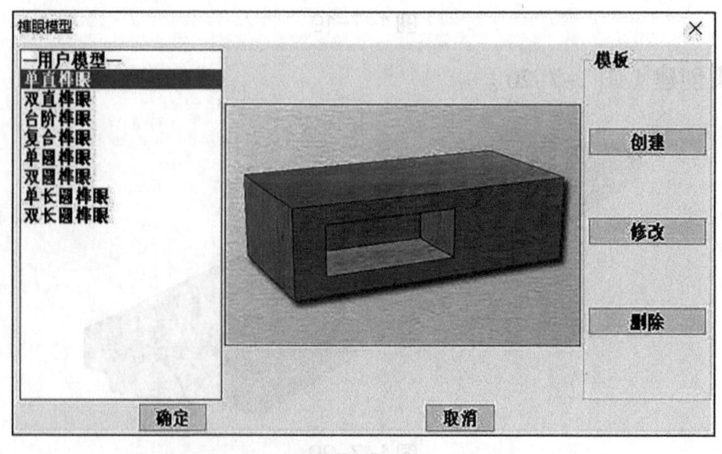

图 1–7–23

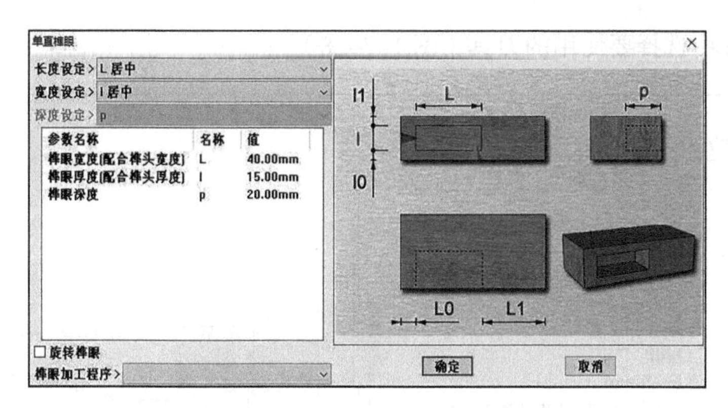

图1-7-24

⑤完成榫眼创建（图 1-7-25）。

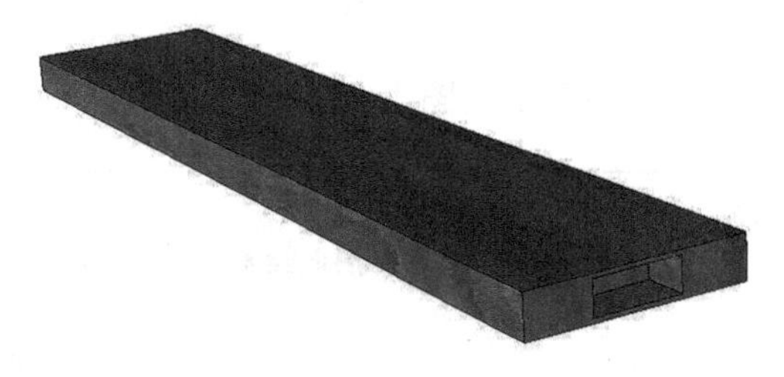

图1-7-25

7.2.5 刀具成型

刀具成型

此命令是使用保存在组件库的刀具进行造型操作。

主要步骤为：

①选择“刀具成型”命令。

②选择参考面及“刀具扫掠模式”→“平面模式”（图 1-7-26）。

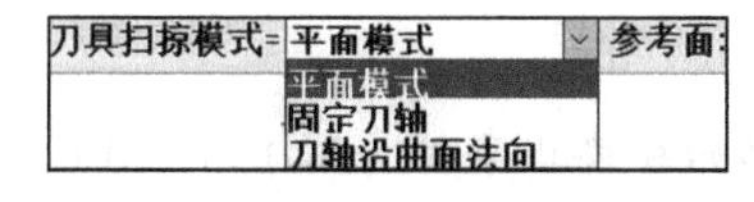

图1-7-26

③选择刀具路径（图 1-7-27）。垂直于刀路箭头指向刀轴；平行于刀路箭头指刀具扫掠方向。

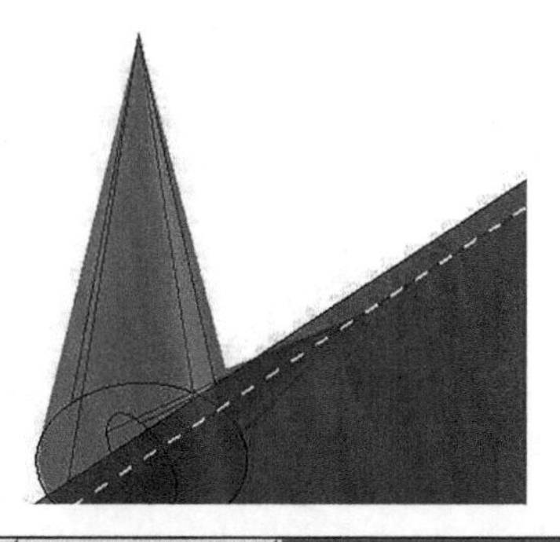

图1-7-27

④在组件库中选择要使用的刀具（图 1-7-28）。

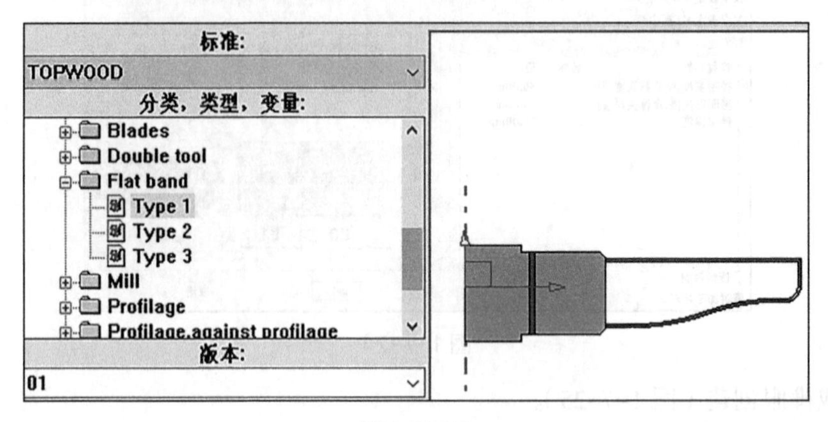

图 1-7-28

⑤设定相关数值完成不同成型效果（图 1-7-29）。

图 1-7-29

注意：

①可设置刀具成型的起始和终止条件（图 1-7-30）。

②刀具扫掠模式（图 1-7-31）。

平面模式（图 1-7-32）。

固定刀轴（图 1-7-33）。

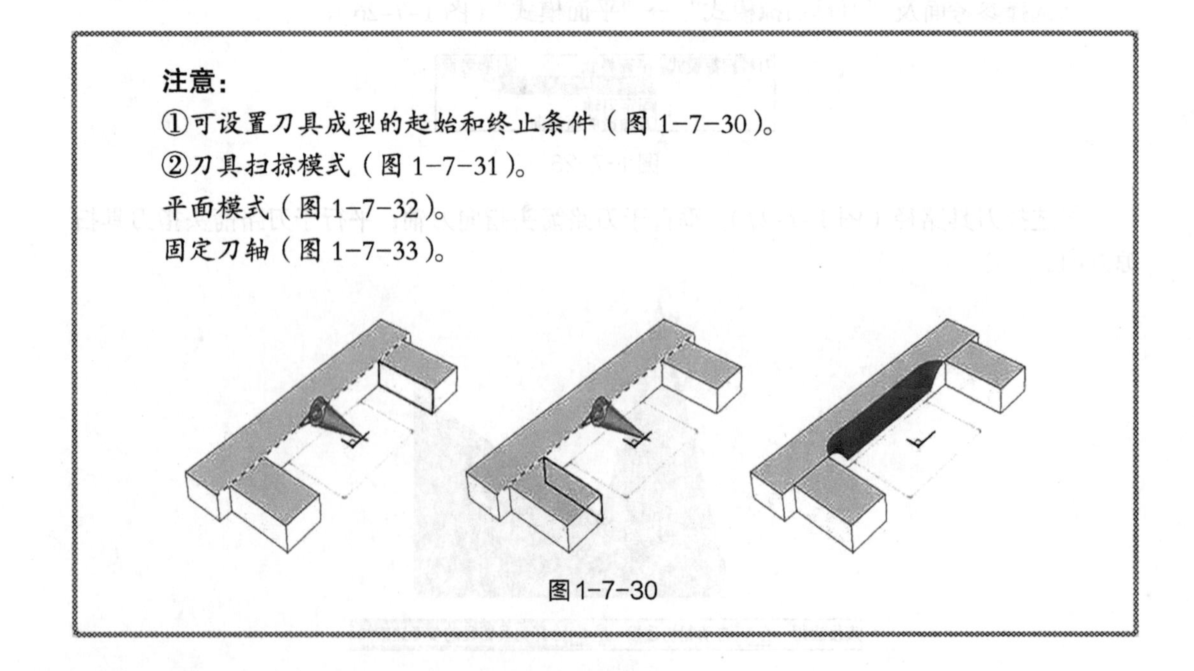

图 1-7-30

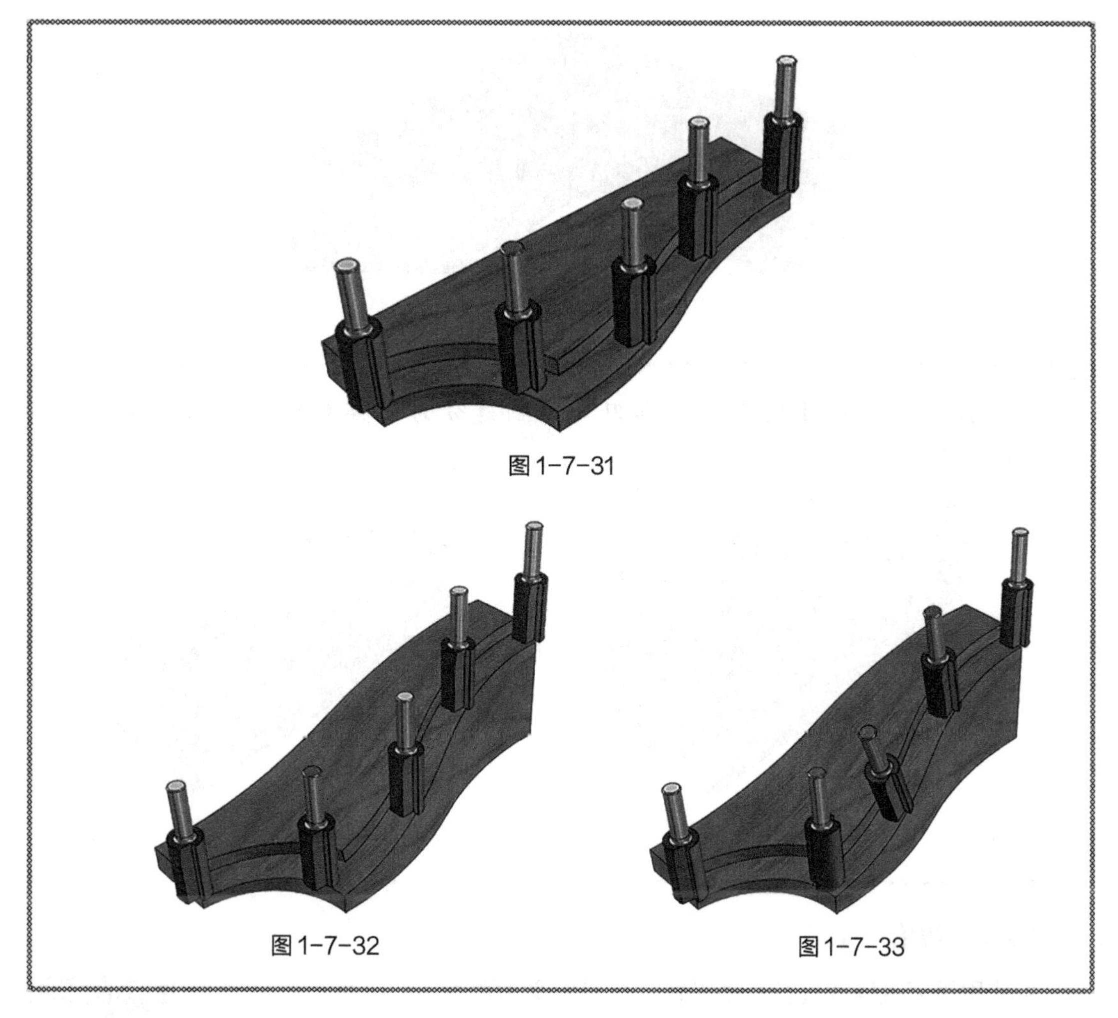
图 1-7-31

图 1-7-32

图 1-7-33

7.2.6　刀具反向成型

刀具反向成型

执行与刀具成型造型互补的成型操作。

主要步骤为：

①选择“反向成型”命令。

②选择修改的零件（图 1-7-34）。

③选择参考的刀具成型（图 1-7-35）。

④完成反向成型。

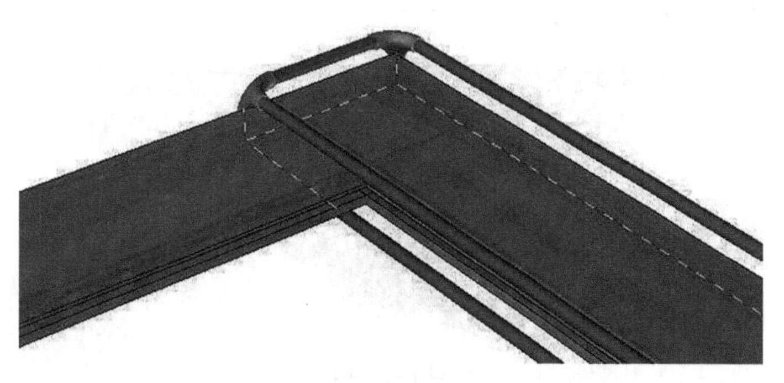
图 1-7-34

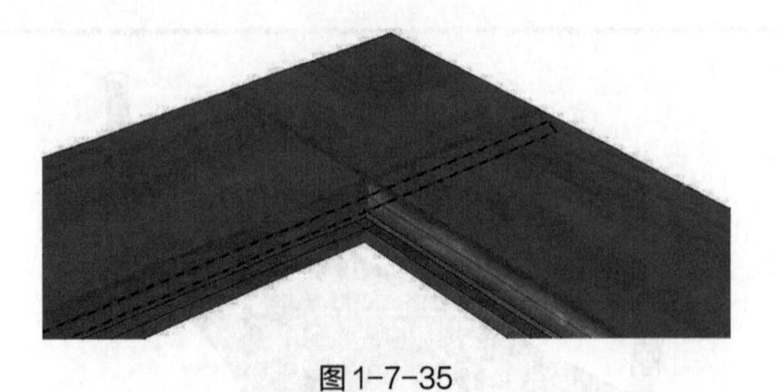

图1-7-35

注意：剖面内容模式可根据刀具的创建分为有榫（图 1-7-36）和无榫（图 1-7-37）。

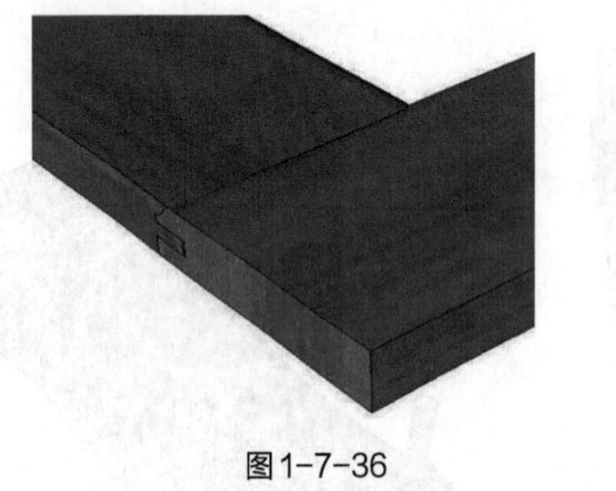

图1-7-36　　图1-7-37

7.2.7 切槽

可使用铣刀或锯片进行开槽操作，可以定义为粗加工。

切槽

主要步骤为：

①选择“切槽”命令。

②选择参考面和刀具扫掠模式（图 1-7-38）。

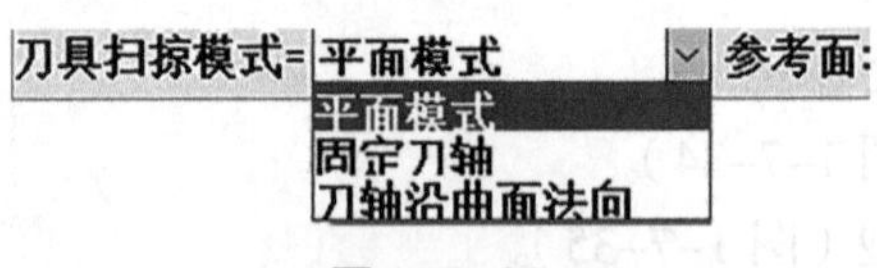

图1-7-38

③选择刀具路径（图 1-7-39）。

图1-7-39

④在组件库中选择要使用的刀具（图 1–7–40）。

图 1–7–40

⑤完成切槽创建（图 1–7–41）。

图 1–7–41

⑥可设定相关数值完成不同切槽效果（图 1–7–42）。

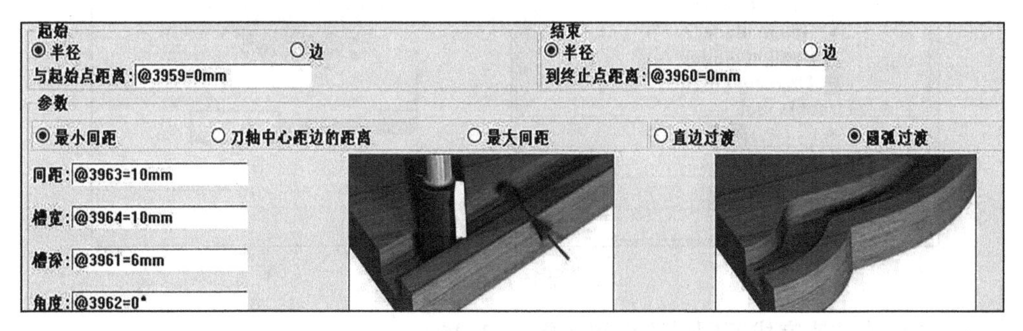

图 1–7–42

注意：在封闭路径上执行操作，可以修改刀具路径的原点（图 1–7–43）。

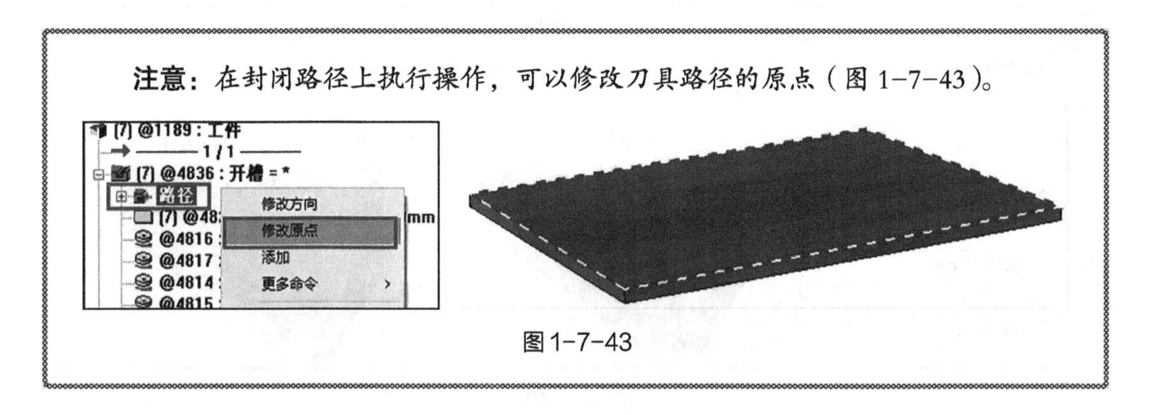

图 1–7–43

7.2.8 搭边

可用锯片或铣刀执行铣削加工，可以定义为粗加工。

主要步骤为：

①选择“搭边”命令。

②选择刀具扫掠模式、刀具路径、起始及终止位置（图 1–7–44）。

图1–7–44

③在组件库中选择要使用的刀具（图 1–7–45）。

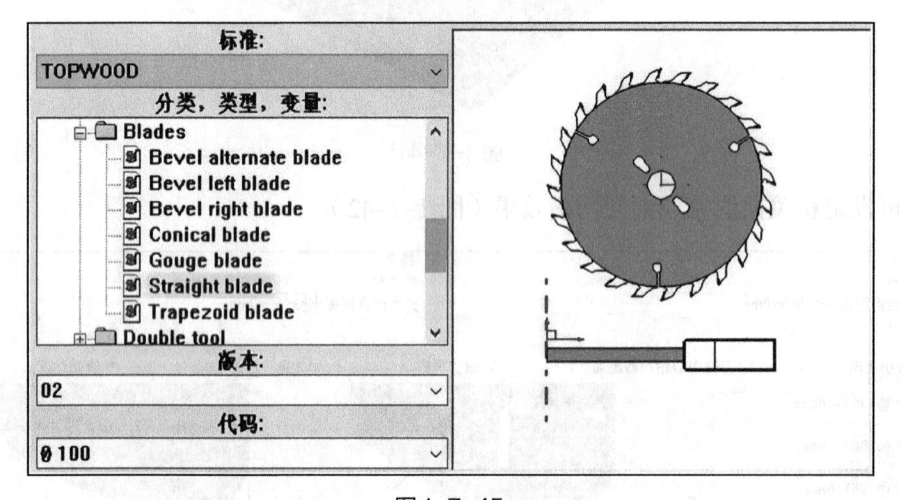

图1–7–45

④设定相关数值完成不同搭边效果（图 1–7–46）。

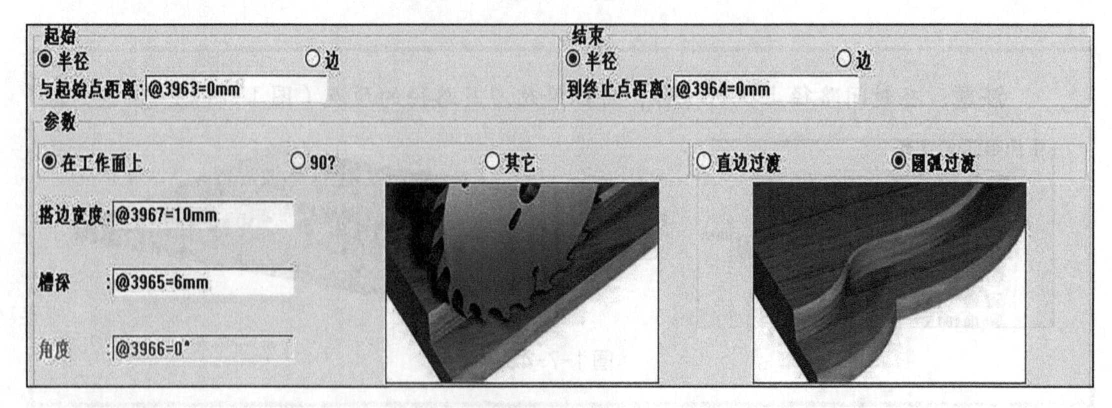

图1–7–46

注意：

切槽、搭边可设置加工类型，分别为切割、铣削（图 1-7-47）。

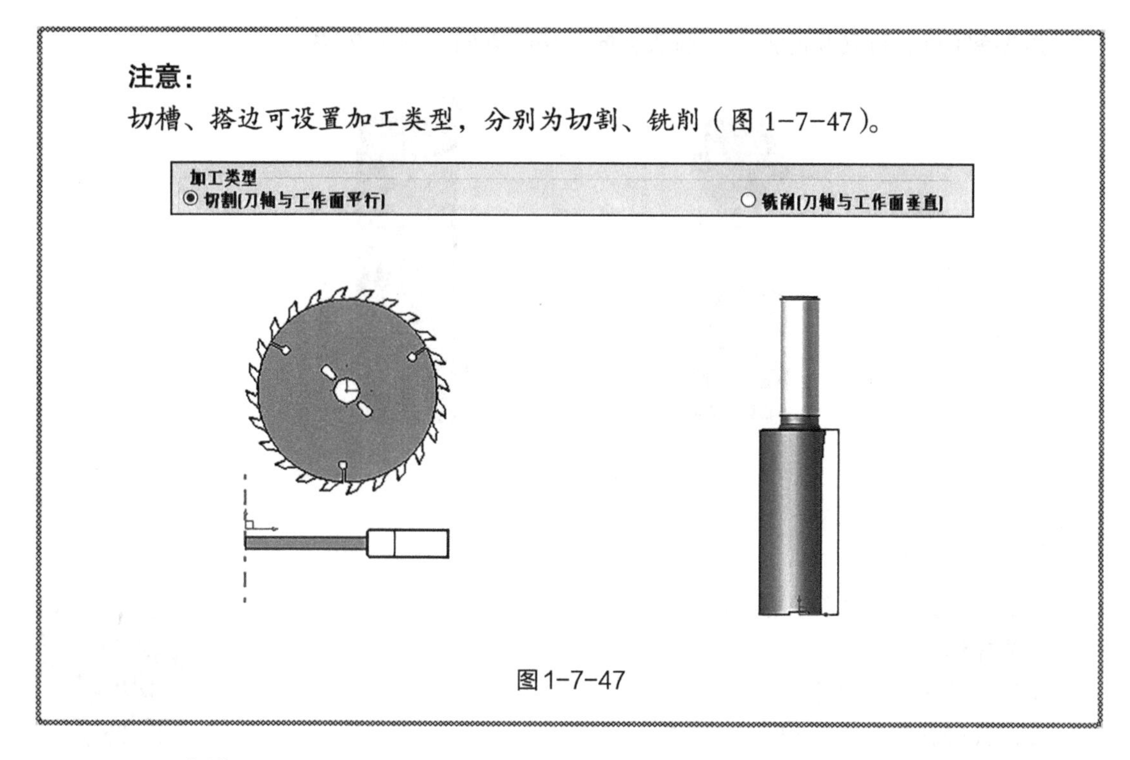

图 1-7-47

7.2.9 锯切

锯切

此命令可根据刀具路径切割零件。

主要步骤为：

①选择“锯切”命令。

②选择切割的零件和使用的锯切曲线。箭头方向为切除方向，点击箭头可改变指向，也可选择“保留两个零件”，将零件锯切分为两部分（图 1-7-48）。

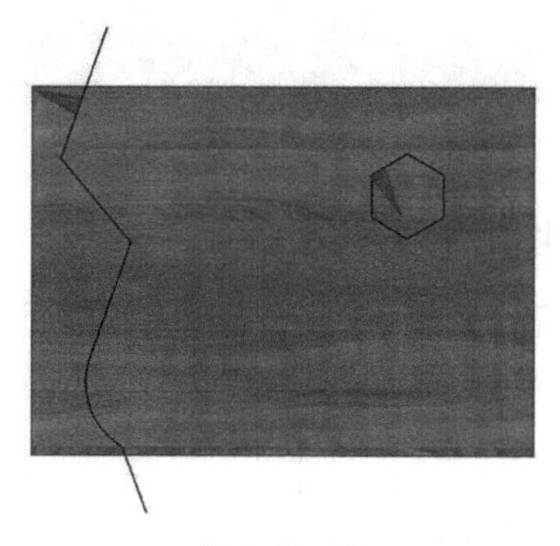

图 1-7-48

7.2.10 车削

车削

此命令可根据轮廓线条执行车削操作。

主要步骤为：

①选择“车削”命令。

②选择零件，旋转切除曲线，箭头方向为切除方向（图 1–7–49）。

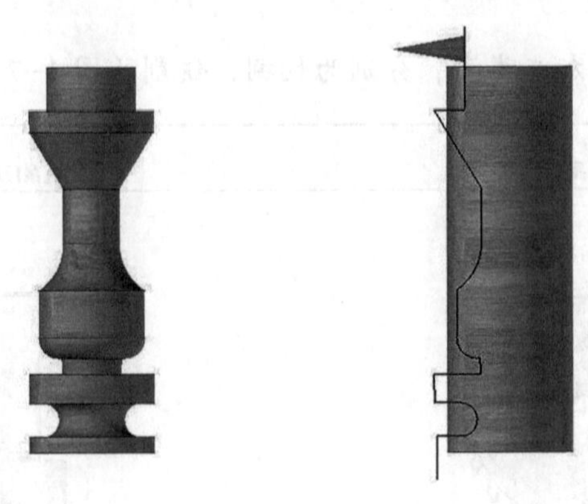

图 1–7–49

7.2.11　排孔

此命令可设置一个钻孔的阵列实现钻孔。

排孔

主要操作为：

①选择“排孔”命令。

②设置排孔类型模板和阵列方式。

③选择排孔放置面及阵列的起始、终止面或边，箭头指向终止位置（图 1–7–50）。

图 1–7–50

④设置孔阵列分布方式（图 1–7–51）。

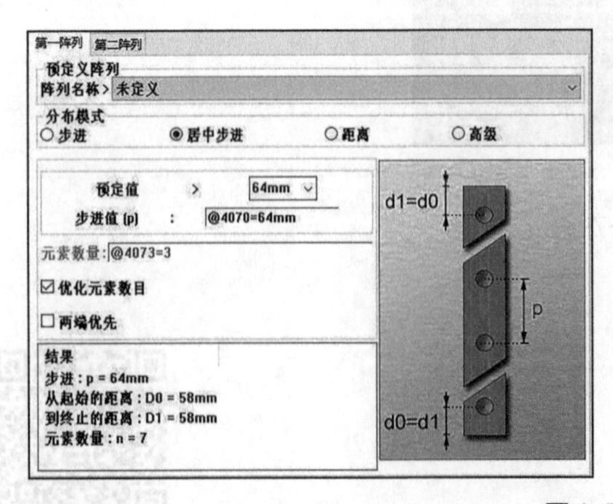

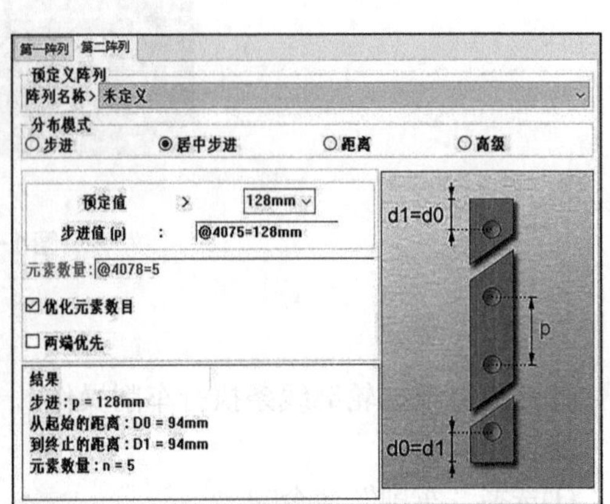

图 1–7–51

步进：可自定义起始距离 $d0$、每两孔间距步进值 p 和孔数量。

如勾选“优化元素数目”，软件根据起始和终止距离自动计算需要的孔数；如勾选“两端优先”，钻孔顺序是依次从两端向中心；如不勾选“两端优先”，钻孔顺序是从起始向终止（图 1-7-52）。

如勾选“两端优先”，钻孔顺序是依次从两端向中心（图 1-7-53）；如不勾选两端优先，钻孔顺序是从起始向终止（图 1-7-54）。

居中步进：起始与终止距离相等。可自定义每两孔间距步进值 p、孔数量。

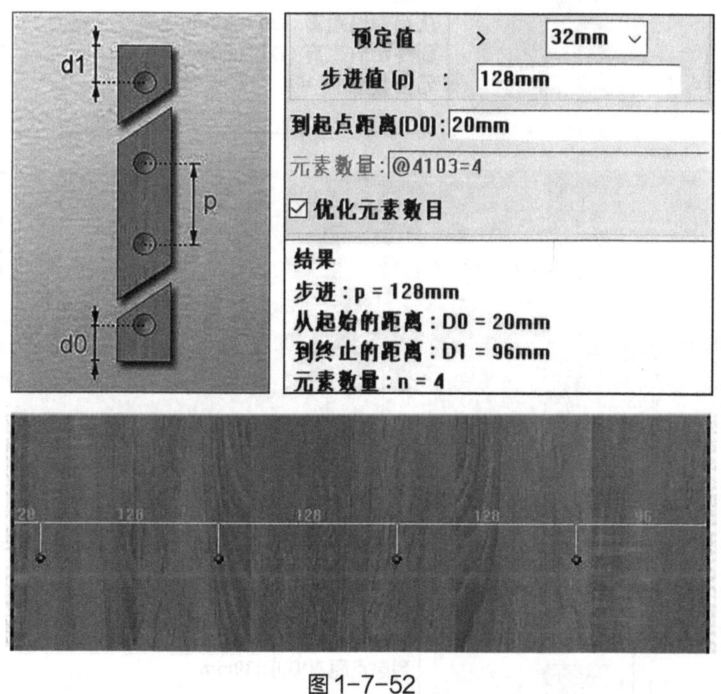

图 1-7-52

图 1-7-53

图 1-7-54

如勾选“优化元素数目”，软件根据起始和终止距离自动计算需要的孔数（图 1-7-55）。

距离：可自定义第一个孔距起始距离 $d0$、最后一孔距终止距离 $d1$ 和钻孔数量。

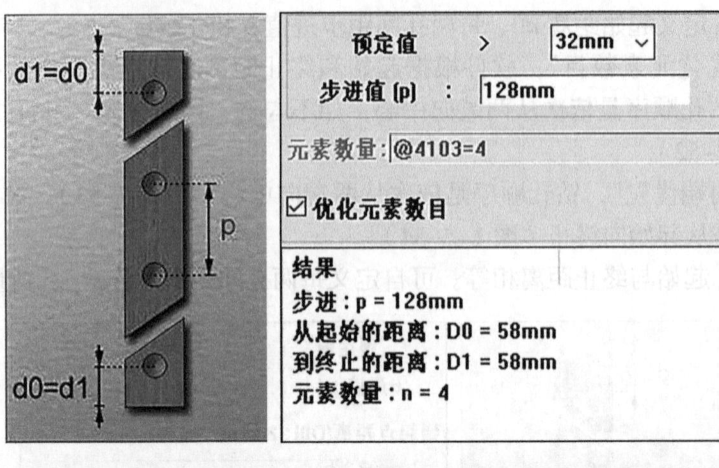

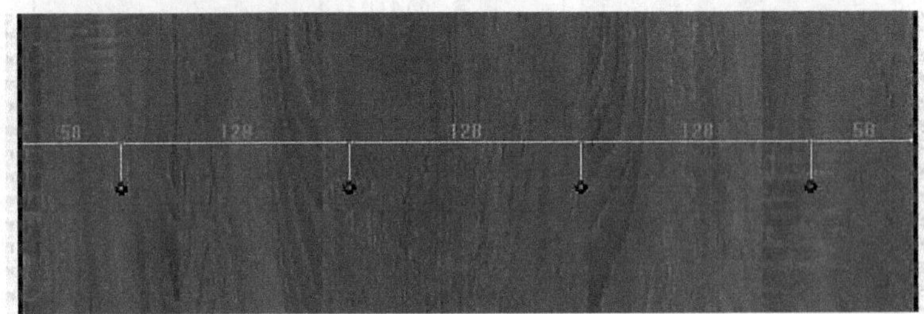

图1-7-55

每两孔的间距p由软件自动计算得出（图 1-7-56）。

高级：可自定义第一孔距起始的最小距离$d0$min、最后一孔距终止的最小距离$d1$min和每两孔间距步进值p，数量自动计算。

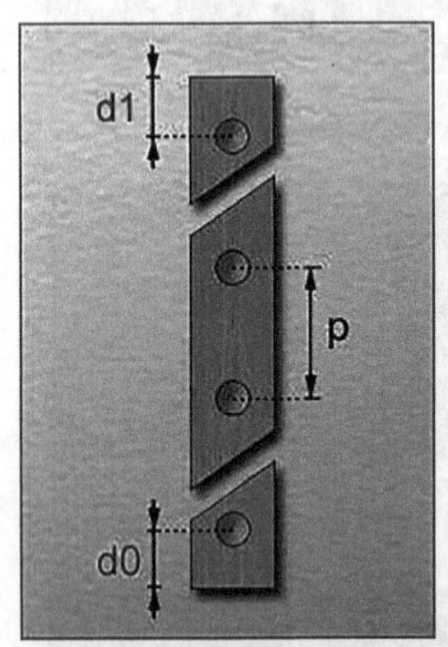

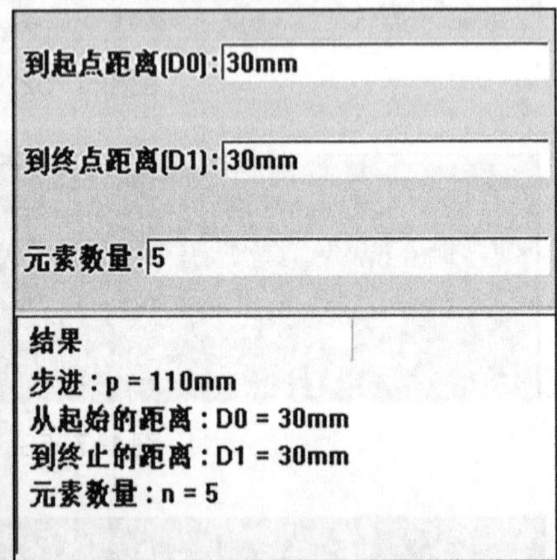

图1-7-56

如勾选“单一步”，可自定义孔数量，步进值 p 根据设定值自动乘以系数 x（图 1-7-57）。

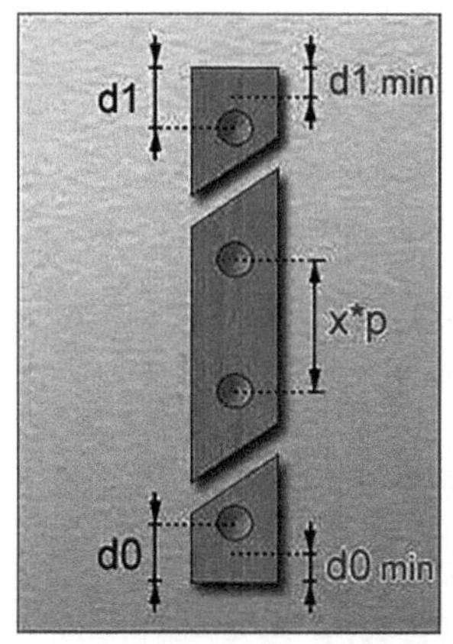

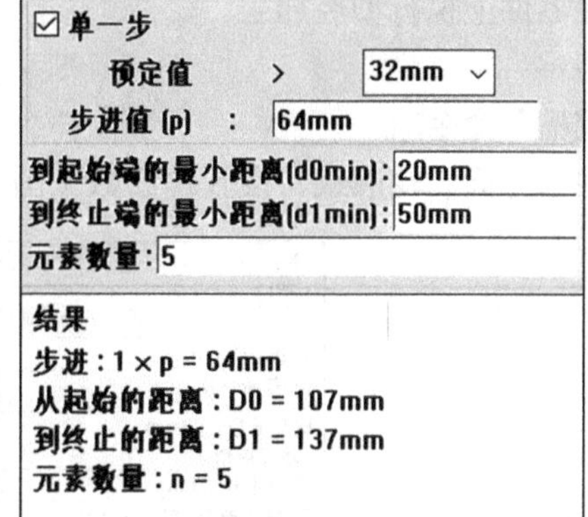

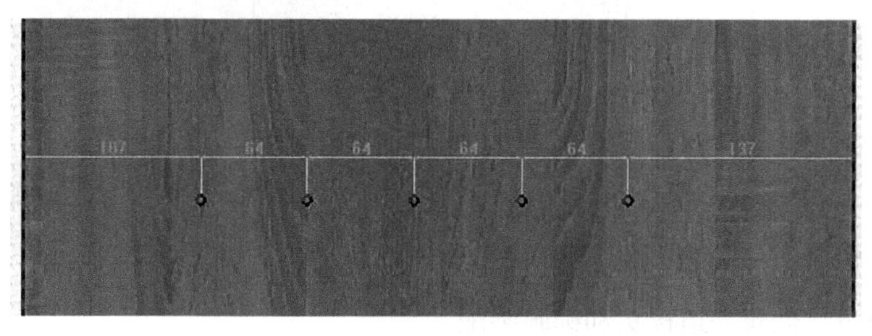

图1-7-57

注意：模板配置信息将保存至所选的自定义或组。

7.2.12　钻孔

此命令可以在零件上设置不同类型的钻孔操作。

钻孔

主要步骤为：

①选择“钻孔”命令。

②选择钻孔平面（或钻孔中心的坐标系）、钻孔类型，设置此类型孔的参数值。动态模式下，如果钻孔点处于此方向的居中位置，距边距离会以黄色尺寸显示（图 1-7-58）。

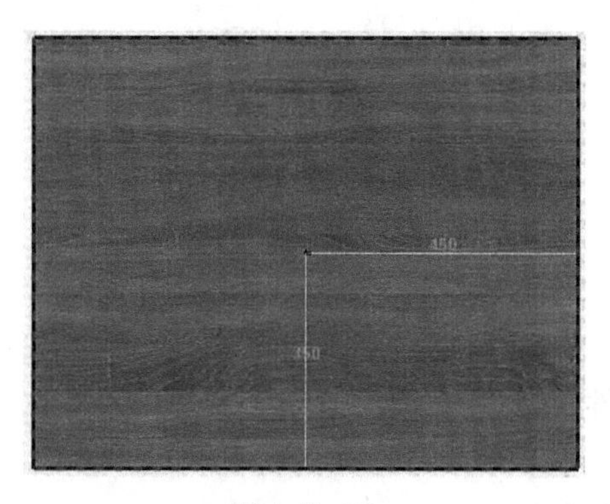

图1-7-58

7.2.13 挖槽

挖槽

此命令可在零件上执行型腔加工。

主要步骤为：

①选择“挖槽”命令。

②选择零件参考面、轮廓线，设置槽参数（图 1-7-59）。

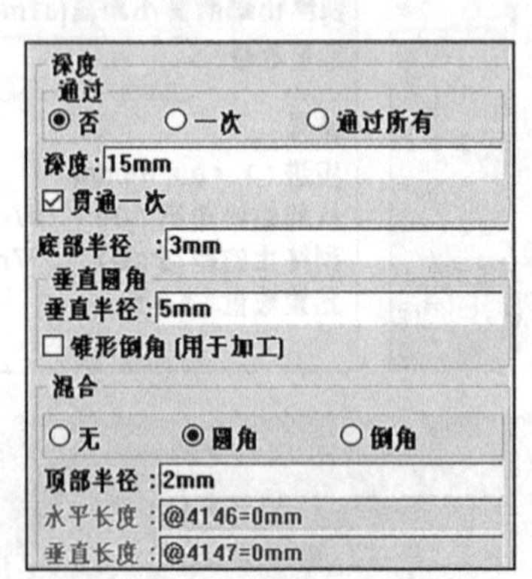

图1-7-59

7.2.14 榫头－榫眼链接

榫头－榫眼链接

此命令可直接创建一组榫头和榫眼装配。

主要步骤为：

①选择“榫头”→“榫眼链接”命令。

②选择参考面、基准面（或边）、榫类型和数值。切换基准模式，可基于榫头创建榫眼，也可基于榫眼创建榫头（图 1-7-60）。

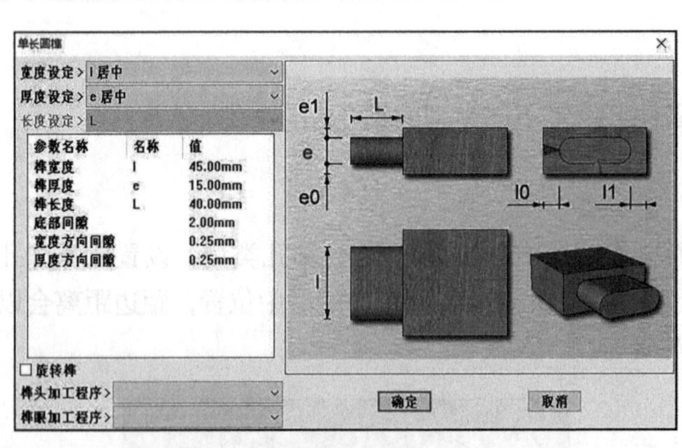

图1-7-60

7.3 木工装配

7.3.1 木销装配

木销装配

本命令可使用木销组件快速进行连接装配。

主要步骤为：

①选择“木销装配”命令。

②在“调入标准件”对话框中选择木销标准件、代码，点击“确定”（图 1-7-61）。

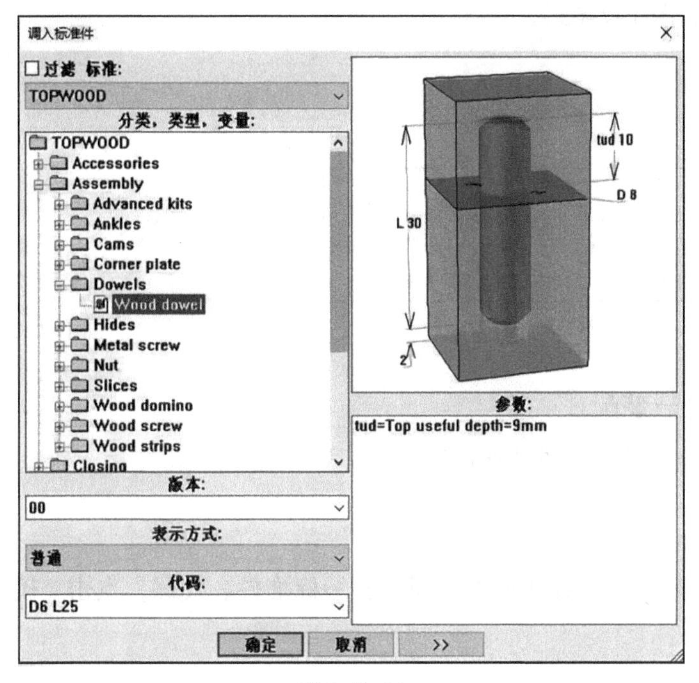

图 1-7-61

③选择木销的放置面（图 1-7-62）。

图 1-7-62

④箭头指向方向为终止面，可以选择“起始面或边”，如果默认此方向，可以点击“自动”来确认。如果需要相反方向，可以点击“反向”（图 1-7-63）。

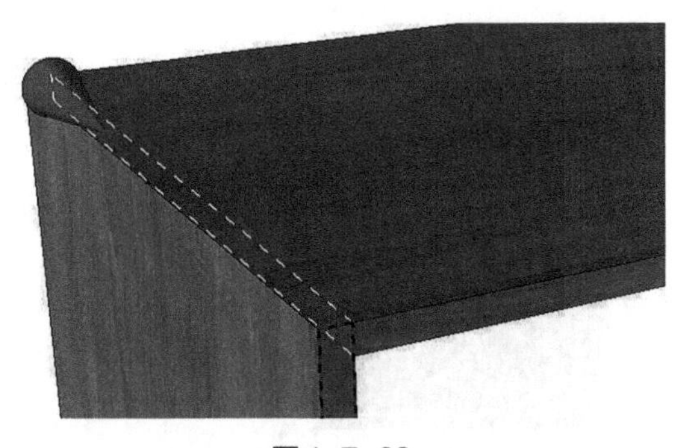

图 1-7-63

⑤在“分布定义”对话框中选择一种排布方式（4种分布模式原理参考木工操作的排孔）（图1-7-64、图1-7-65）。

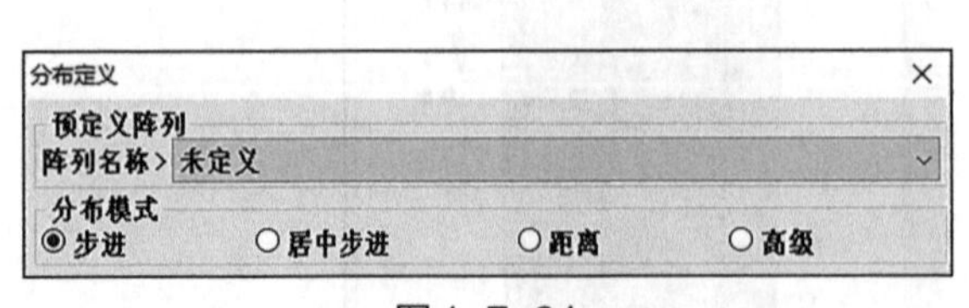

图1-7-64

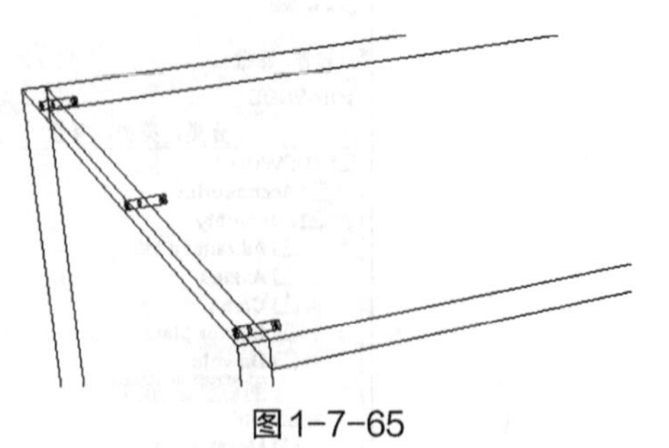

图1-7-65

7.3.2 三合一装配

此命令可使用三合一组件快速连接装配。

三合一装配

主要步骤为：

①选择“三合一装配”命令。

②在“调入标准件”对话框中选择三合一标准件、代码，点击“确定”（图1-7-66）。

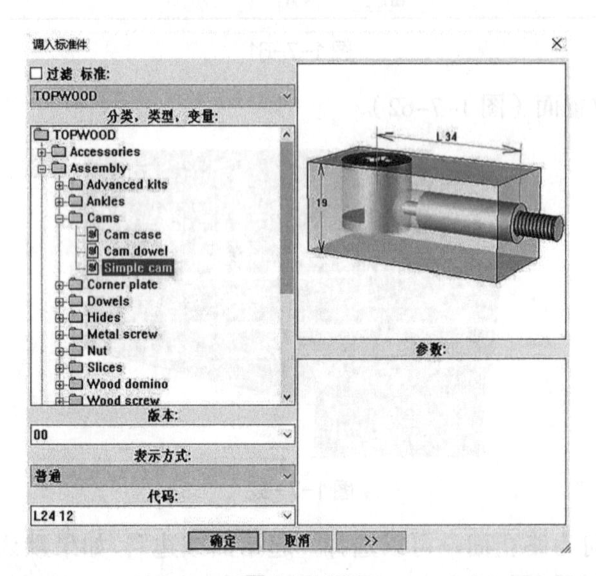

图1-7-66

③选择放置面（图1-7-67）。

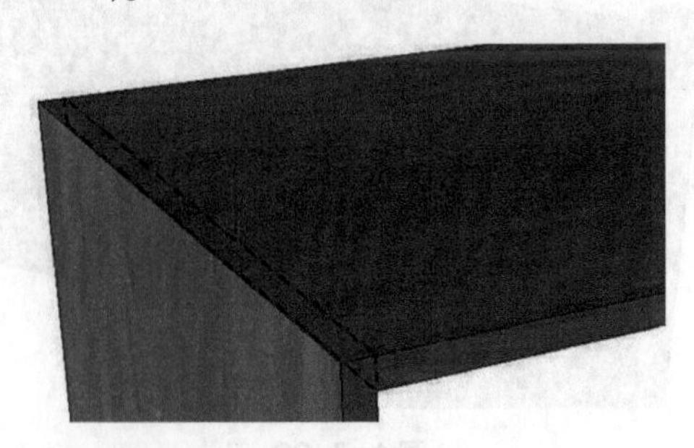

图1-7-67

④选择要钻孔的面（图 1–7–68）。

图 1–7–68

⑤箭头由起始面指向终止面，如果需要相反方向，可以点击“反向”。确定方向后点击“自动”。也可以自定义选择起始面或边（图 1–7–69）。

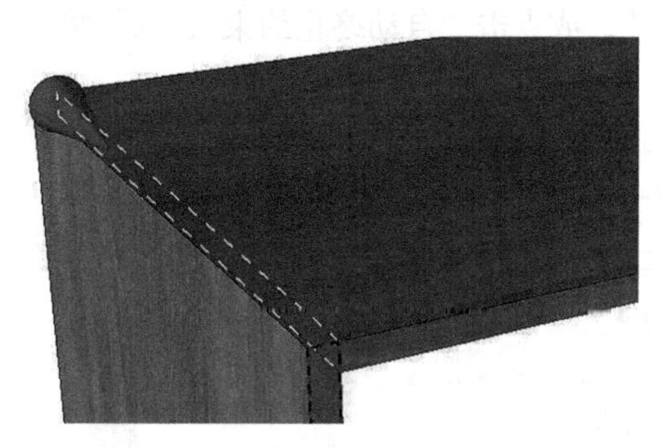

图 1–7–69

⑥在“分布定义”对话框中选择一种排布方式（4 种分布模式原理参考木工操作的排孔）（图 1–7–70、图 1–7–71）。

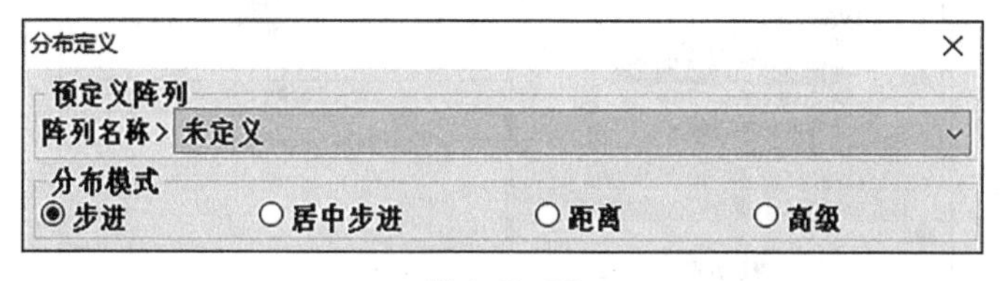

图 1–7–70

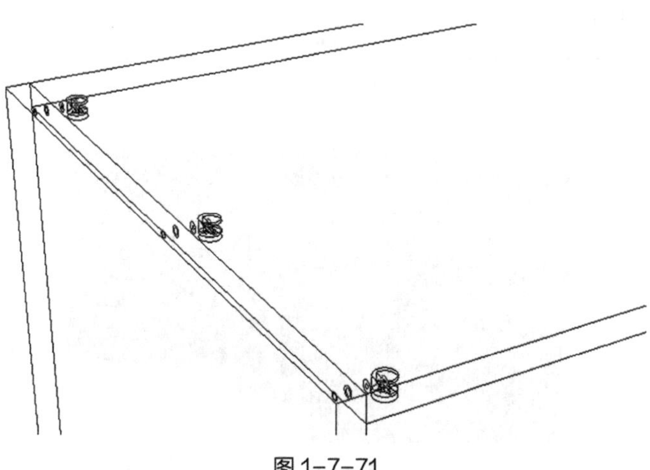

图 1–7–71

7.3.3 螺钉装配

螺钉装配

此命令可使用螺钉组件快速连接装配。

主要步骤为：

①选择“螺钉装配”命令。

②在“调入标准件”对话框中选择螺钉标准件、代码，点击“确定”（图 1–7–72）。

③选择第一支撑面（图 1–7–73）。

④选择第二支撑面（图 1–7–74）。

⑤选择起始面或边（图 1–7–75）。

⑥选择“中间面或边”，输入数值表明距此参考面的距离。如果需要螺钉始终以零件厚度中心位置定位，点击“自动居中”（图 1–7–76）。

⑦选择“终止面或边”，或点击“自动终止约束”，软件将根据放置面长度自动判断终止位置（图 1–7–77）。

⑧在“分布定义”对话框中选择一种排布方式（4 种分布模式原理参考木工操作的排孔）（图 1–7–78、图 1–7–79）。

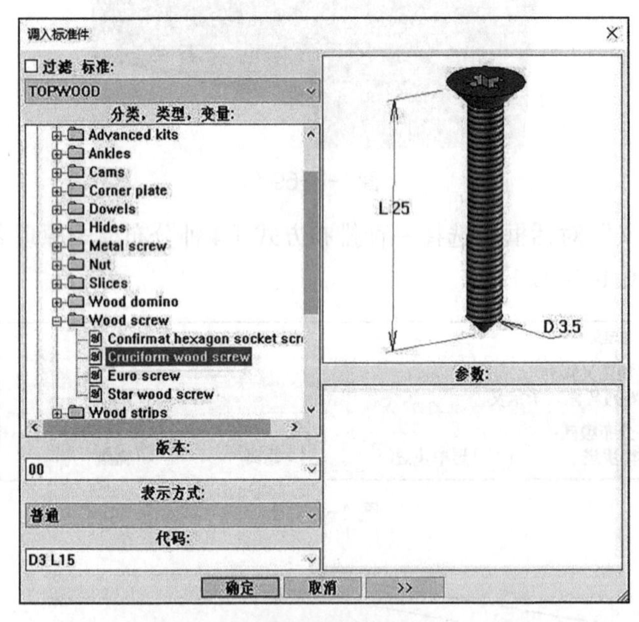

图 1–7–72

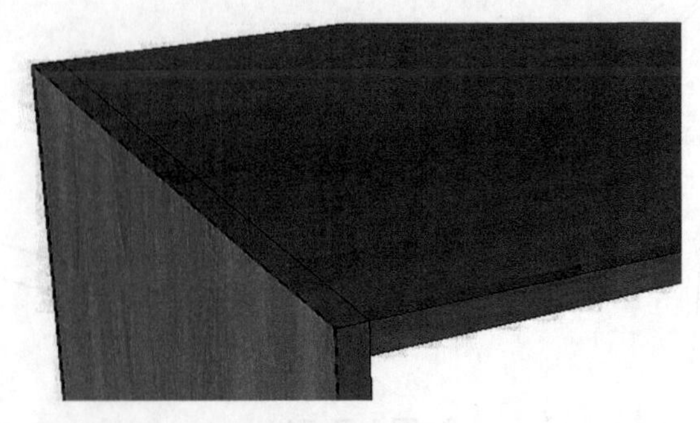

图 1–7–73

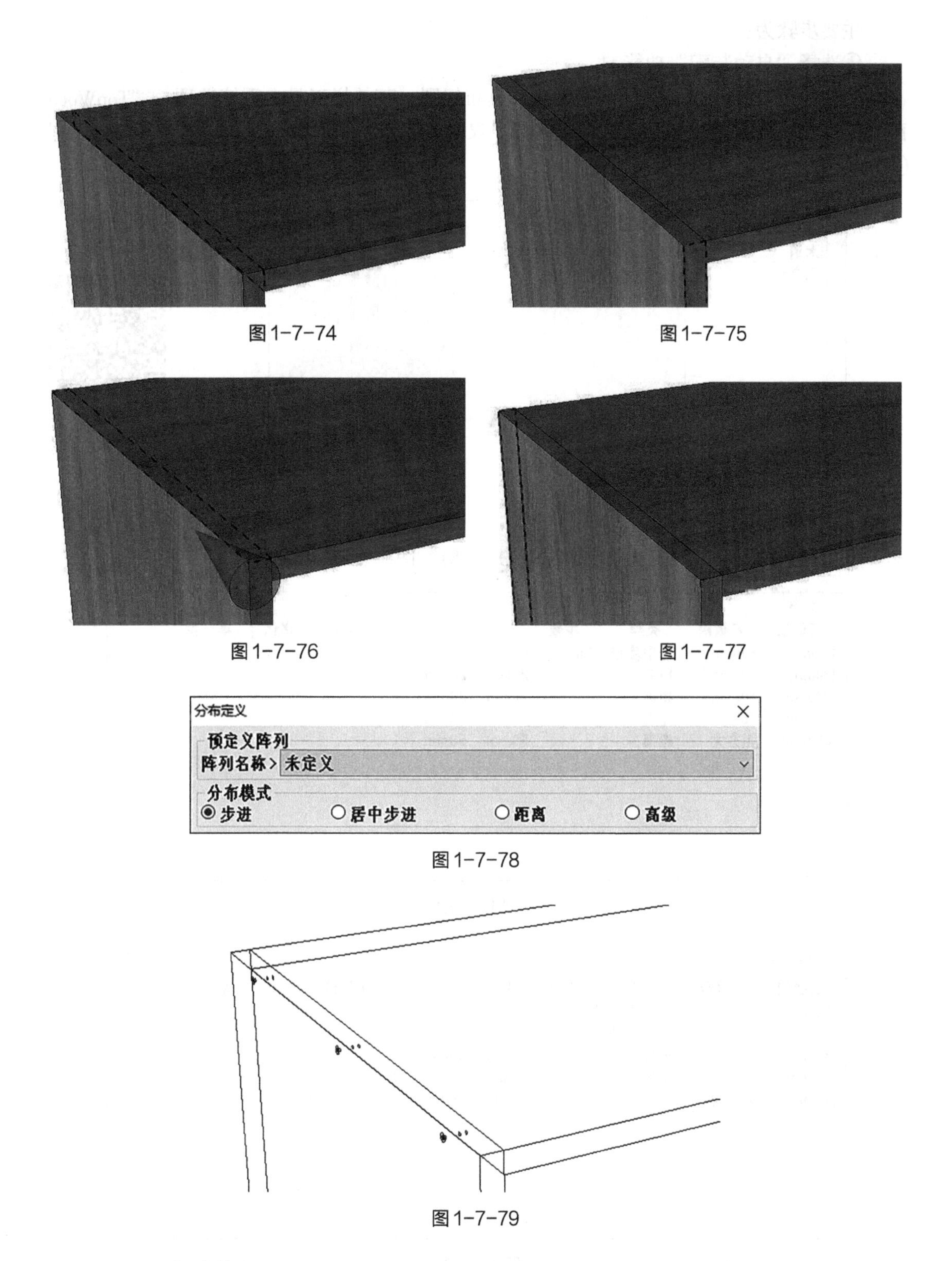

图 1-7-74

图 1-7-75

图 1-7-76

图 1-7-77

图 1-7-78

图 1-7-79

7.3.4　自动装配

此命令基于 TopSolid Wood 装配功能（木销装配、三合一装配等）相同的原理，允许使用一个或多个不同的组件，使用一种或多种不同的分布方式进行组装。

主要步骤为：

①选择“自动装配”功能。

②使用自动装配前，需要预定义几种分布规则。菜单栏工具→系统选项→“TopWood 配置”→“阵列配置”。点击“添加阵列”，双击“阵列”配置命名，如“木销”“三合一”（图 1-7-80）。

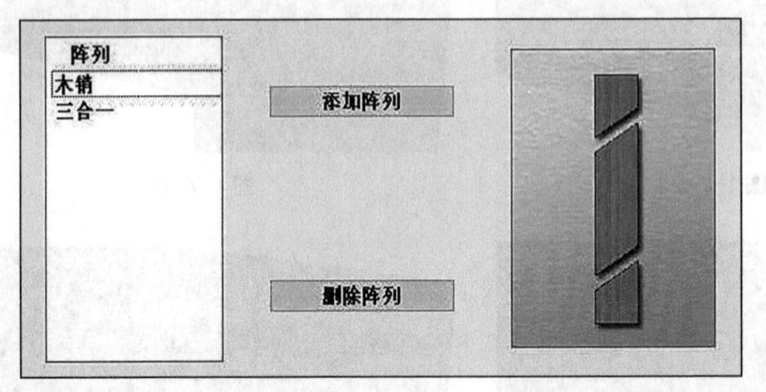

自动装配

图 1-7-80

③分别对两种阵列设定分布规则（图 1-7-81、图 1-7-82）。

木销

左极限	右极限	类型	步数	d0	d1	元素数目	优化	单一步
[0mm	80mm[	居中步进	0mm	-	-	1		-
[80mm	200mm[	距离	-	20mm	20mm	2	-	-
[200mm	400mm[	距离	-	20mm	20mm	3	-	-
[400mm	650mm[	距离	-	30mm	30mm	4	-	-
[650mm	无穷大	距离	-	50mm	50mm	5	-	-

图 1-7-81

三合一

左极限	右极限	类型	步数	d0	d1	元素数目	优化	单一步
[0mm	80mm[	非任意	-	-	-	-	-	-
[80mm	200mm[	居中步进	0mm	-	-	1		-
[200mm	400mm[	距离	-	50mm	50mm	2	-	-
[400mm	650mm[	距离	-	60mm	60mm	3	-	-
[650mm	无穷大	距离	-	70mm	70mm	4	-	-

图 1-7-82

④点击“TopWood 配置”→“自动装配”→“自动装配”标签→“添加规则”。此处添加的是自动装配的规则，双击命名，如“木销 + 三合一”（图 1-7-83）。

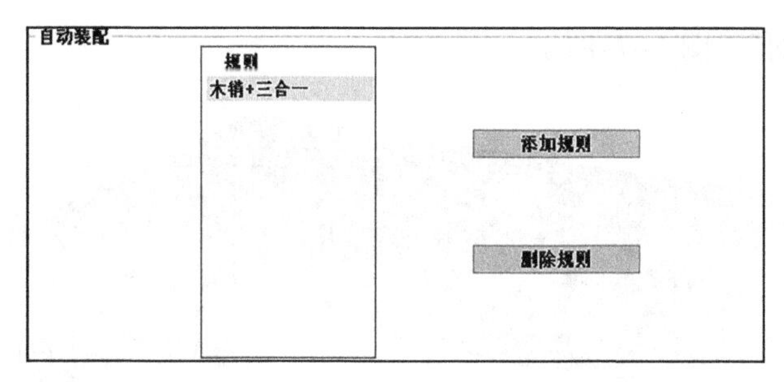

图 1-7-83

⑤点击对应标准件的装配命令添加组件。例如，分别添加了“木销”和“三合一”（图 1-7-84）。

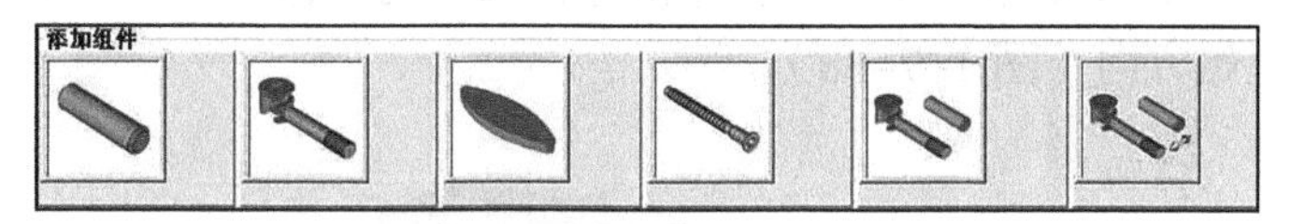

图 1-7-84

⑥对添加的组件添加预定义阵列规则，完成自动装配规则的创建。双击“居中厚度”使其显示厚度，表明组件始终以板厚居中定位（图 1-7-85）。

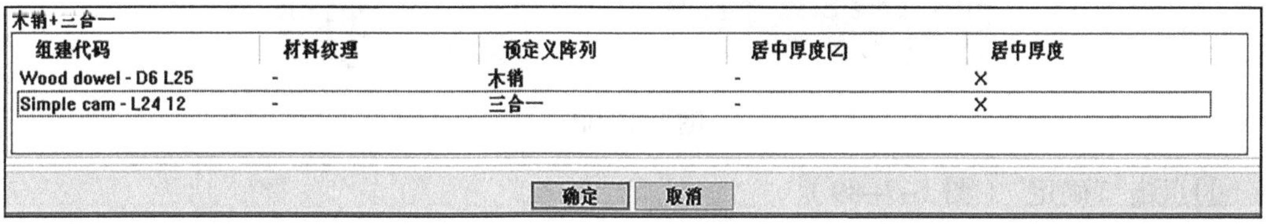

木销+三合一

组建代码	材料纹理	预定义阵列	居中厚度(Z)	居中厚度
Wood dowel - D6 L25	-	木销	-	×
Simple cam - L24 12	-	三合一	-	×

确定　取消

图 1-7-85

⑦使用“自动装配”功能（图 1-7-86）。

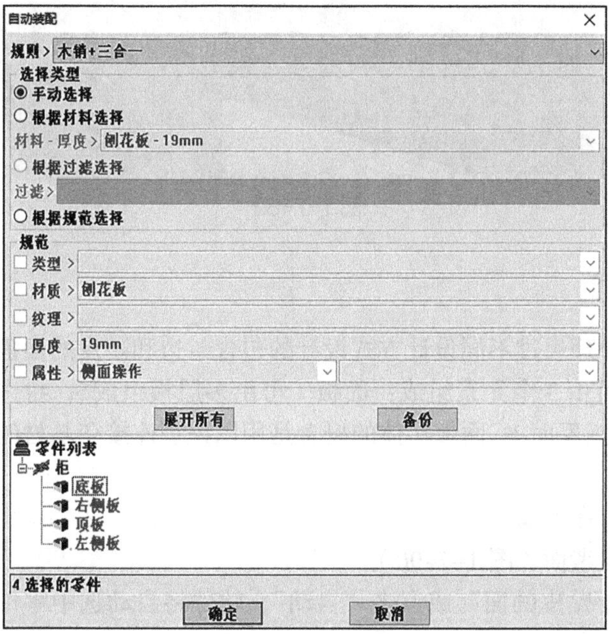

自动装配
规则 > 木销+三合一
选择类型
手动选择
根据材料选择
材料 - 厚度 > 刨花板 - 19mm
根据过滤选择
过滤 >
根据规范选择
规范
类型 >
材质 > 刨花板
纹理 >
厚度 > 19mm
属性 > 侧面操作
展开所有　备份
零件列表
柜
底板
右侧板
顶板
左侧板
4 选择的零件
确定　取消

图 1-7-86

⑧选择“起始面”（图 1–7–87）。

图 1–7–87

⑨点击“自动居中”，点击“确定”。点击绿色箭头可以改变三合一开孔方向，点击红色箭头可以改变起始方向（图 1–7–88）。

图 1–7–88

⑩点击“确定”（图 1–7–89）。

图 1–7–89

7.4 面板功能

面板功能可以管理通过不同设计方式设计的包含封边和贴皮的面板。

一个面板实体可由 3 个元素组成：面板（可由多层板组成），封边条（环绕在面板周围），贴皮（面板的正反面）。面板实体的概念是用以识别连接在基材的封边和贴皮。

主要步骤为：

①选择“面板”命令。

②选择零件的参考面（图 1–7–90）。

③手动选择“要贴皮的面”或点击“自动”，软件将自动选中零件正反面，如果点击“确定”，则不进行贴皮。

图1-7-90

④在“封边贴皮创建向导”对话框内设置配置（图1-7-91）。

板的封边和贴皮创建向导

边

☑	N?	配置	封边类型 - 代...	长度	起始切割类型	终止切割类型
☑	1		Flat edge - ep 0.5	300.0mm	正切削	正切削
☑	2		Flat edge - ep 0.5	200.0mm	正切削	正切削
☑	3		Flat edge - ep 0.5	300.0mm	正切削	正切削
☑	4		Flat edge - ep 0.5	200.0mm	正切削	正切削

☑相同封边
☑相似切割
>>

图1-7-91

注意：

N：表明板件的各个边。

配置：表明要应用的封边配置，可对不同的配置设置名称。

封边类型－代码：表明使用的封边类型、厚度、材质、纹理等（图1-7-92）。

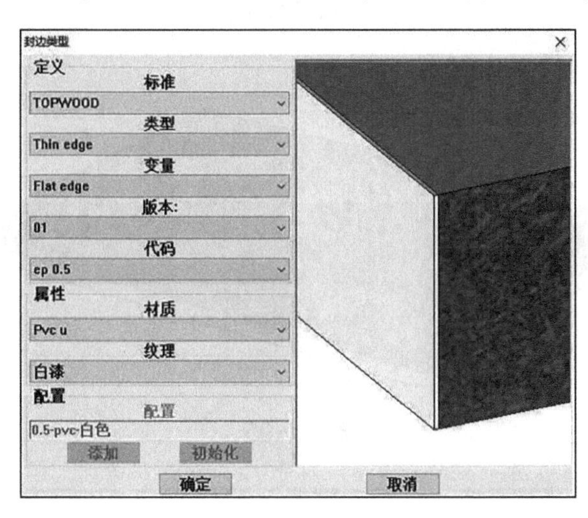

图1-7-92

长度：表明封边的长度。

起始切割类型：表明此封边起始位置处与相邻封边的切割方式。

终止切割类型：表明此封边终止位置处与相邻封边的切割方式。

勾选“相同封边选项”：表明所有封边使用同一种封边配置。

勾选“相似切割选项”：表明所有切割方式相同。

⑤双击“封边类型 - 代码列”，可在封边类型对话框中设置使用的封边。

⑥选择一种封边类型、厚度、材质及纹理，在配置栏输入此配置的名称，点击“添加”即可创建一种新的封边配置。可以重复此操作创建多种配置。

⑦双击“配置”列可在下拉菜单中选择想要使用的封边配置（图 1–7–93）。

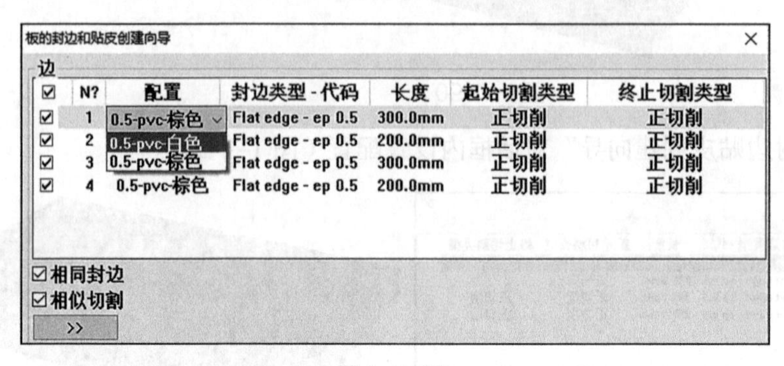

图1–7–93

同法，可以创建多种贴皮配置（图 1–7–94）。

贴皮外形

	N?	配置	材质	纹理	厚度
☑	1	0.5-阿尔卑斯白	阿尔卑斯白	阿尔卑斯白	@6006=0.5mm
☑	2	0.5-阿尔卑斯白	阿尔卑斯白	阿尔卑斯白	@6007=0.5mm

添加配置
☑贴皮相似

图1–7–94

⑧完成面板功能（图 1–7–95）。

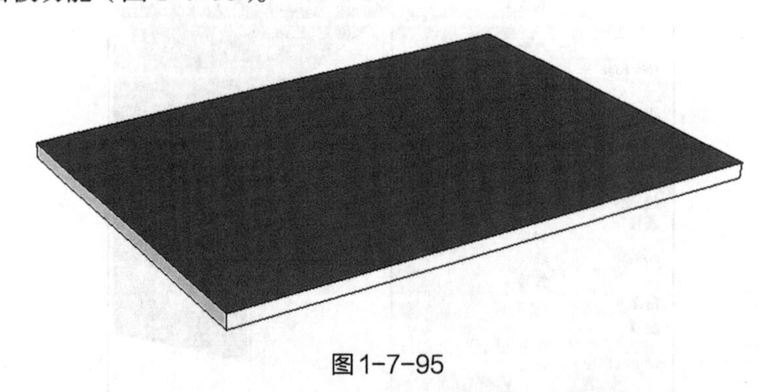

图1–7–95

注意：

①封边是一种 Top 模型，系统自带的封边保存在 TopWood 库中，默认路径为：Missler\V6xx\z\woo\lib\TOPWOOD\edge，用户可以创建新的封边模型存放在自己的产品库中使用。

②在使用面板功能时，可以选择高级选项用以管理面板的封边设计、贴皮设计、遮盖类型 3 个元素。点击 >> 选项进入高级选项。建议按图 1–7–96 进行设置。

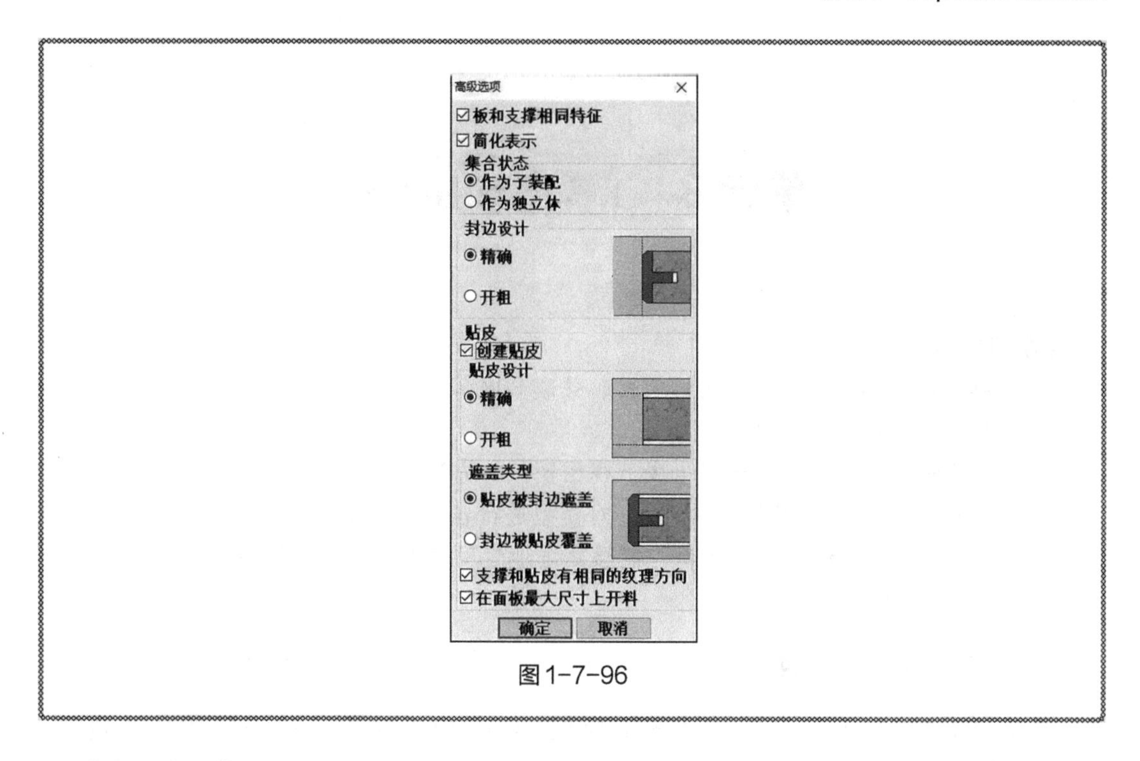

图1-7-96

【知识拓展】

①板和支撑相同特征：勾选后面板的特征信息与基材的特征信息一致。

②简化表示：勾选后封边和贴皮仅以一种颜色表示在零件相应的面上（图 1–7–97）。

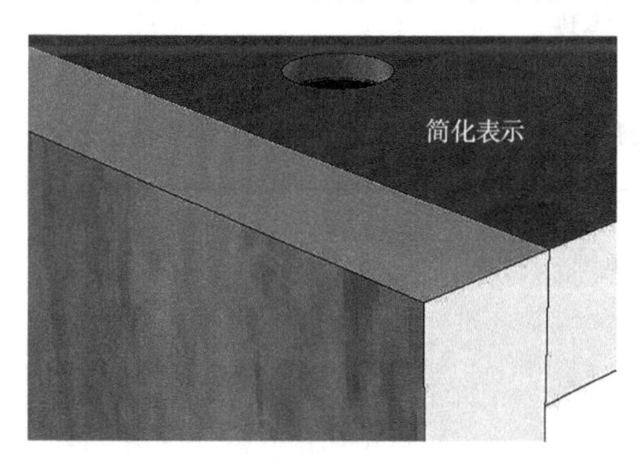

图1-7-97

③集合状态：原理与定义装配中的集合状态相同，目的是管理 BOM 中的物料内容。作为子装配，在 BOM 信息中依照层级关系体现面板和基材、封边、贴皮。作为独立体，在 BOM 信息中仅体现面板。

④贴皮：勾选创建贴皮可以访问关于此选项的相关设置。

⑤封边设计：用以设置面板和基材尺寸的基准方式。“精确”指封边在尺寸内侧形成；“开粗”指封边在尺寸外侧形成。

⑥支撑和贴皮有相同的纹理方向：表明贴皮和基材定义零件时的纹理方向相同。

⑦在面板最大尺寸上开料：表明贴皮尺寸按照面板几何外形计算。

单元 8 工程图与 BOM

【学习目标】

1. 了解视图创建、修改、标注、索引、关联 BOM 等功能。
2. 掌握 BOM 的功能，了解操作面板。
3. 理解 BOM 文件的输出、模型生成三视图图纸的方法。
4. 熟练借助已创建的 BOM 文件模板，对模型进行各种操作修改。
5. 培养学生对于图纸的思维认识，能够熟练地运用软件生成想要的图纸并进行加工。

8.1 创建 BOM 文件

在 TopSolid 中，可以借助各种图纸模板、BOM 模板输出企业需要的文档资料。TopSolid 拥有非常强大的视图创建、修改、标注、索引、关联 BOM 等功能，还提供了图纸模板、BOM 模板自定义创建的功能。

BOM（Bill of Material）为物料清单，是以数据格式来描述产品结构的文件。在 TopSolid 中作为结构 BOM 体现。

主要步骤为：

①选择"工具→ BOM"文件的创建或修改（图 1-8-1）。

创建 BOM 文件

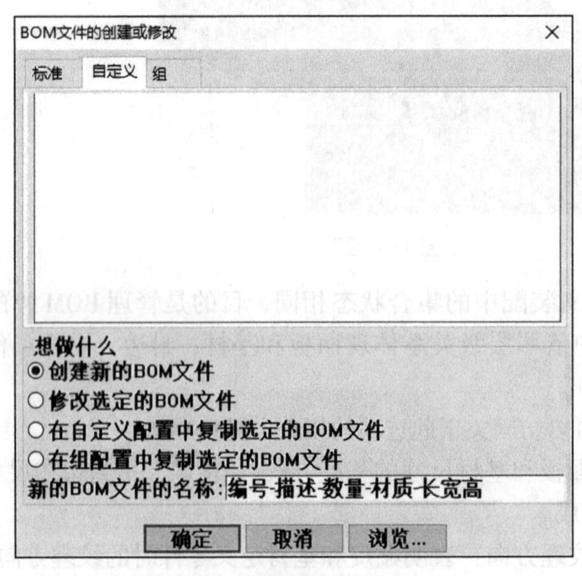

图1-8-1

②选择自定义页签，点击"创建新的 BOM 文件"，设置 BOM 文件，点击"确定"（图 1-8-2）。

BOM文件的创建或修改

标题	定义	类型	对齐	宽度	格式	次序号	条形码
	双击输入一个值	字符串	左对齐	15mm			

添加过滤
过滤器＞没有过滤
面板实体
□将面板实体作为单个单元
确定　取消

图 1-8-2

③在定义列的空白行处双击，选择需要添加的 BOM 属性功能。例如，添加了标题“3D 索引”（图 1-8-3）。

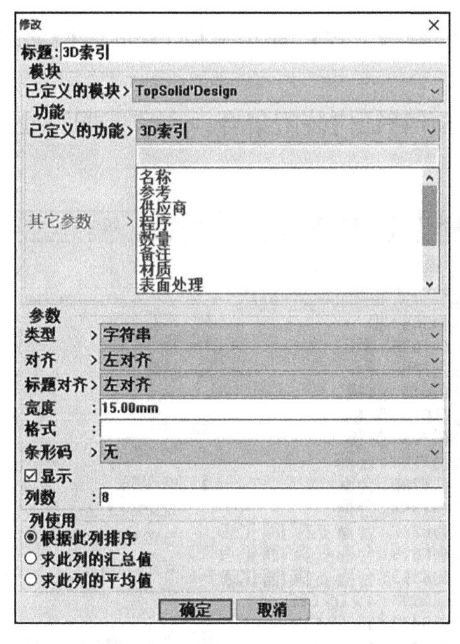

图 1-8-3

④逐个创建需要的 BOM 属性（图 1-8-4）。

BOM文件的创建或修改

标题	定义	类型	对齐	宽度	格式	次序号	条形码
3D索引	3D索引	字符串	左对齐	15mm		1	
名称	名称	字符串	左对齐	15mm		2	
总计	总计	整数	左对齐	15mm		3	
材质	材质	字符串	左对齐	15mm		4	
零件长度	零件长度	实数	左对齐	15mm	mm	5	
零件宽度	零件宽度	实数	左对齐	15mm	mm	6	
零件厚度	零件厚度	实数	左对齐	15mm	mm	7	
	双击输入一个值	字符串	左对齐	15mm			

添加过滤
过滤器＞没有过滤
面板实体
□将面板实体作为单个单元
确定　取消

图 1-8-4

⑤点击“确定”，完成创建。

> **注意：**
>
> 根据选择自定义页签，组页签不同，创建的 BOM 文件模板存储于路径：Config\Template 或 Group\Template。文件格式为“*.bom”（图 1–8–5）。
>
> 编号-描述-数量-材质-长宽高.bom
> 编号-数量-描述-材质-备注.bom
>
> 图1-8-5

8.2 输出 BOM 文件

输出 BOM 文件

借助已创建的 BOM 文件模板，将产品信息以 excel 表格形式输出。

主要步骤为：

①对装配进行编号，打开特征树装配集合，在“装配”处点击右键选择自动编号（图 1–8–6）。

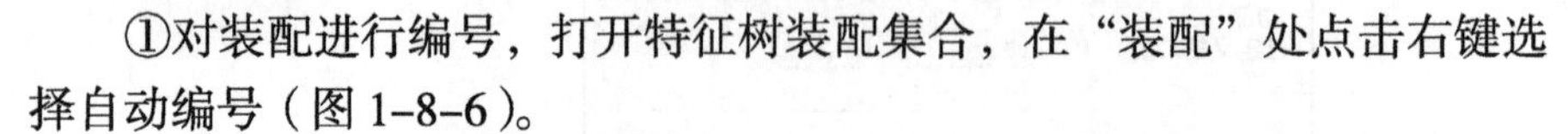

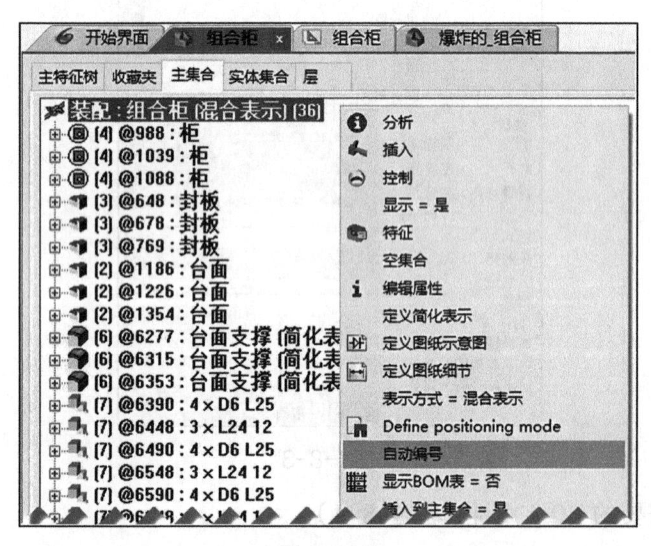

图1-8-6

②设置编号选项（图 1–8–7）。

确定 编号类型= 主编号 编号模式= 自动 多层级模式= 是 起始值= 01 删除序号= 否 >>

图1-8-7

③点击“>>”进入高级选项，选择用于编号的 BOM 表模板（图 1–8–8）。

确定 BOM表模板=编号-描述-数量-材质-长宽高 在特征树里显示BOM表= 是 深度= 自定义 修改零件文档= 否

图1-8-8

④点击上图中的“确定”完成编号，此时在主集合中可以看到整个装配信息中的编号（图 1–8–9）。

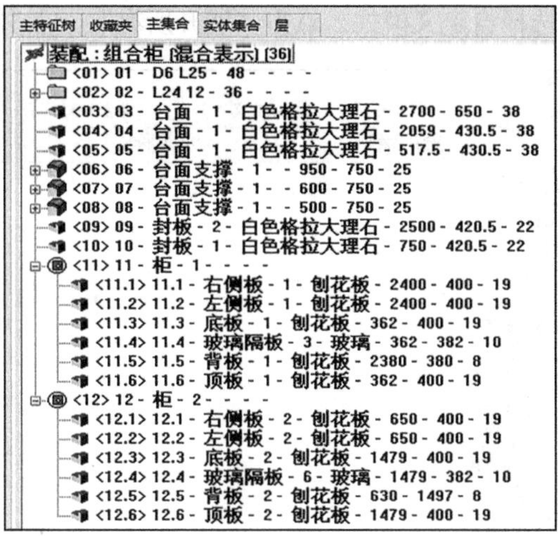

主特征树 收藏夹 主集合 实体集合 层
装配：组合柜 [混合表示] [36]
<01> 01 - D6 L25 - 48 - - - -
<02> 02 - L24 12 - 36 - - - -
<03> 03 - 台面 - 1 - 白色格拉大理石 - 2700 - 650 - 38
<04> 04 - 台面 - 1 - 白色格拉大理石 - 2059 - 430.5 - 38
<05> 05 - 台面 - 1 - 白色格拉大理石 - 517.5 - 430.5 - 38
<06> 06 - 台面支撑 - 1 - - 950 - 750 - 25
<07> 07 - 台面支撑 - 1 - - 600 - 750 - 25
<08> 08 - 台面支撑 - 1 - - 500 - 750 - 25
<09> 09 - 封板 - 2 - 白色格拉大理石 - 2500 - 420.5 - 22
<10> 10 - 封板 - 1 - 白色格拉大理石 - 750 - 420.5 - 22
<11> 11 - 柜 - 1 - - - -
<11.1> 11.1 - 右侧板 - 1 - 刨花板 - 2400 - 400 - 19
<11.2> 11.2 - 左侧板 - 1 - 刨花板 - 2400 - 400 - 19
<11.3> 11.3 - 底板 - 1 - 刨花板 - 362 - 400 - 19
<11.4> 11.4 - 玻璃隔板 - 3 - 玻璃 - 362 - 382 - 10
<11.5> 11.5 - 背板 - 1 - 刨花板 - 2380 - 380 - 8
<11.6> 11.6 - 顶板 - 1 - 刨花板 - 362 - 400 - 19
<12> 12 - 柜 - 2 - - - -
<12.1> 12.1 - 右侧板 - 2 - 刨花板 - 650 - 400 - 19
<12.2> 12.2 - 左侧板 - 2 - 刨花板 - 650 - 400 - 19
<12.3> 12.3 - 底板 - 2 - 刨花板 - 1479 - 400 - 19
<12.4> 12.4 - 玻璃隔板 - 6 - 玻璃 - 1479 - 382 - 10
<12.5> 12.5 - 背板 - 2 - 刨花板 - 630 - 1497 - 8
<12.6> 12.6 - 顶板 - 2 - 刨花板 - 1479 - 400 - 19

图 1-8-9

⑤选择“输出 BOM 表”命令 。

⑥选择要使用的 BOM 模板，点击“确定”（图 1-8-10）。

选择一个文件
标准 自定义 组
编号-描述-数量-材质-长宽高
编号-数量-描述-材质-备注
确定 取消 浏览...

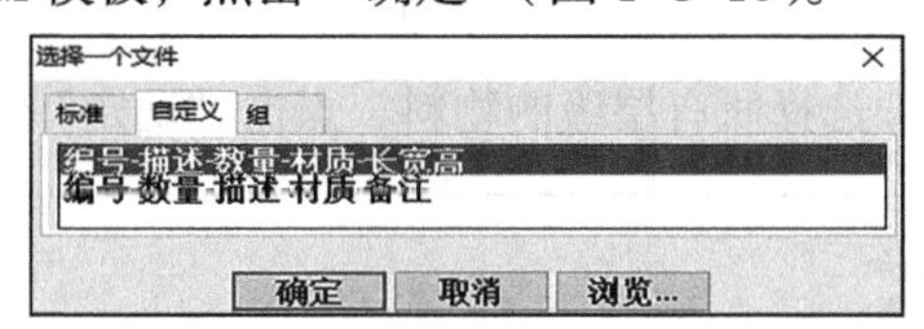

图 1-8-10

⑦调整输出 BOM 文件的设置“深度”选择自定义；“集合中添加一行”选择是（图 1-8-11），然后在设计区域空白处点击左键。

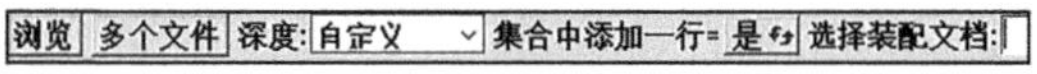

浏览 多个文件 深度: 自定义 集合中添加一行= 是 选择装配文档:

图 1-8-11

⑧点击“确定”，再点击“浏览器”（图 1-8-12），设置 BOM 文件存储路径。

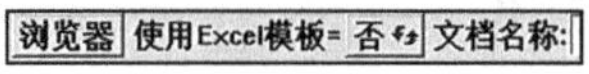

浏览器 使用Excel模板= 否 文档名称:

图 1-8-12

⑨输入文件名，选择保存的文件类型为 Excel（*.xlsx；*.xlsm；*.xls）（图 1-8-13）。

导出文件
查找: Basic training
没有与搜索条件匹配的项。
最近的位置：
预览
快速访问
桌面
库
此电脑
网络
文件名: 组合柜
文件类型: Excel (*.xlsx;*.xlsm;*.xls)
确定
取消

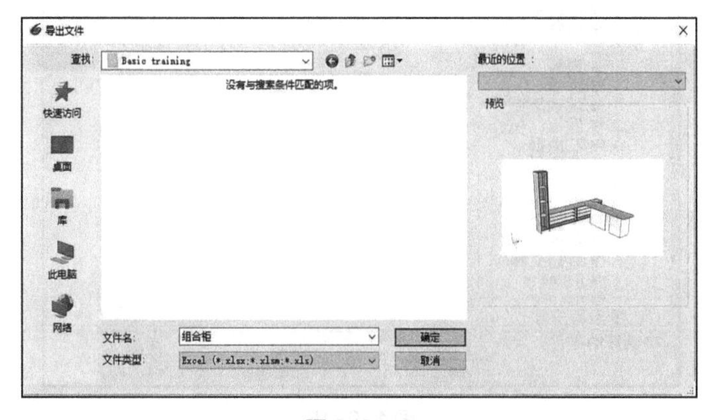

图 1-8-13

⑩设置BOM层级，选择自定义模式，点击“展开所有”→点击“确定”（图1-8-14）。

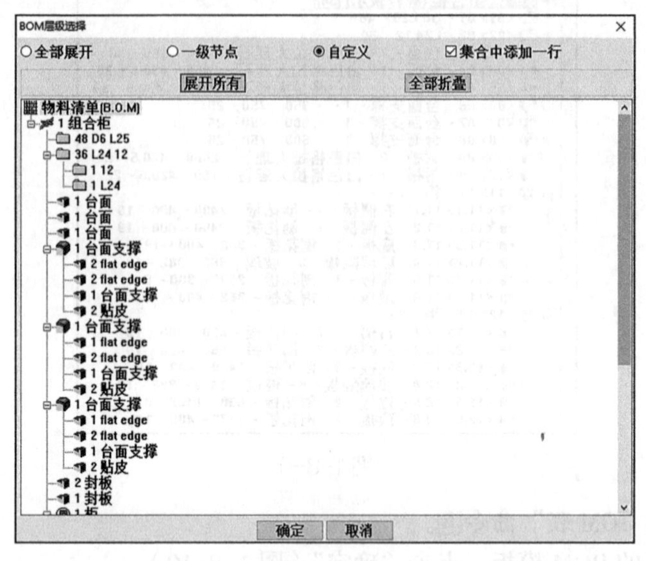

图1-8-14

⑪在零件选择列表中，选择所有层级的物料，点击“确定”（图1-8-15）。

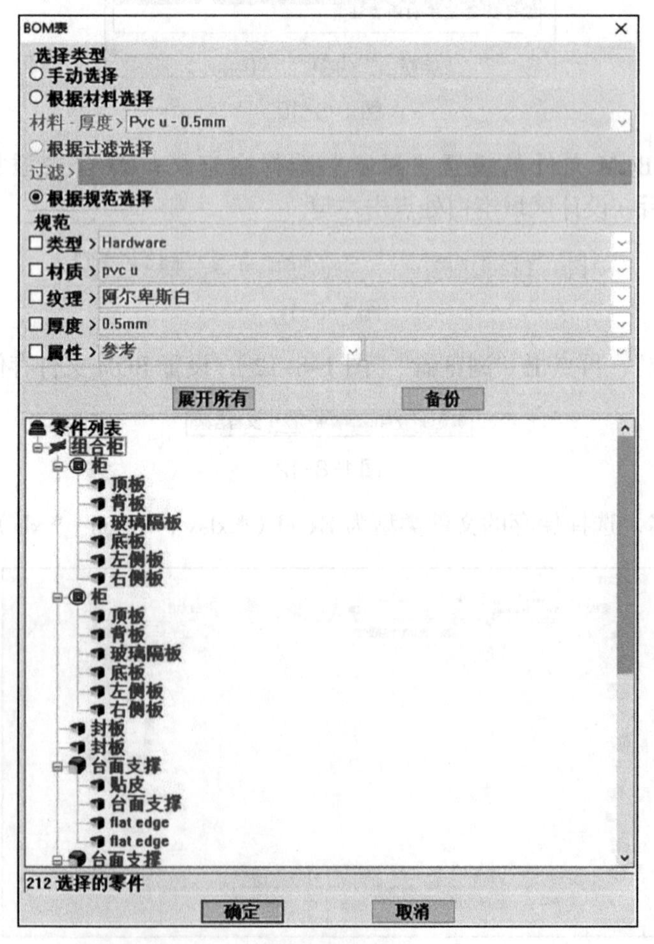

图1-8-15

⑫完成 BOM 文件的输出（图 1–8–16）。

3D索引	名称	总计	材质	零件长度	零件宽度	零件厚度
	组合柜	1				
1	D6 L25	48				
2	L24 12	36				
2.1	12	36				
2.2	L24	36				
3	台面	1	白色格拉大理石	2700	650	38
4	台面	1	白色格拉大理石	2059	430.5	38
5	台面	1	白色格拉大理石	517.5	430.5	38
6	台面支撑	1		950	750	25
6.1	flat edge	2	pvc u	950	25	0.5
6.2	flat edge	2	pvc u	750	25	0.5
6.3	台面支撑	1	刨花板	949	749	24
6.4	贴皮	2	阿尔卑斯白	949	749	0.5
7	台面支撑	1		600	750	25
7.1	flat edge	1	pvc u	750	25	0.5
7.2	flat edge	2	pvc u	600	25	0.5
7.3	台面支撑	1	刨花板	599	749	24
7.4	贴皮	2	阿尔卑斯白	599.5	749	0.5
8	台面支撑	1		500	750	25
8.1	flat edge	1	pvc u	750	25	0.5
8.2	flat edge	2	pvc u	500	25	0.5
8.3	台面支撑	1	刨花板	499	749	24
8.4	贴皮	2	阿尔卑斯白	499.5	749	0.5
9	封板	2	白色格拉大理石	2500	420.5	22
10	封板	1	白色格拉大理石	750	420.5	22
11	柜	1				
11.1	右侧板	1	刨花板	2400	400	19
11.2	左侧板	1	刨花板	2400	400	19
11.3	底板	1	刨花板	362	400	19
11.4	玻璃隔板	3	玻璃	362	382	10
11.5	背板	1	刨花板	2380	380	8
11.6	顶板	1	刨花板	362	400	19
12	柜	2				
12.1	右侧板	2	刨花板	650	400	19
12.2	左侧板	2	刨花板	650	400	19
12.3	底板	2	刨花板	1479	400	19
12.4	玻璃隔板	6	玻璃	1479	382	10
12.5	背板	2	刨花板	630	1497	8
12.6	顶板	2	刨花板	1479	400	19

图 1–8–16

注意：

①“深度”有 3 个选项：一级节点，自定义，全部展开。

一级节点：零件选择列表中显示所有的最高层级，表现平行结构。

自定义：零件选择列表中显示所有层级结构，表现从属关系结构。

全部展开：零件选择列表中显示所有的最低层级，表现平行结构。

②“集合中添加一行”可选择“是”或“否”

是：零件选择列表可选当前文档的装配层级。

否：零件选择列表不可选当前文档的装配层级。

③“使用 Excel 模板”指可以选择一个 Excel 表格作为输出 BOM 信息的模板。

8.3 创建视图

点击“新建”命令，选择 Draft 文档，点击“>>”选项，选择已创建的自定义图纸模板 TopSolid Draft A3.dft，点击“确定”（图 1–8–17、图 1–8–18）。

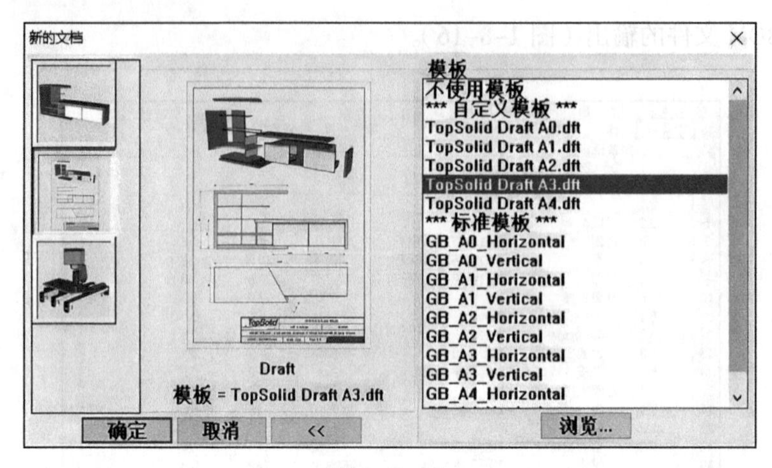

图 1–8–17

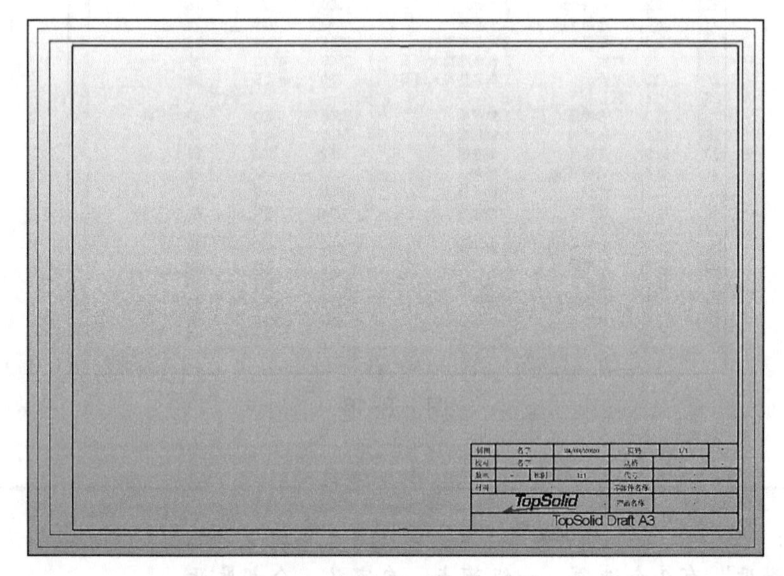

图 1–8–18

8.3.1　三视图

三视图功能可将三维模型（以给定的方向）投影到当前图纸文档。

主要步骤为：

①选择“主视图”命令。

选择“装配”选项，选择前文练习创建的组合柜模型（或选择“浏览”选项，搜索本地文档）（图 1–8–19、图 1–8–20）。

投影曲线= 否 | 浏览 | 装配 | 如同一个视图 | 没有元素 | 遵循= 接下来的操作 | 要投影的零件:

图 1–8–19

图 1–8–20

②设置比例因子，调整主视图视角（图 1–8–21、图 1–8–22）。

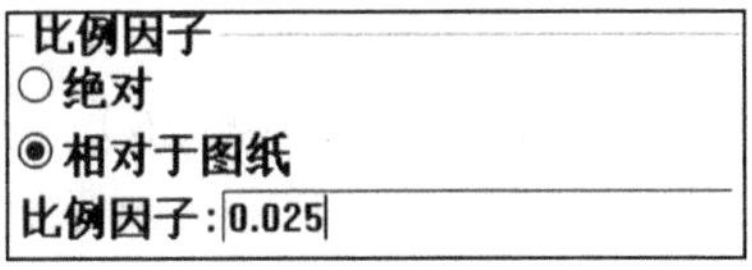

比例因子
○绝对
◉相对于图纸
比例因子：0.025

图1-8-21

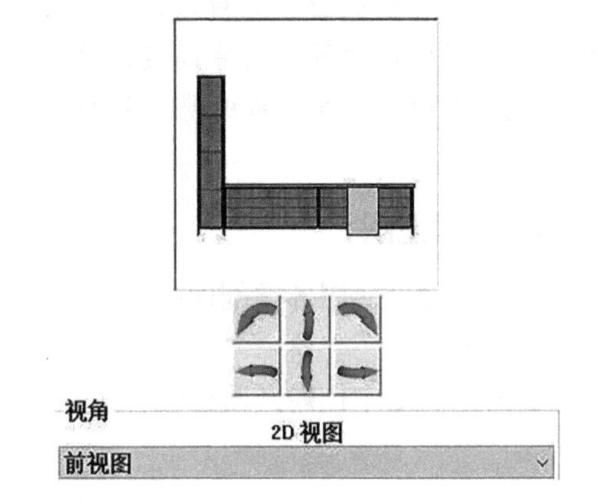

图1-8-22

③设置“边 / 渲染”和“颜色”等视图信息。光顺边选择半强度；消隐边选择隐藏；颜色全部设置为黑色（图 1–8–23）。点击“确定”，在图纸上点击左键放置主视图（图 1–8–24）。

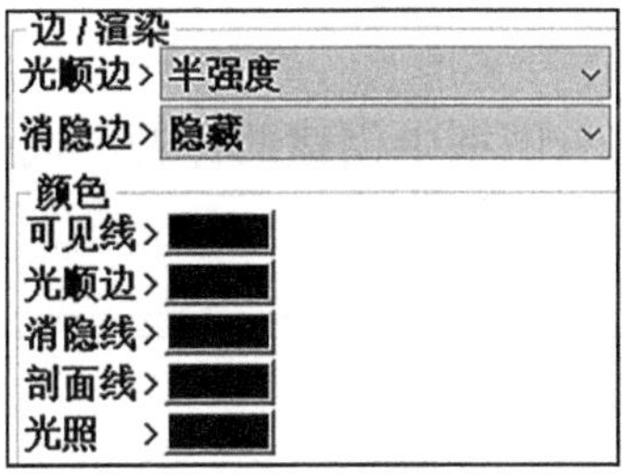

边 / 渲染
光顺边 > 半强度
消隐边 > 隐藏
颜色
可见线 >
光顺边 >
消隐线 >
剖面线 >
光照 >

图1-8-23

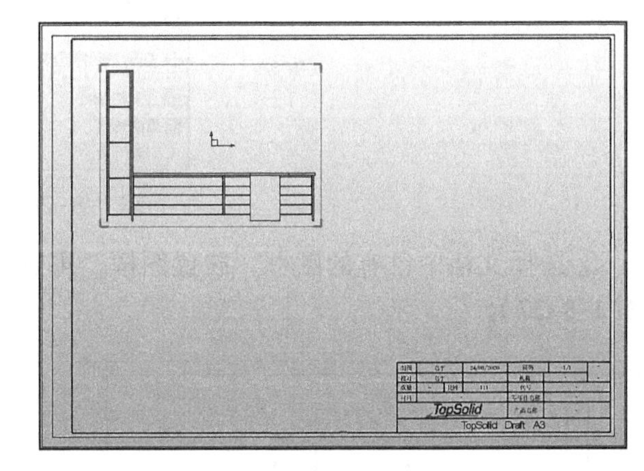

图1-8-24

④选择“辅助视图”命令（或在命令提示栏点击“辅助视图”选项）。
分别在主视图右边、下边创建侧视图、俯视图（图 1–8–25）。

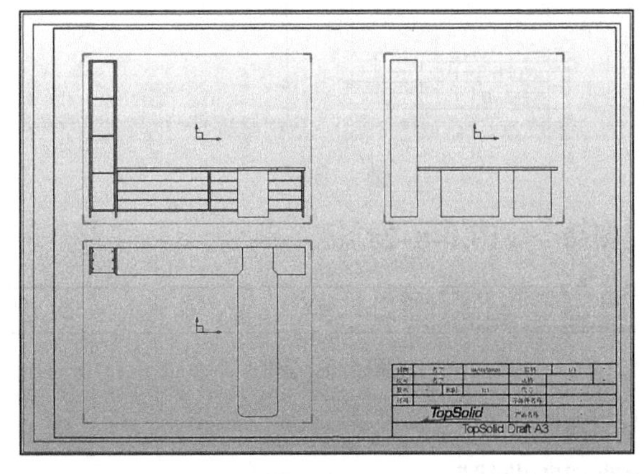

图1-8-25

> **注意：**可在视图修改对话框里设置视图的各种表现形式特征。例如，添加视图标题、设置标题位置及文字高度；修改视图的表示方式，可选择简化表示、细节表示、混合表示；添加光照视图；添加过滤条。

8.3.2 剖视图

剖视图功能可使用各类剖面视图命令创建需要的剖面视图。

主要步骤为：

①在另一图纸中创建剖面视图，选择“工具”→“绘图”命令（图 1-8-26）。

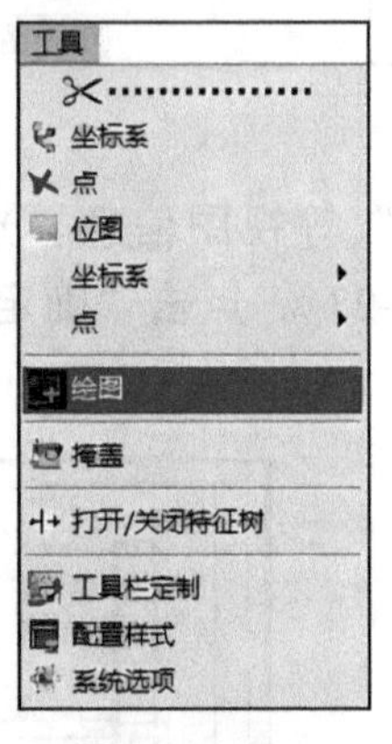

剖视图

图 1-8-26

②选择文档中已有的图框，放置图框，再选择已有图框中创建的标题栏或 BOM 表（图 1-8-27）。

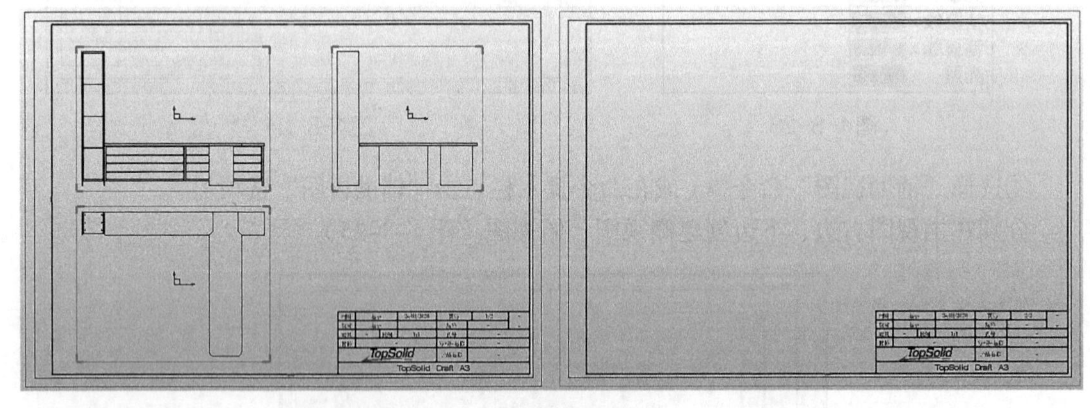

图 1-8-27

③选择完整剖面视图命令（图 1-8-28）。

图 1-8-28

④选择参考视图为主视图。

⑤选择“水平或垂直切割曲线”。

⑥设置剖视方向、横截面线名称、文字高度等（图 1–8–29）。

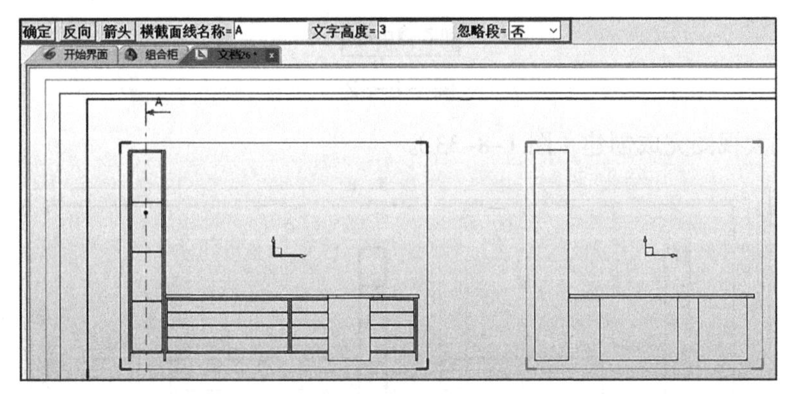

图 1–8–29

⑦点击“确定”，将完整剖面视图放在图框的右边。
⑧使用相同的方法，创建多种剖面视图（图 1–8–30）。

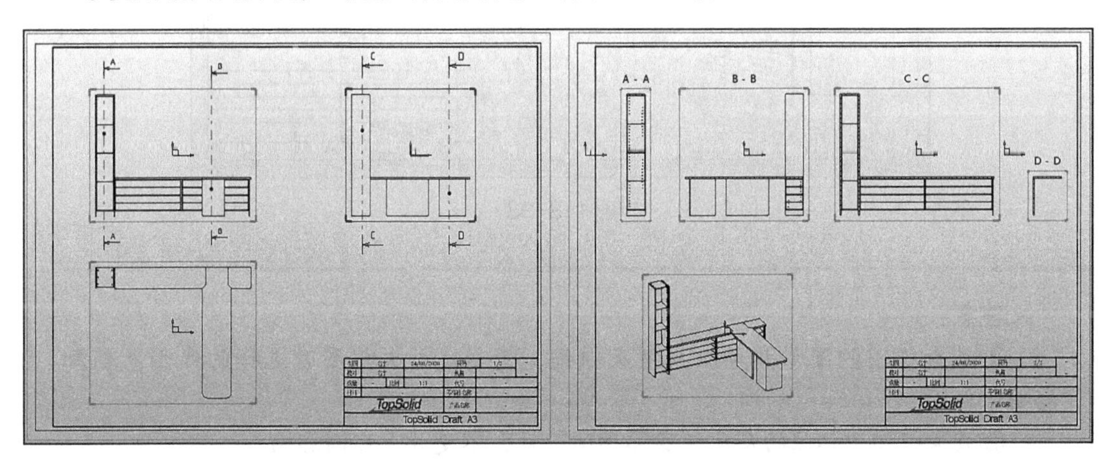

图 1–8–30

注意：
①也可在同一张图框内创建剖面视图，省去主要步骤①和②。
②根据实际需要可以选择不同类型的剖视功能。

8.3.3　细节视图

细节视图

细节视图功能可以根据现有的视图选择创建细节放大视图。
主要步骤为：
①选择细节视图命令。
②选择一个“参考视图”。
③选择放大视图的参考线（圆、矩形或已绘制的参考线），设置放大比例（图 1–8–31）。

圆　矩形　比例=5　裁剪曲线:

图 1–8–31

④在参考视图里选择切割圆中心（图 1–8–32）。

切割圆中心:

图 1–8–32

⑤放置放大视图完成创建（图 1–8–33）。

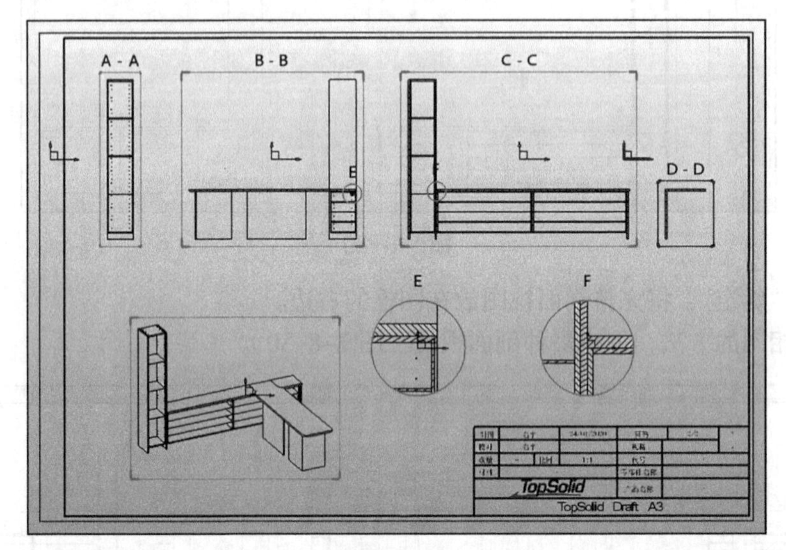

图 1–8–33

注意：

①放大视图的圆形参考框线型及粗细，受创建放大视图时选择的线形及粗细影响。

②放大视图中标注的尺寸与实际模型一致，不受放大比例影响。

8.3.4 打断视图

打断视图功能可以对已有视图创建一个或多个打断。

打断视图

主要步骤为：

①选择“打断视图”命令。

②选择一个“参考视图”（图 1–8–34）。

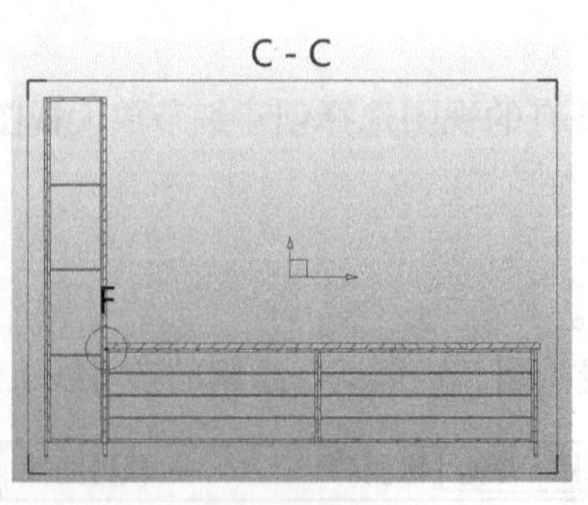

图 1–8–34

③“参考方向”选择 X，打断线条方式为 B 样条（图 1–8–35）。

X 直线 B样条 隐藏裁剪曲线= 否 固定段= 否 象一个打断视图 打断长度= 1

图 1–8–35

④构建 B 样条线，向右移动创建一组打断线（图 1–8–36）。
⑤点击停止完成打断视图的创建（图 1–8–37）。

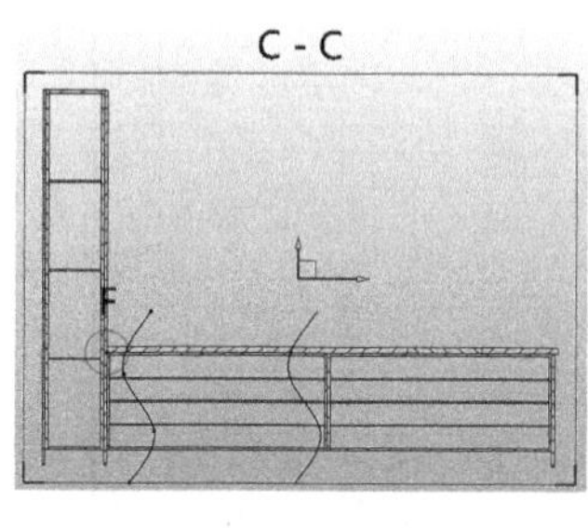

图 1–8–36

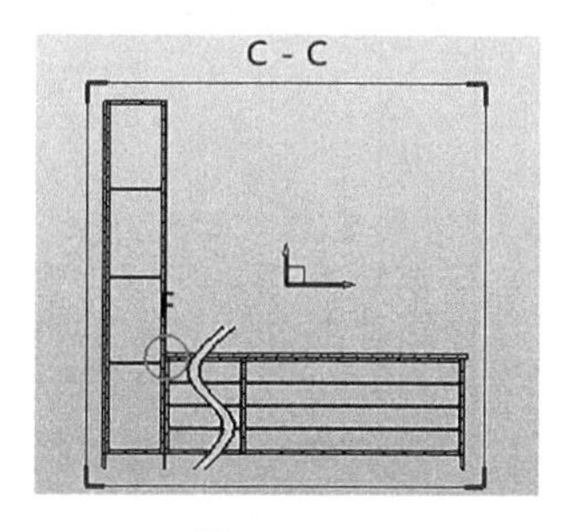

图 1–8–37

8.4 标注

8.4.1 快速标注尺寸

此功能可对视图进行快速的尺寸标注。

快速标注尺寸

主要步骤为：
①选择“快速标注尺寸”命令。
②选择要标注的第一个元素。
③选择要标注的其他元素。

8.4.2 组合尺寸

此功能可设置参考基准，对视图元素进行组合标注。

组合尺寸

主要步骤为：
①选择“组合尺寸”命令。
②设置一个组合尺寸的基准原点：选择台面支撑零件的一条垂直边。
③选择组合尺寸的第一个测量点。
④选择台面支撑零件的另一条垂直边（图 1–8–38）。

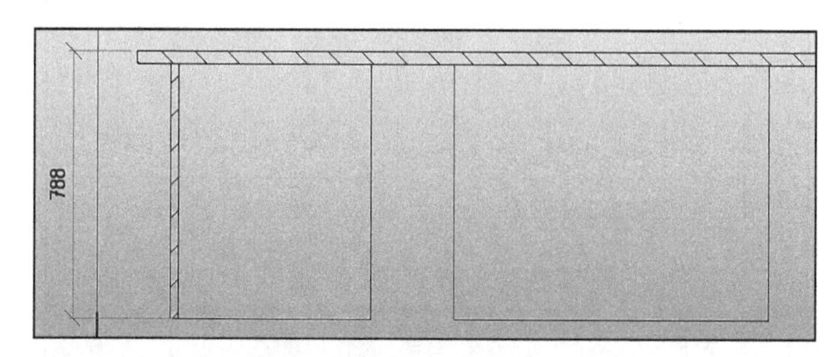

图 1–8–38

⑤重复以上操作，依次选择需要测量的参考元素，生成组合尺寸。

注意：

①组合尺寸的类型分为 4 种：基线尺寸、积累尺寸、纵线尺寸、继续标注尺寸（图 1-8-39 至图 1-8-42）。

②使用钻孔尺寸命令，可以快速标注钻孔。

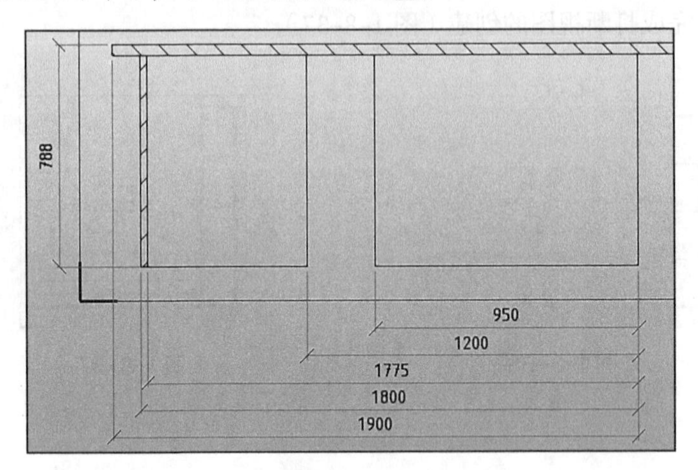

图1-8-39

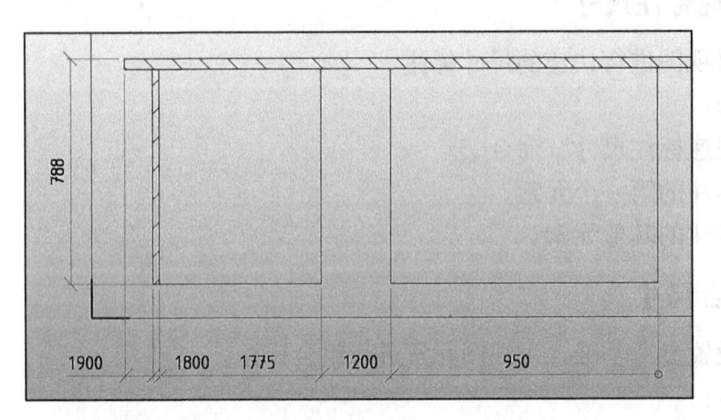

图1-8-40

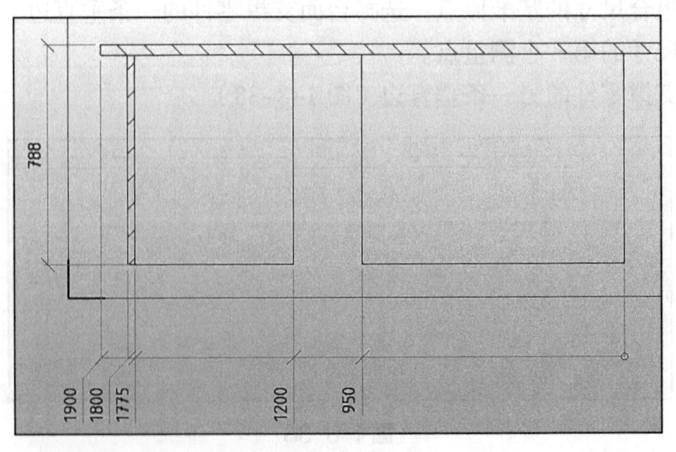

图1-8-41

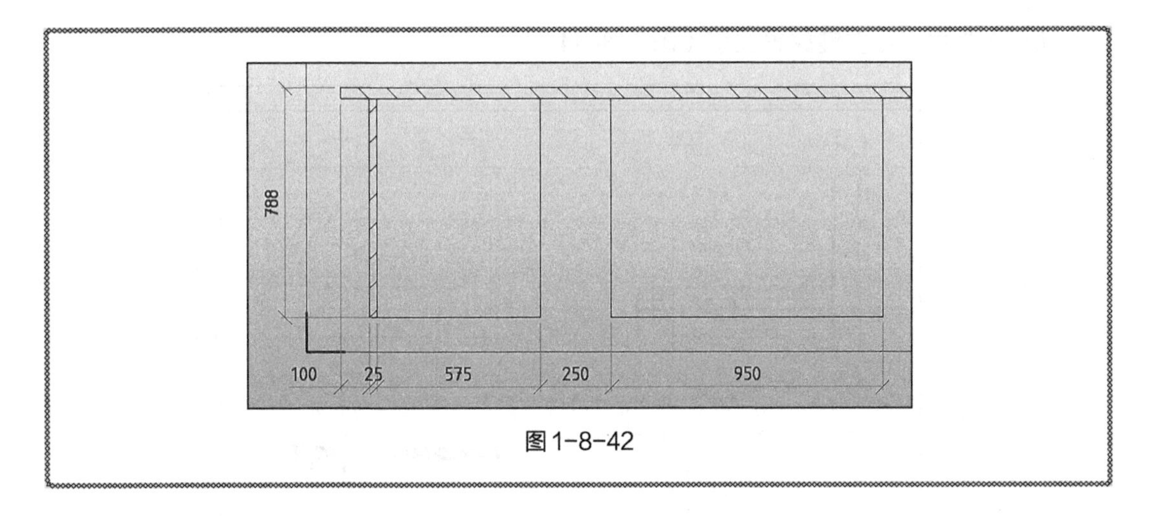

图1-8-42

8.5 备注

8.5.1 文字

文字

此功能可在图纸中添加自定义的文本信息。

主要步骤为：

①选择“文字”命令。

②选择“多行文字”。

③输入需要添加的文本信息，可设置字体、文字大小、对齐方式等（图1-8-43）。

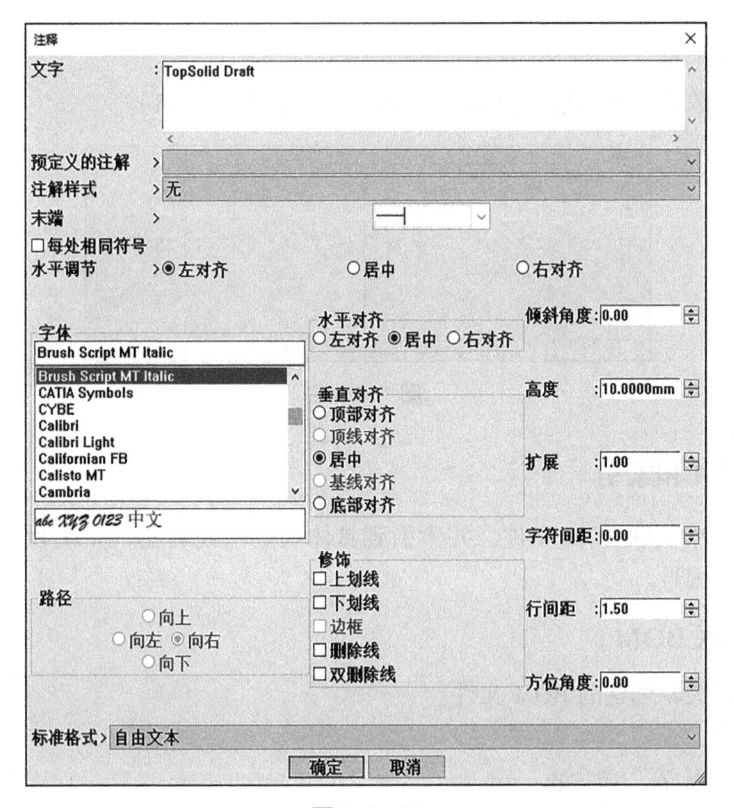

图1-8-43

④在图框内点击左键放置文字（图 1-8-44）。

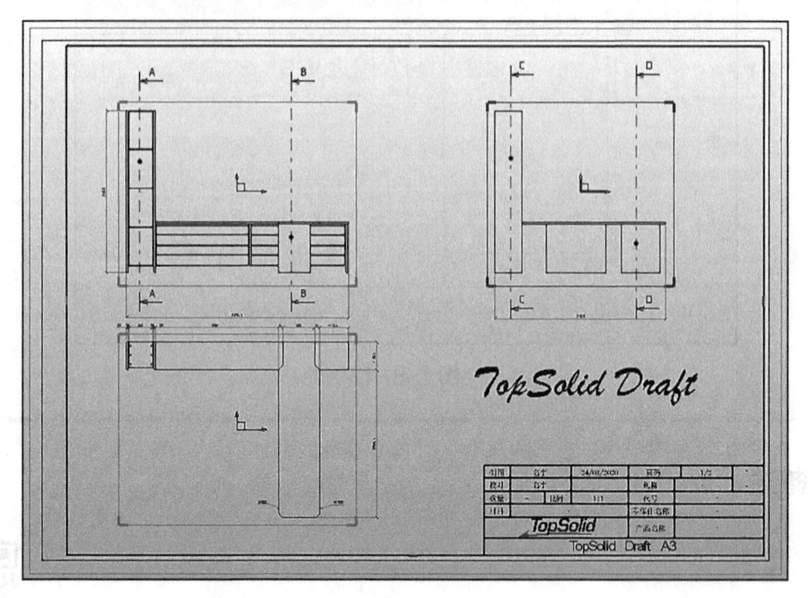

图 1-8-44

8.5.2 备注

此功能可在图纸中添加自定义的可索引文本信息。

备注

主要步骤为：

①选择“备注”命令。

②输入文本信息。

③在图框中放置文本信息，点击要索引的元素（图 1-8-45）。

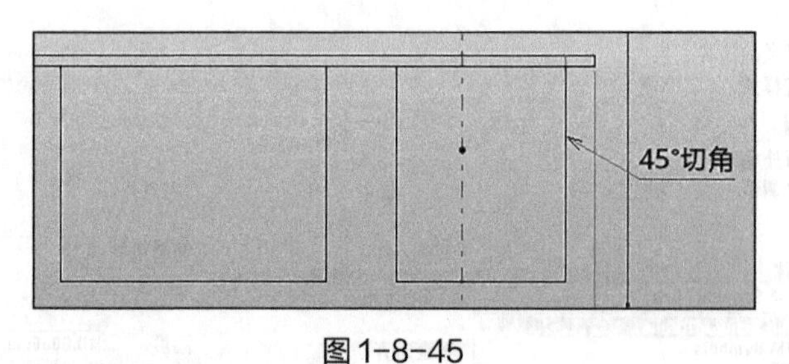

图 1-8-45

8.6 BOM 和索引

可以在图纸中关联 BOM 文件，并索引到具体的零件或装配。关联 BOM 和索引之前，需要对装配进行编号。

8.6.1 关联 BOM

此功能可以关联创建的 BOM 文件。

关联 BOM

主要步骤为：

①选择“BOM 表”命令。

②选择一个 BOM 文件模板（图 1-8-46）。

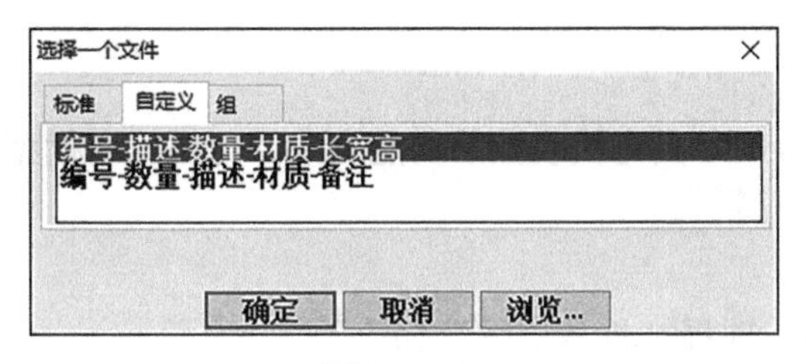

图 1-8-46

③选择一个参考视图。

④在视图中选择两点，用于 BOM 表定位（图 1-8-47）。

03	台面	1	白色格拉大理石	2700	650	38
02.2	124	36	-	-	-	-
02.1	12	36	-	-	-	-
02	124 12	36	-	-	-	-
01	106 25	48	-	-	-	-
-	组合柜	1	-	-	-	-
ID索引	名称	总计	材质	零件长度	零件宽度	零件厚度

制图	名字		24/03/2020	页码	3/3	-
校对	名字			规格	-	-
数量	-	比例	1:1	代号	-	
材料	-			零部件名称	-	

图 1-8-47

⑤完成 BOM 表关联。

注意：

①可设置表列的行高、字高等。

②可使用“修改元素”命令，点击“BOM 表”，更改 BOM 表的层级表示方式，包括：一级节点、自定义、全部展开。

③可以自定义更改 BOM 表中的内容。

8.6.2　索引

此功能可将 BOM 表中的信息索引在视图的零部件。

索引

主要步骤为：

①选择“自动 BOM 表索引”命令。

②调整索引设置，选择索引的视图。选择组合柜的爆炸视图，完成索引。

注意：

①可以使用“BOM 表索引”命令，手动拾取视图中的元素进行索引。

②可以使用“索引包含信息”命令，定义索引信息的组成。

③拾取的元素为零件的表面，视图里表现为圆点；拾取的元素为零件的边线，视图里表现为箭头。

8.7 批量绘图

批量绘图

批量绘图功能是 TopSolid 具有代表性的功能之一，可由三维模型直接生成二维图纸文档。

主要步骤为：

①打开组合柜文档，选择“批量绘图”命令。

②调整批量绘图设置（图 1-8-48）。

③在绘图区空白区域点击左键。

④选择图纸模板，根据过滤规范快速选择需要输出图纸的零件，点击“确定”，完成零件的批量绘图。

浏览 深度:自定义 根据标准过滤BOM=没有过滤 将所有绘图放到一个文档=是 页面格式=A3水平 选择装配文档:

图 1-8-48

注意：

①批量绘图可以根据规范、过滤规则等方式快速选择，也可以手动逐个选择。

②批量绘图的图纸顺序可以和输出的 BOM 信息顺序一致，目前 TopSolid 2020 版支持此项操作。

模块 2

TopSolid 实践操作

任务 1-1　基础加工操作

1-1-1　安装刀具

【工作任务】

任务描述：使用“TopSolid’WoodCam 5X 吸盘式”安装刀具。

任务分析：根据本次任务，能够对“TopSolid’WoodCam 5X 吸盘式”进行基本操作，熟悉安装刀具的步骤。

【任务实施】

①新建木工加工文档，选择“TopSolid’WoodCam 5X 吸盘式”作为模板（图 2-1-1、图 2-1-2）。

②点击设置刀具，在 1 号位置添加直径 16mm 立铣刀，2 号位置添加直径 10mm 立铣刀，点击“确定”（图 2-1-3）。

③在垂直排钻安装直径 5mm 和 10mm 平头钻，4 个水平钻安装 8mm 平头钻。

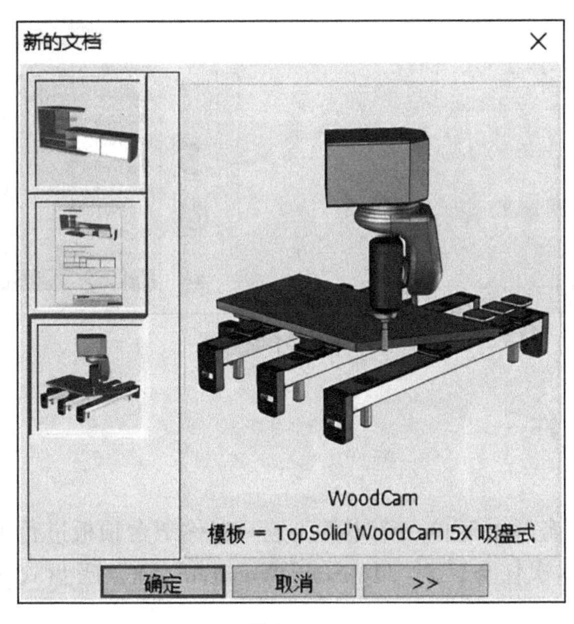

图 2-1-1

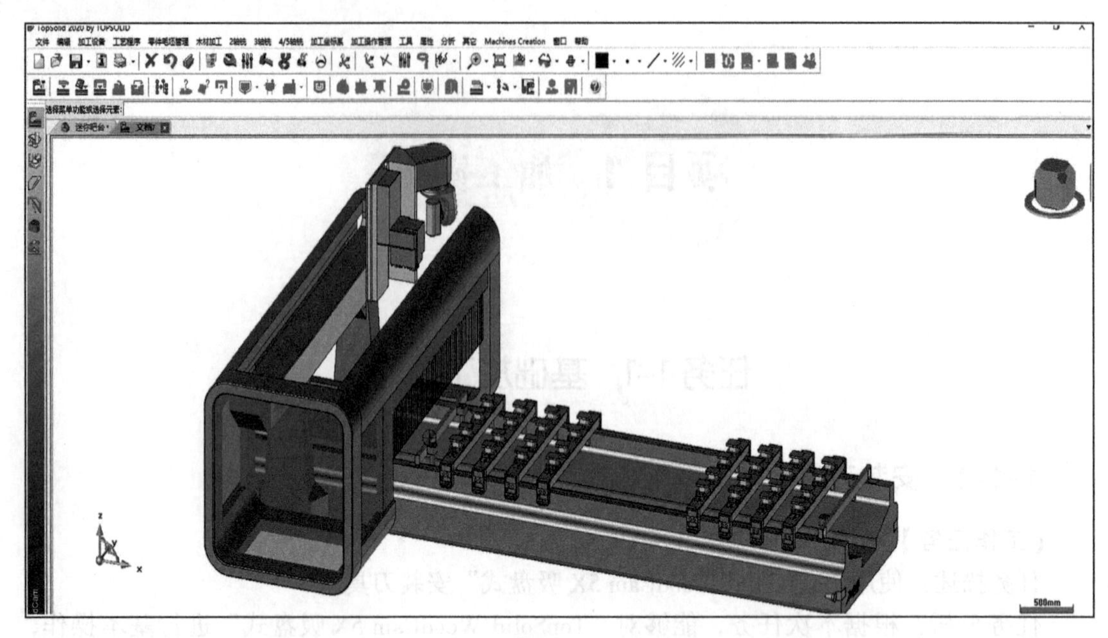

图 2-1-2

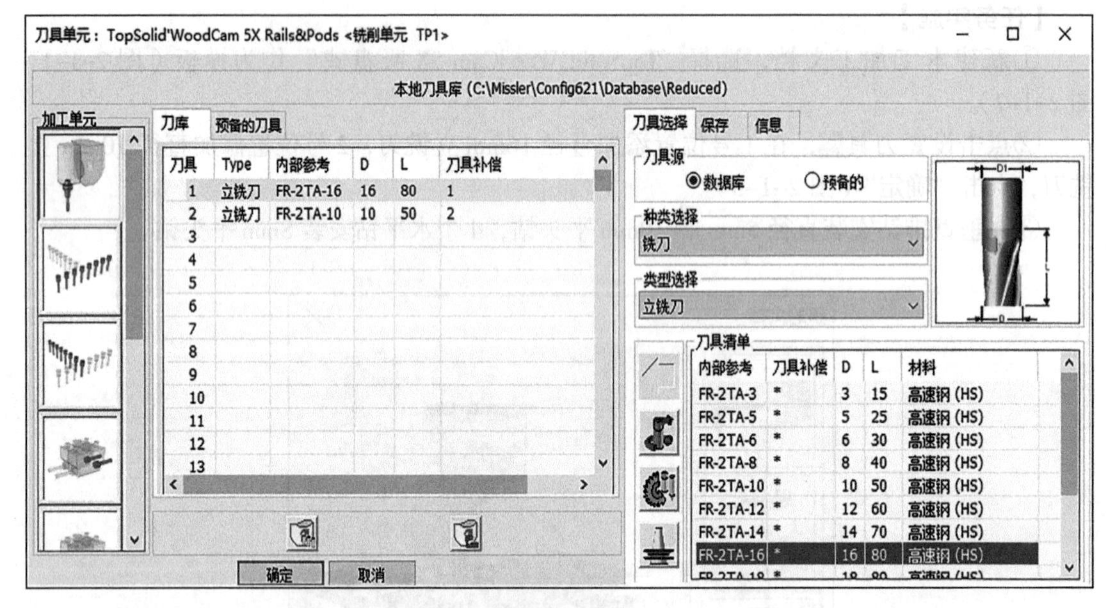

图 2-1-3

1-1-2　定位工件

【工作任务】

任务描述：本次任务学习定位一个零件，选择迷你吧台顶板进行定位。

任务分析：针对本次任务，对“TopSolid’WoodCam 5X”吸盘式进行定位工作，定位零件。

【任务实施】

点击“定位一个零件”，选择迷你吧台顶板进行定位（图 2-1-4、图 2-1-5）。

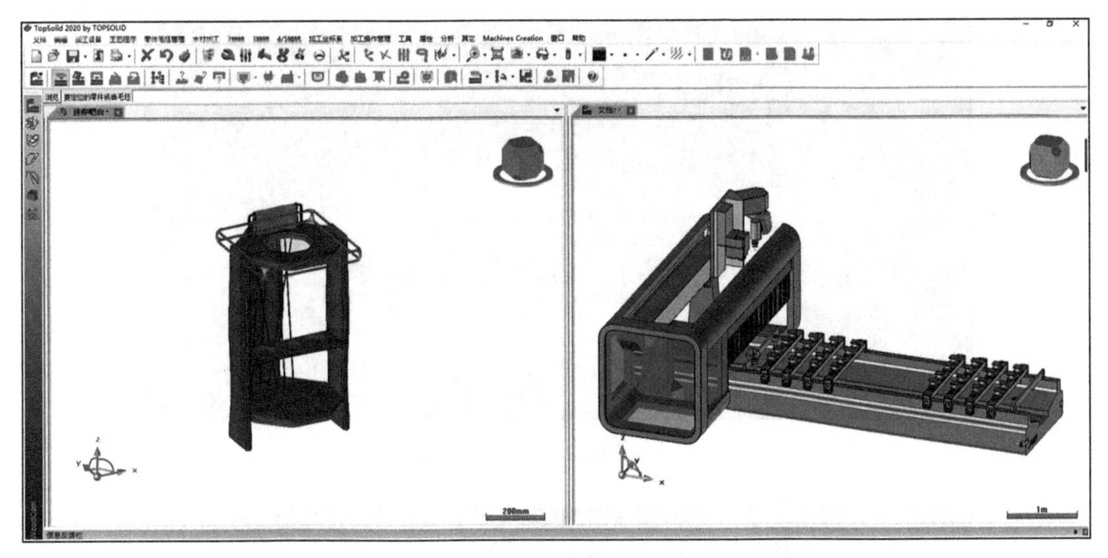

图 2-1-4

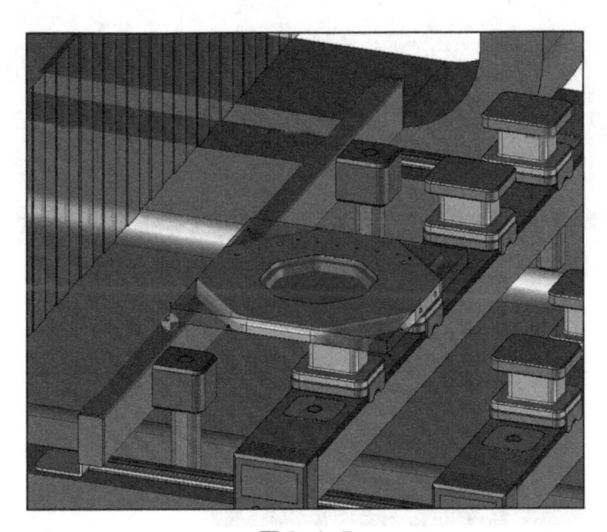

图 2-1-5

1-1-3　钻孔

【工作任务】

任务描述：在二轴铣钻孔。

任务分析：在顶板上表面的某一个孔圆柱面，选择所有相同特征的孔，使用平头钻刀具，生成钻孔刀路，再对其他钻孔特征进行编程。

【任务实施】

①点击“二轴铣”→“钻孔”，选择顶板上表面的某一个孔圆柱面（图 2-1-6、图 2-1-7）。

②点击“搜索圆柱”，选择所有相同特征的孔（图 2-1-8）。

③点击“确定”后，在弹出的对话框中选择“平头钻”→“FO-FPL-5”钻头，然后点击“已使用刀具”（图 2-1-9）。

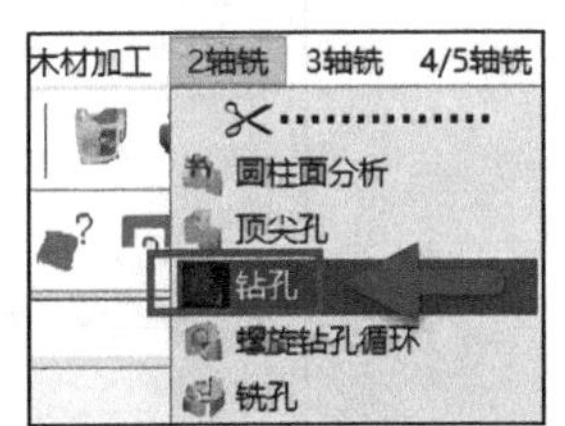

图 2-1-6

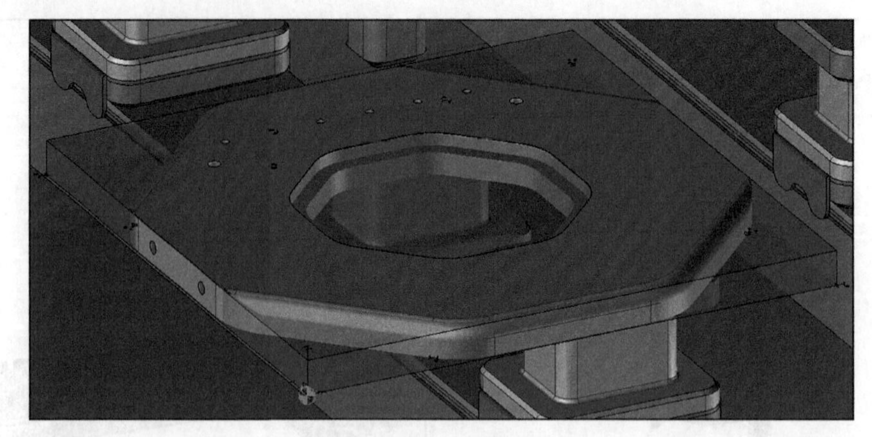

图 2-1-7

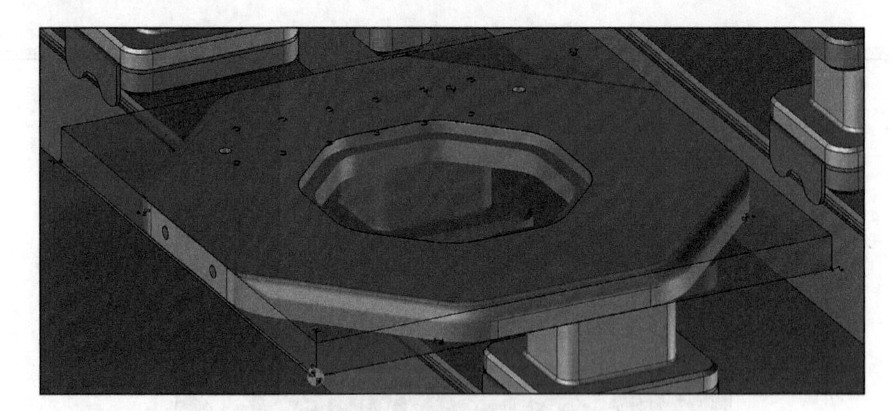

图 2-1-8

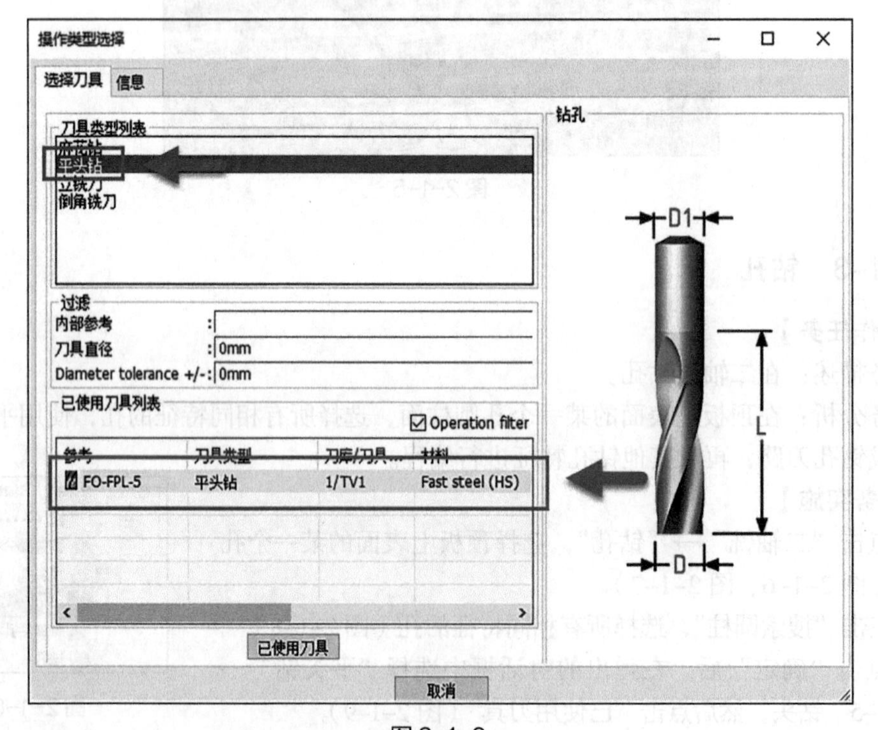

图 2-1-9

④点击“确定”后，在弹出的钻孔配置窗口继续点击“确定”（图 2–1–10），生成钻孔刀路（图 2–1–11）。

确定　更换刀具　修改　TV1　1: 平头钻 (FO-FPL-5) 直径:5 切削刃长度:40 补偿:1 (刀具夹具 : TV1)

图 2–1–10

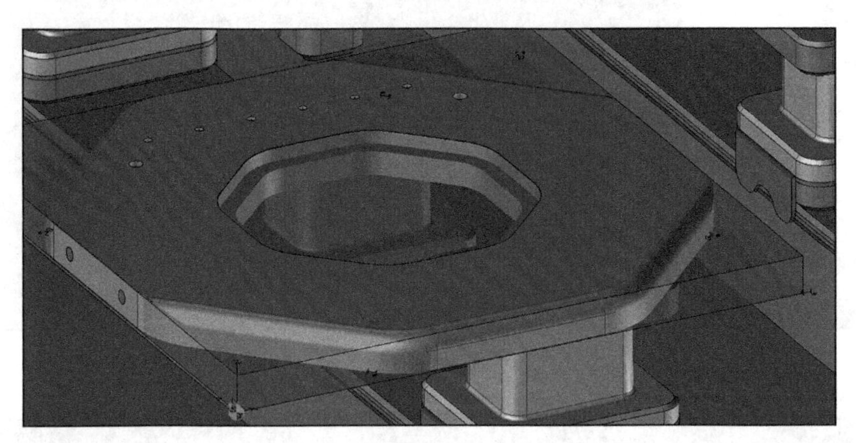

图 2–1–11

⑤按照上述步骤对其他钻孔特征进行编程（图 2–1–12）。

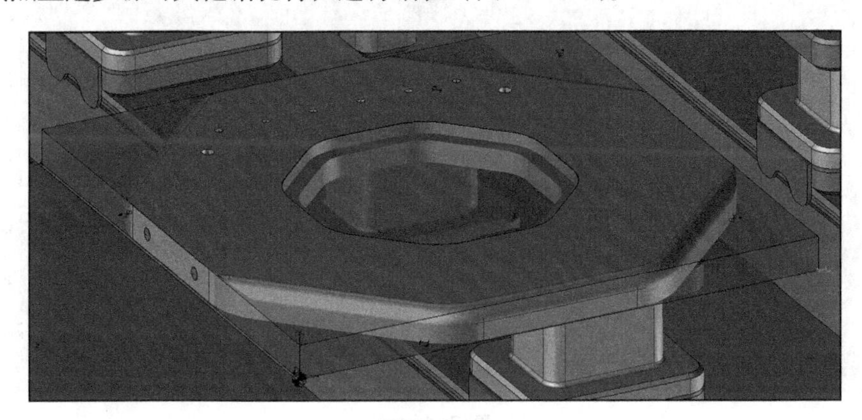

图 2–1–12

1–1–4　外形铣

【工作任务】

任务描述：本次任务点外形铣命令，然后点击确定，自动生成外形铣预览刀路以及配置窗口，在点击确定后自动生成外形铣刀路。

任务分析：针对本次任务，学习自动生成外形铣刀路的步骤。

【任务实施】

①点击“外形铣” 命令，然后点击“确定”后，自动生成外形铣预览刀路以及配置对话框（图 2–1–13）。

确定　外形铣操作　普通　操作曲线　使用关联加工工艺　选择一个工艺

图 2–1–13

②在外形铣配置窗口点击“确定”后自动生成外形铣刀路（图 2–1–14、图 2–1–15）。

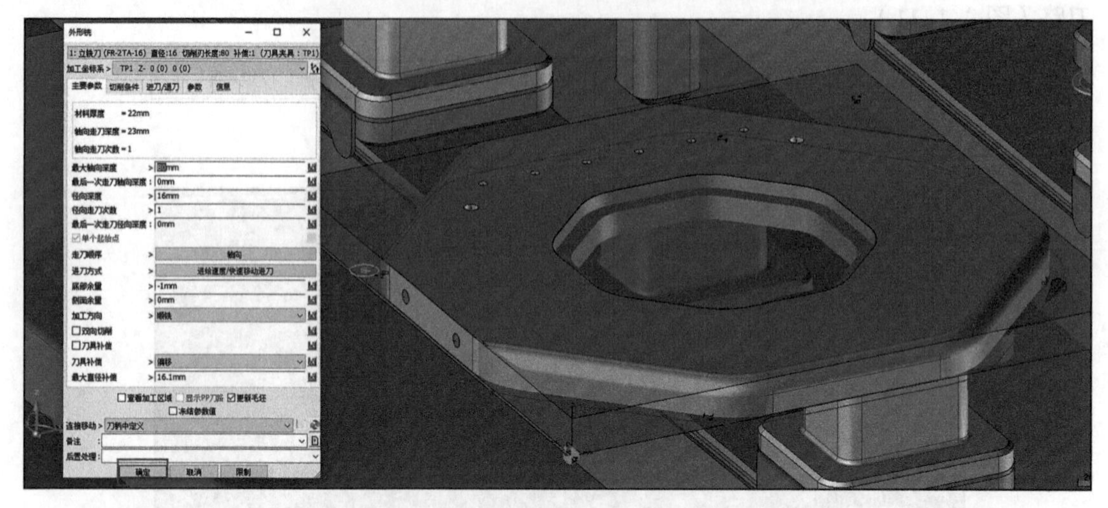

图 2–1–14

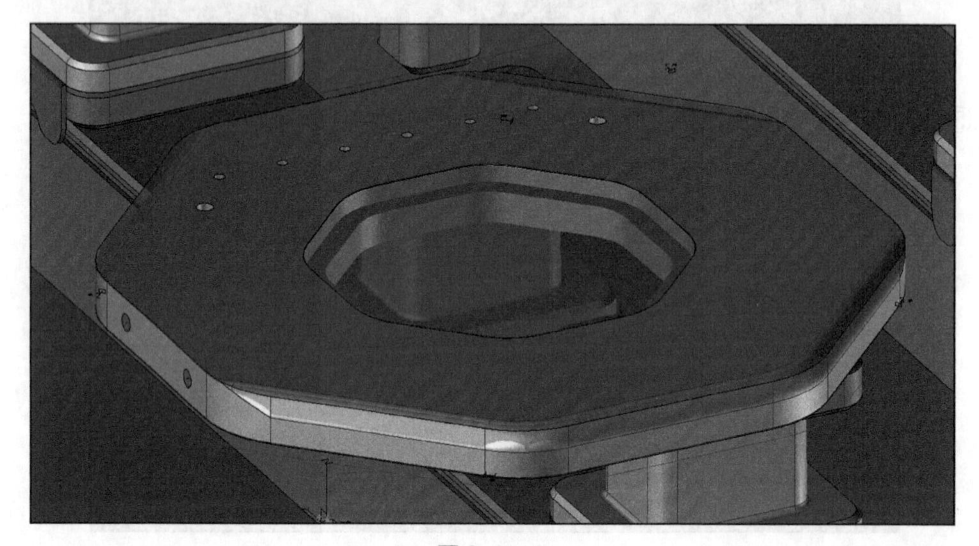

图 2–1–15

1–1–5　镗铣

【工作任务】

任务描述：本次任务点镗铣命令，然后点击“确定”，自动生成镗铣刀路以及配置窗口，在点击确定后自动生成镗铣刀路。

任务分析：针对本次任务，学习自动生成镗铣刀路的步骤。

【任务实施】

①先点击镗铣，然后点击“确定”后会自动生成镗铣的刀路以及配置对话框（图 2–1–16）。

图 2–1–16

②在镂铣配置对话框中点击“确定”后自动生成镂铣刀路（图 2-1-17、图 2-1-18）。

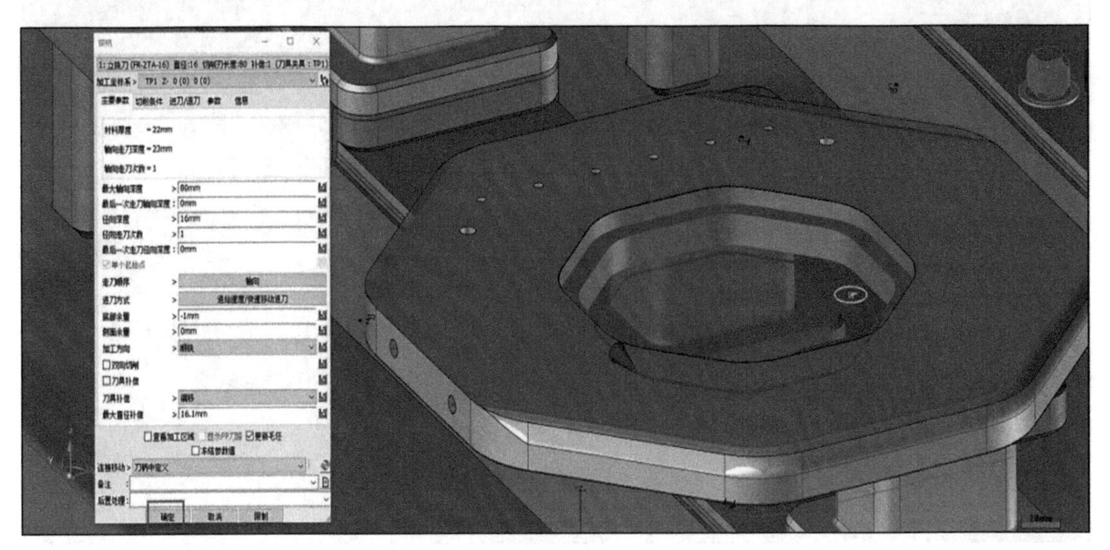

图 2-1-17

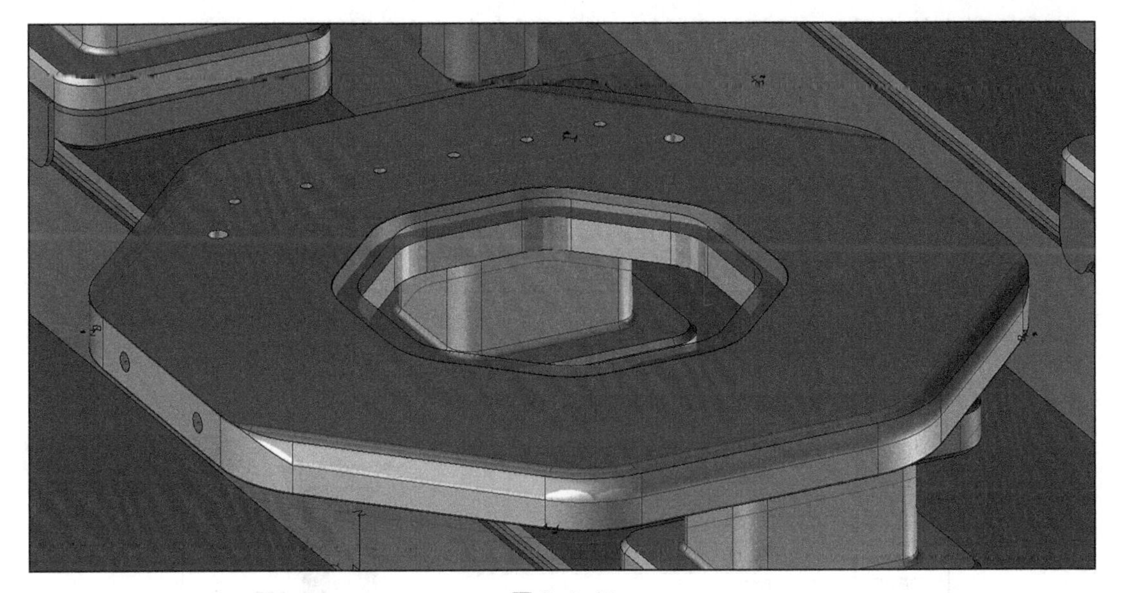

图 2-1-18

1-1-6　拓扑加工

【工作任务】

任务描述：本次任务点击“拓扑加工”命令，选择“台阶底面”，然后选择型腔加工再点击确定，之后选择“立铣刀刀具”，再点击“确定”，随后生成刀路将台阶加工出来。

任务分析：针对本次任务，学习拓扑加工的命令，点击“型腔加工”再点击“确定”，后选择“立铣刀”，再点击“已使用刀具”，生成刀路随后将台阶加工出来。

【任务实施】

①点击“拓扑加工”，选择台阶底面（图 2-1-19）。

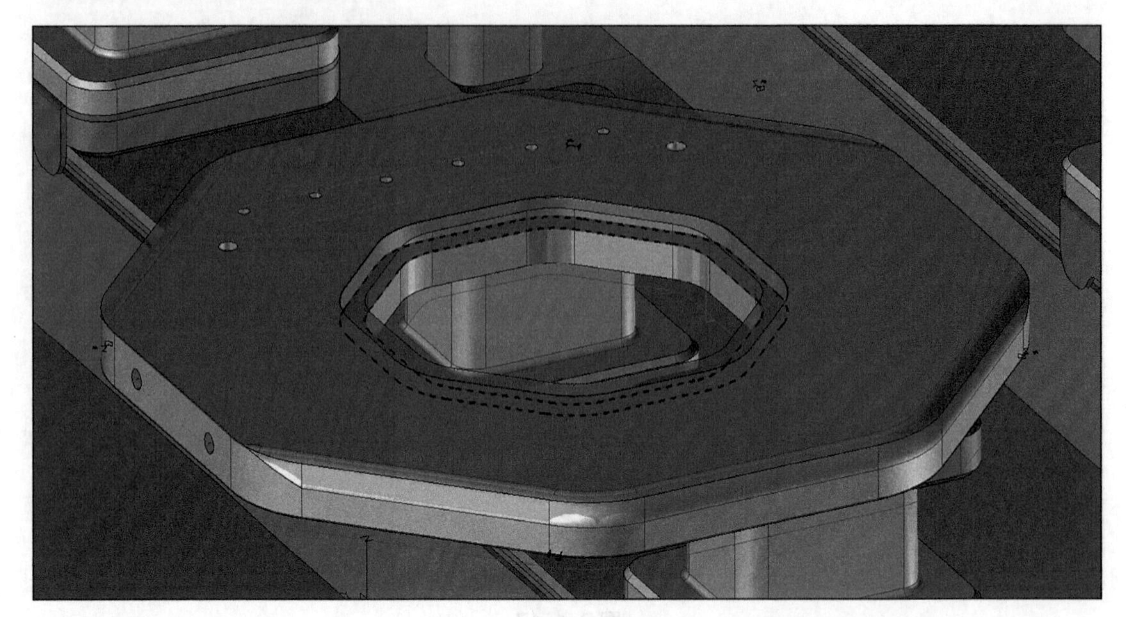

图 2-1-19

②在弹出的选项中，选择“型腔加工”，然后点击“确定”（图 2-1-20）。

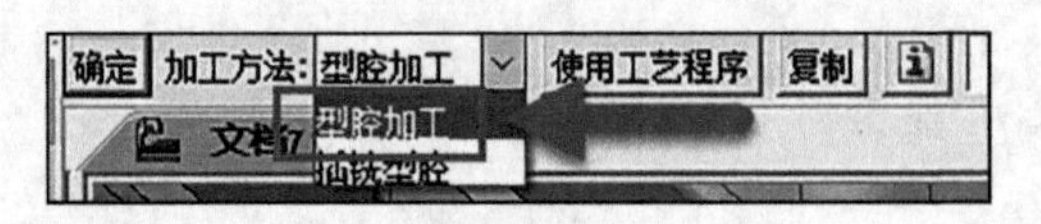

图 2-1-20

③选择“立铣刀”→“FR-2TA-16 立铣刀”，然后点击“已使用刀具”（图 2-1-21）。

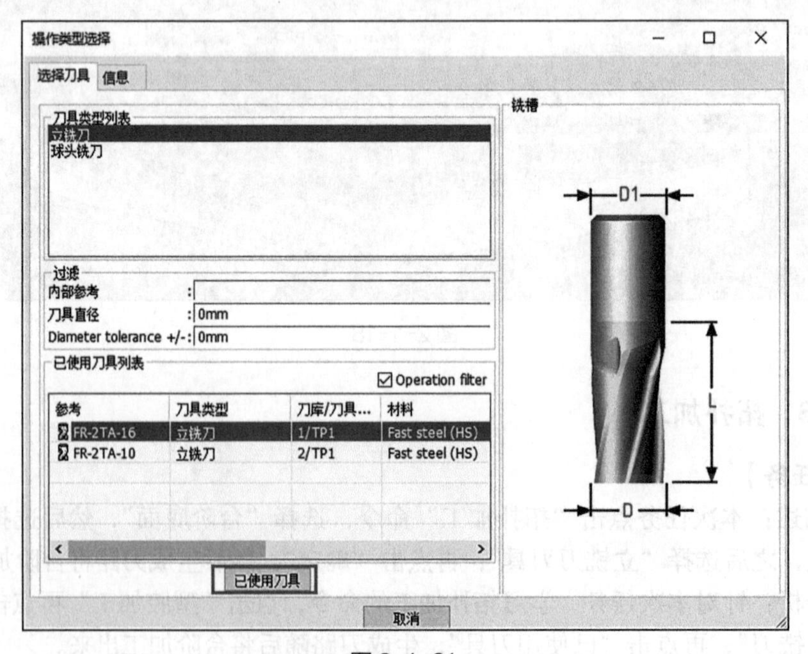

图 2-1-21

④点击“确定”，在弹出来的对话框中继续点击“确定”，随后生成刀路将台阶加工数出来（图 2-1-22、图 2-1-23）。

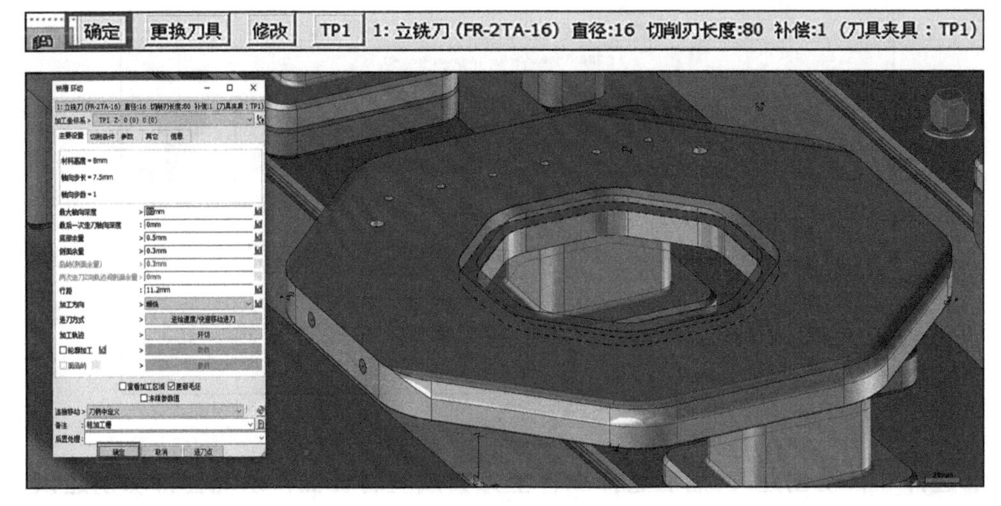

图 2-1-22

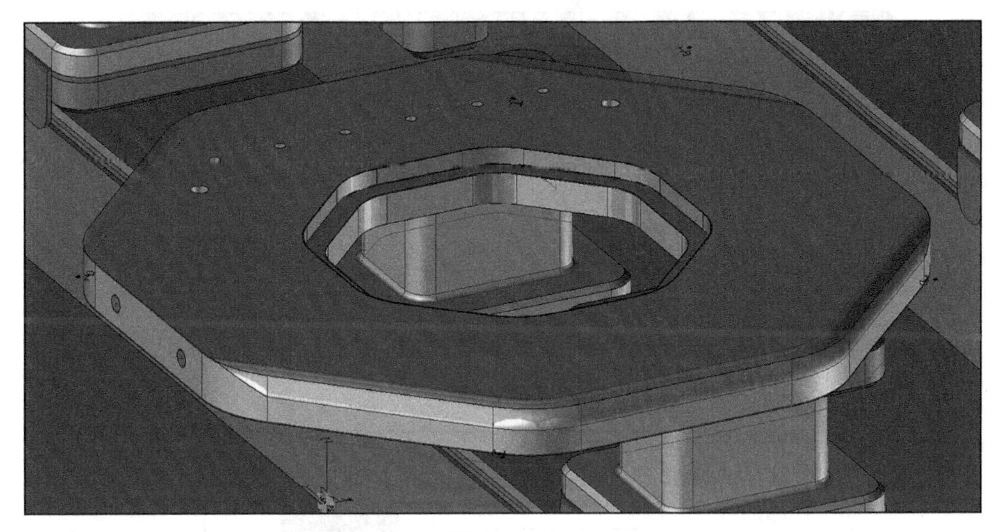

图 2-1-23

1-1-7　成型铣

【工作任务】

任务描述：本次任务对 TopSolid 自动调用对应成型刀并生成刀路的编程命令，设置刀具选择“铣刀”→“特种铣刀”，系统自动创建该刀具，新建的刀具，点击“铣削”，选择刀具成型特征面，点击“确定”后，会自动生成成型铣预览刀路以及成型铣配置窗口，生成成型铣刀路，最后按照相同的操作步骤对其他两个刀具成型面进行相同操作，生成其他两个刀路。

任务分析：针对本次任务，自动调用对应成型刀并生成刀路的编程命令，自动生成成型铣预览刀路，点击“确定”之后生成成型铣刀路。

【任务实施】

①成型铣是用户通过选择刀具成型的特征面，TopSolid 自动调用对应成型刀并生成刀路的编程命令。首先点击“设置刀具”，选择“铣刀”→“特种铣刀”(图 2-1-24)。

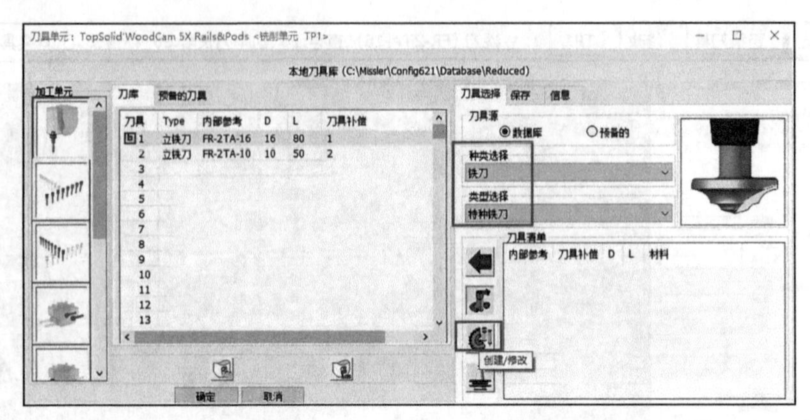

图 2-1-24

②选择“自动创建”，然后选择工件上刀具成型特征面，系统会自动创建该刀具（图 2-1-25、图 2-1-26）。

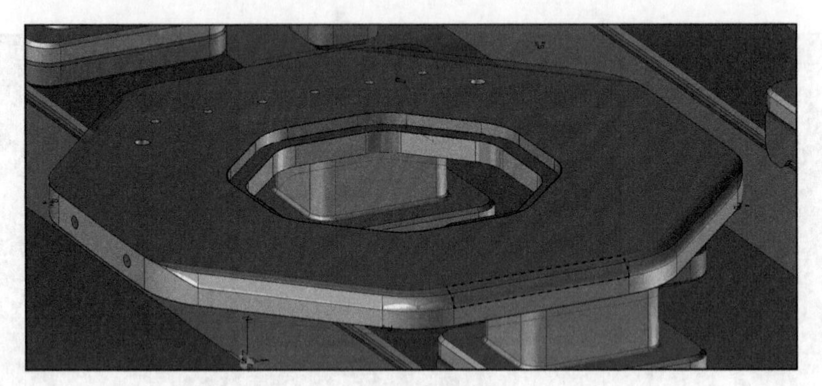

图 2-1-25

图 2-1-26

③随后将新创建的刀具添加到 3 号位置（图 2–1–27）。

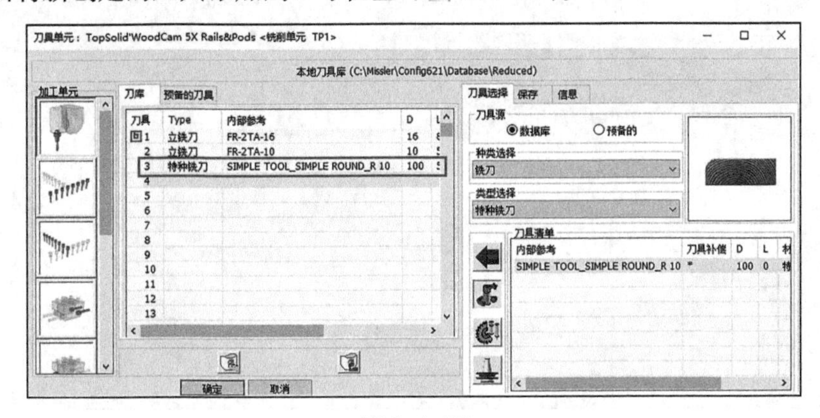

图 2–1–27

④点击“铣削” ，选择刀具成型特征面（图 2–1–28）。

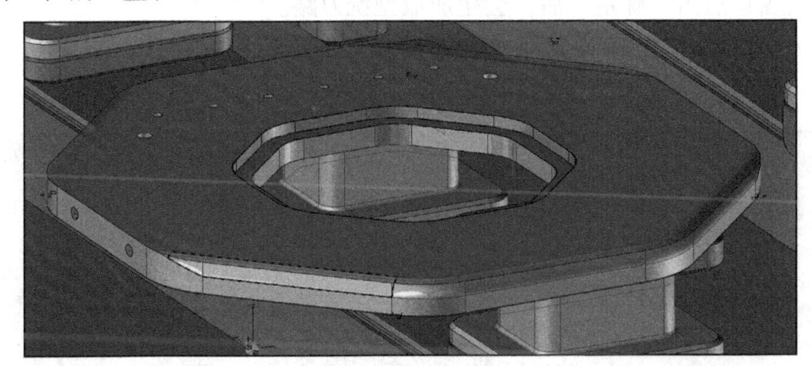

图 2–1–28

⑤点击“确定”后，会自动生成成型铣预览刀路以及成型铣配置窗口（图 2–1–29~图 2–1–31）。

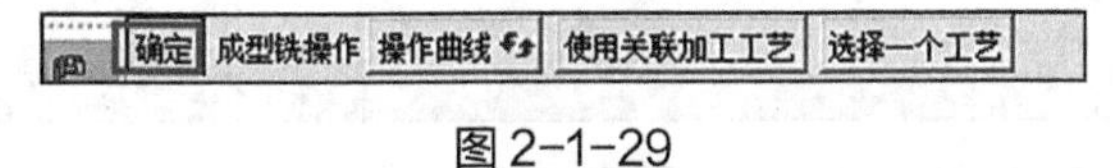

图 2–1–29

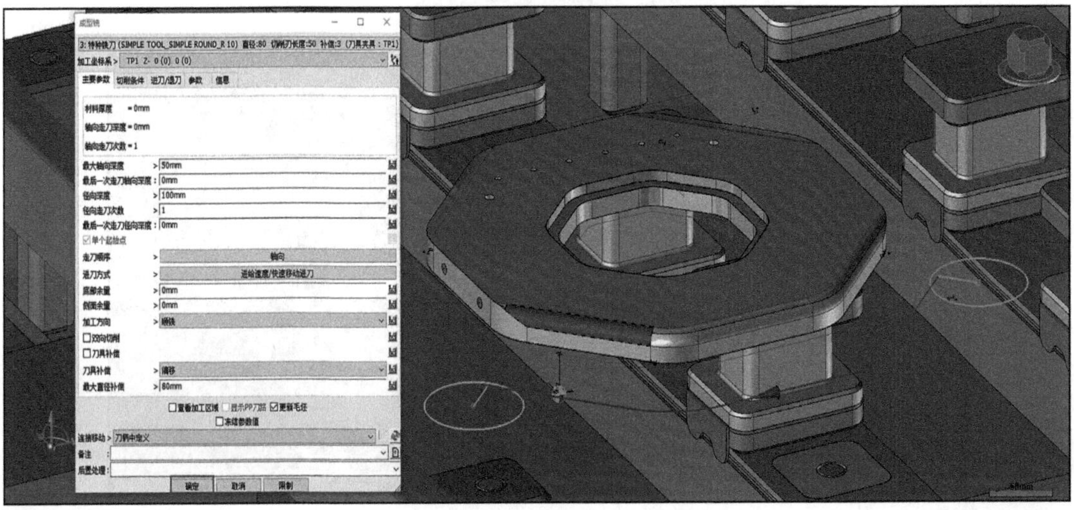

图 2–1–30

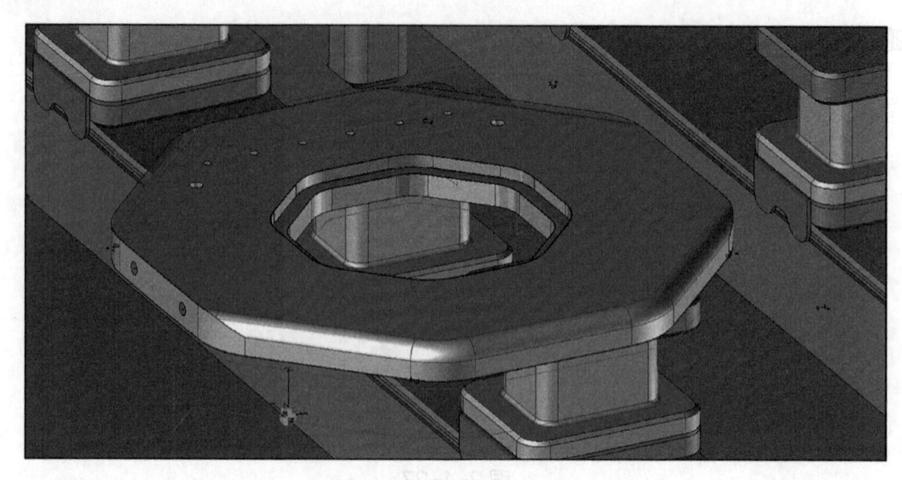

图 2-1-31

⑥在配置窗口点击“确定”后，会生成成型铣刀路。

⑦按照相同的操作步骤对其他两个刀具成型面进行相同操作，生成其他两个刀路（图 2-1-32~ 图 2-1-34）。

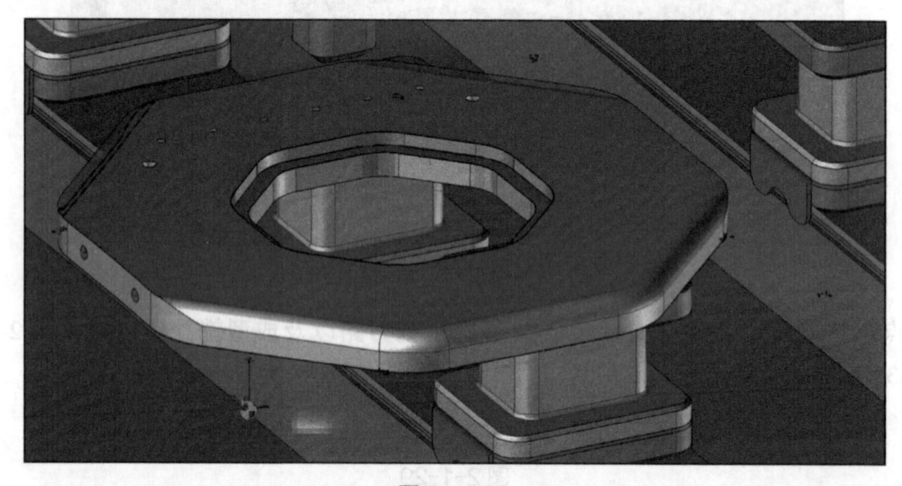

图 2-1-32

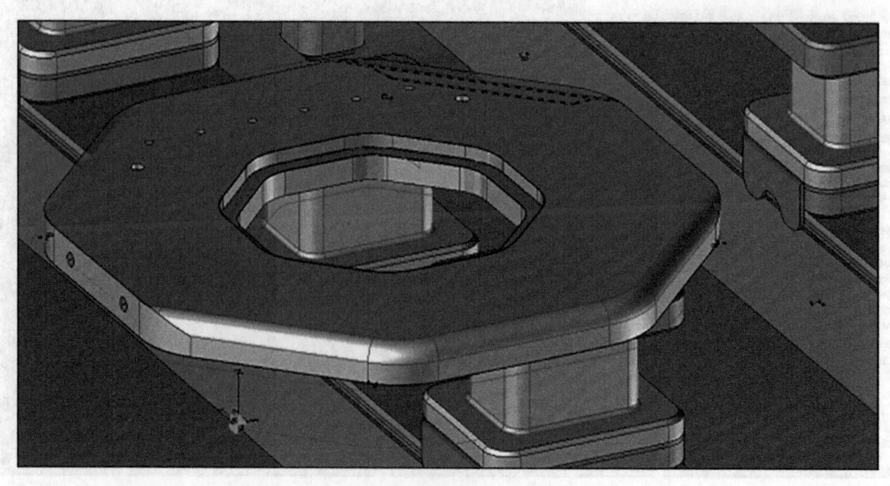

图 2-1-33

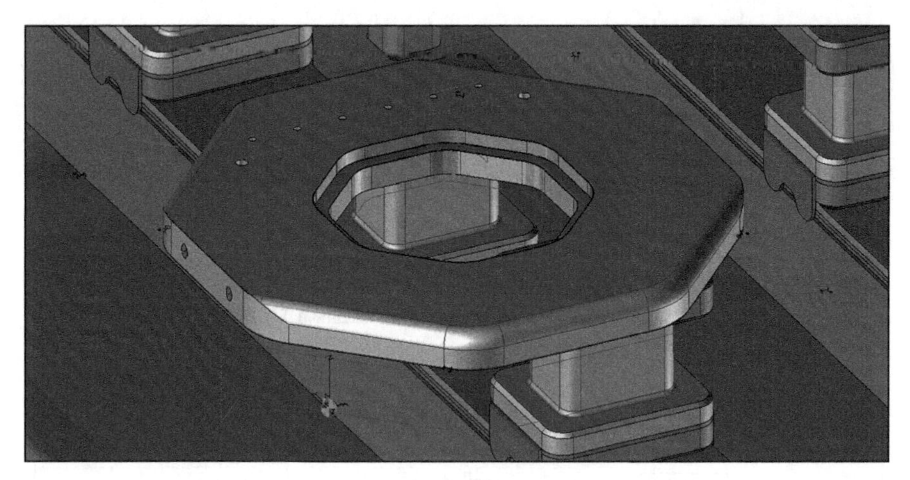

图 2–1–34

1–1–8　自动加工

【工作任务】

任务描述：本次任务，自动选择刀具进行木工加工，工艺页签为工件上所有的木工加工特征，例如，切槽、搭边、挖槽、刀具成型等，刷新刀具列表，针对不想加工的操作可以右键点击选择“加工”或“不加工”，点击“加工”按钮，自动生成刀路加工。

任务分析：针对本次任务，自动选择刀具并生成刀路，点在零件上的操作分析，木工件加工所需刀具，点击“加工”按钮，可以自动生成刀路。

【任务实施】

①自动加工可以自动分析工件的特征，自动选择刀具并生成刀路，极大地调高编程效率。点击“在零件上的操作分析”；弹出来的对话框有 3 个页签，分别是工艺钻孔、木工加工工艺和建议刀具，在工艺钻孔页中显示工件上所有的孔特征（图 2–1–35）。

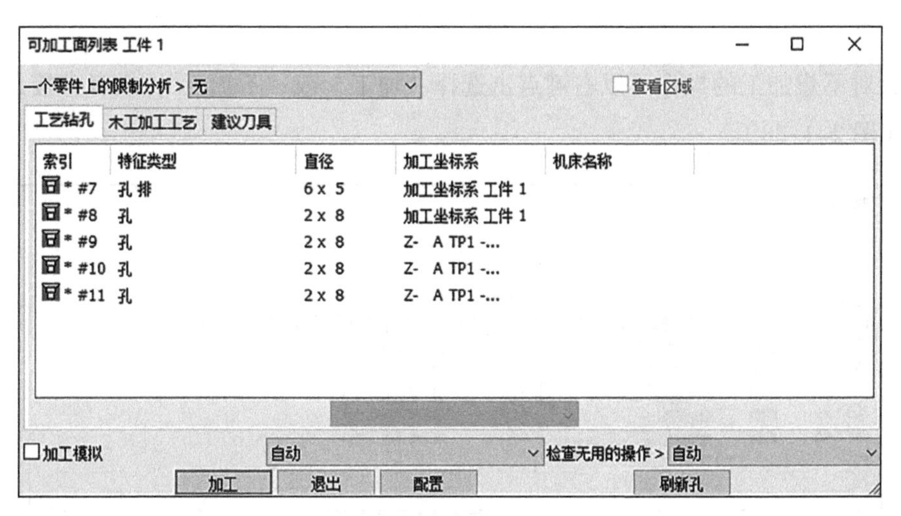

图 2–1–35

②木工加工工艺页签为工件上所有的木工加工特征，例如，切槽、搭边、挖槽、刀具成型等（图 2–1–36）。

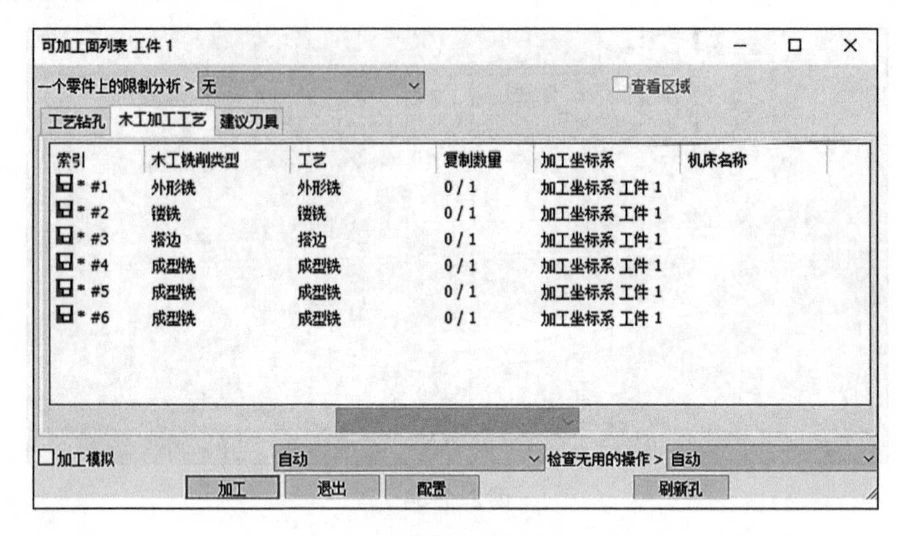

图 2-1-36

③建议刀具页为工件加工所需刀具，可以通过点击“刷新刀具列表”显示（图 2-1-37）。

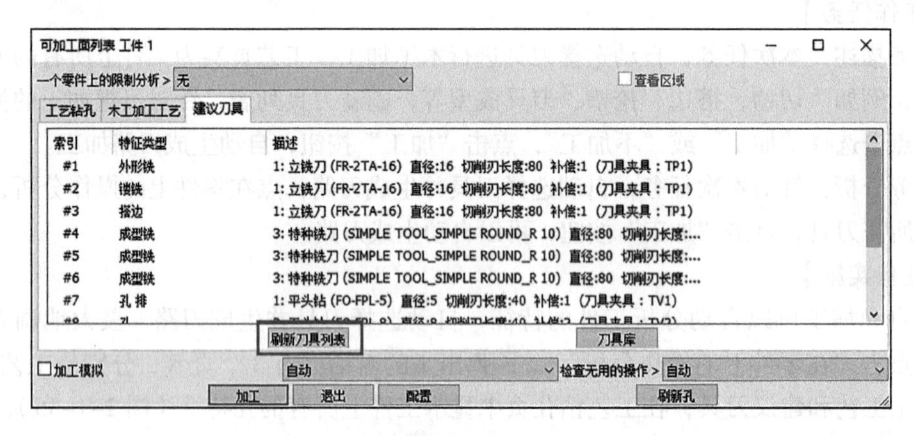

图 2-1-37

④针对不想加工的操作可以右键点击选择“加工”或“不加工”，或者直接点击空格键控制（图 2-1-38）。

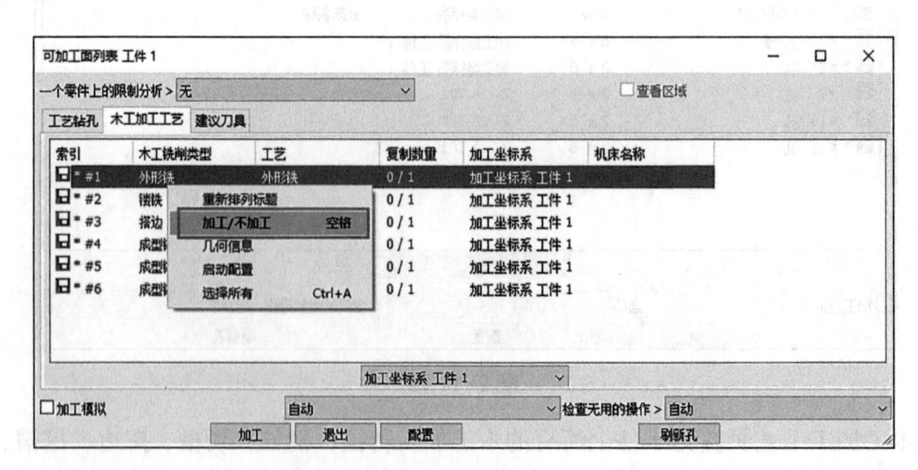

图 2-1-38

⑤点击“加工”按钮，可以自动生成刀路（图 2–1–39、图 2–1–40）。

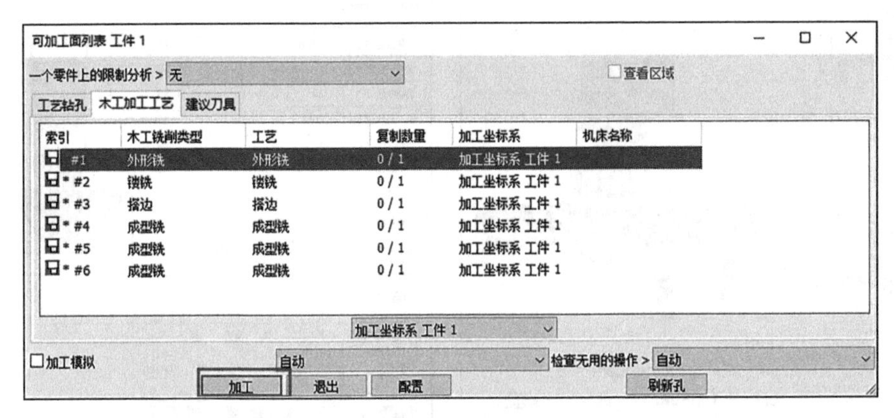

图 2–1–39

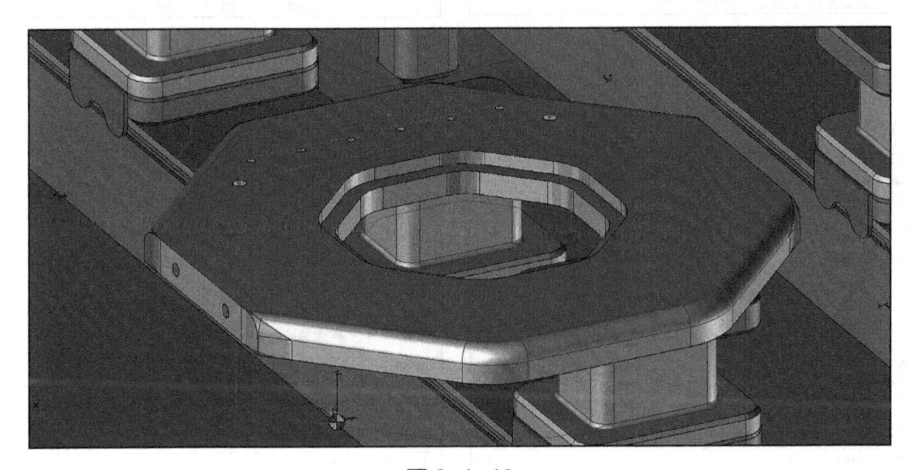

图 2–1–40

任务 1–2　高级加工操作

1–2–1　安装刀具

【工作任务】

任务描述：本次任务学习使用“TopSolid’WoodCam 5X 吸盘式”安装刀具。

任务分析：针对本次任务，对“TopSolid’WoodCam 5X 吸盘式”进行的基本操作，熟悉安装刀具的步骤。

【任务实施】

①新建木工加工文档，选择“TopSolid’WoodCam 5X 吸盘式”作为模板（图 2–1–41）。

②点击“设置刀具”，使用“创建 / 修改”命令，创建直径 20mm 倒角刀（图 2–1–42）。

使用“创建 / 修改”命令，创建直径 32mm，长度 160mm 直铣刀（图 2–1–43）。

使用“创建 / 修改”命令，创建直径 80mm，长度 160mm 直铣刀（图 2–1–44）。

③按照下图，将所需刀具安装到对应的位置（图 2–1–45）。

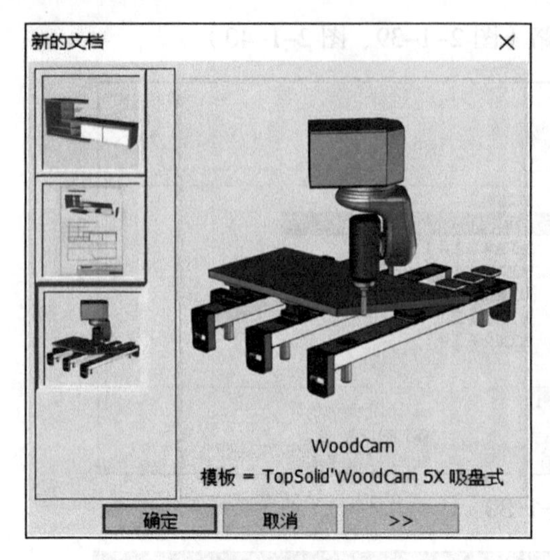

图 2-1-41

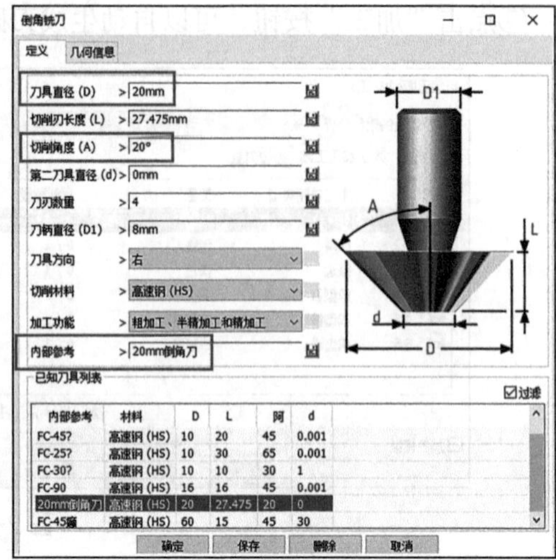

图 2-1-42

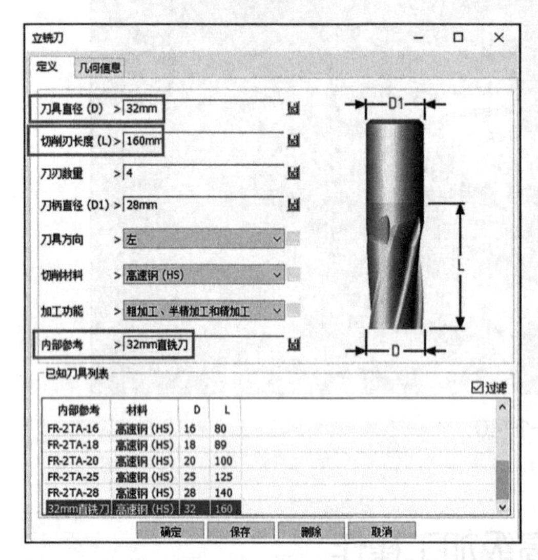

图 2-1-43

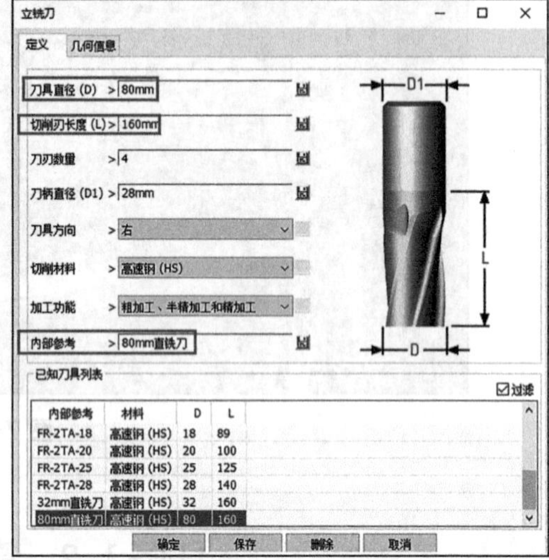

图 2-1-44

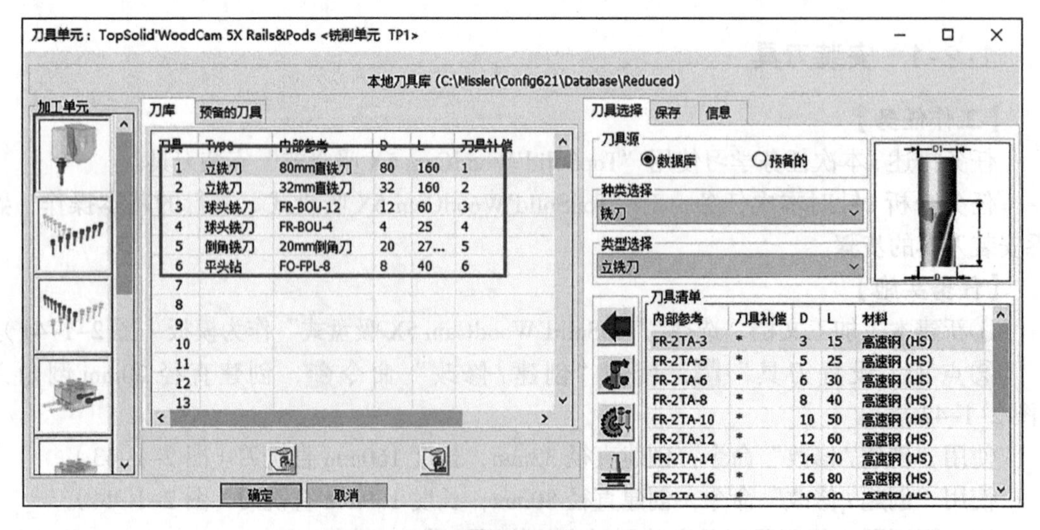

图 2-1-45

1-2-2　定位工件

【工作任务】

任务描述：本次任务学习定位一个零件，选择迷你吧台顶板进行定位。

任务分析：针对本次任务，对“TopSolid’WoodCam 5X 吸盘式”进行的定位工作，定位零件。

【任务实施】

①点击“定位一个装配”，选择 5 轴零件文档进行定位，点击“任何一个”（图 2-1-46）。

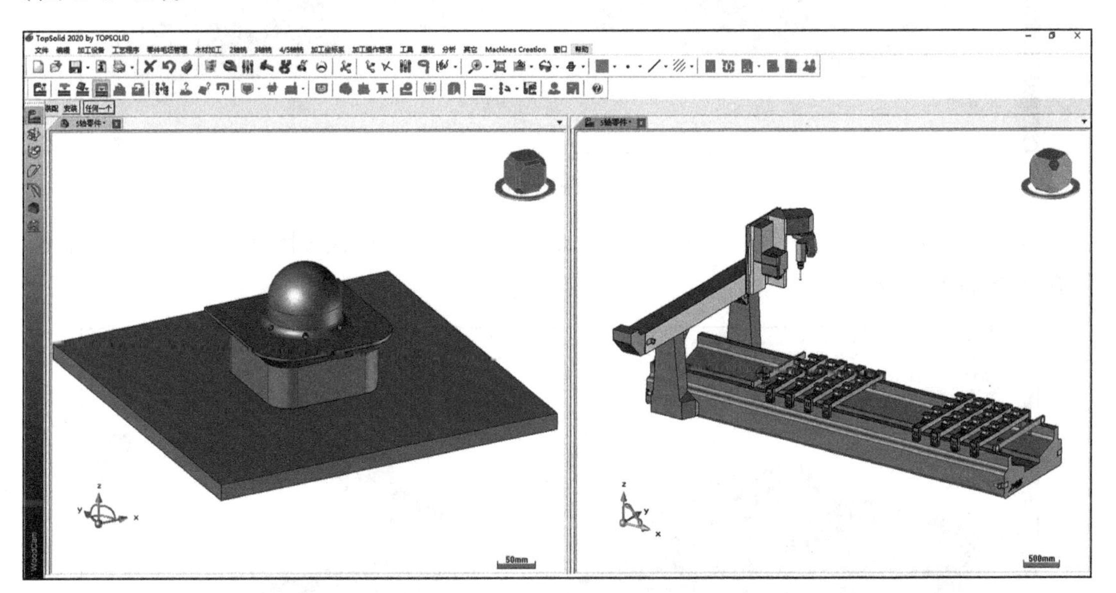

图 2-1-46

②选择底部两个蓝色零件作为支撑元素（图 2-1-47）。

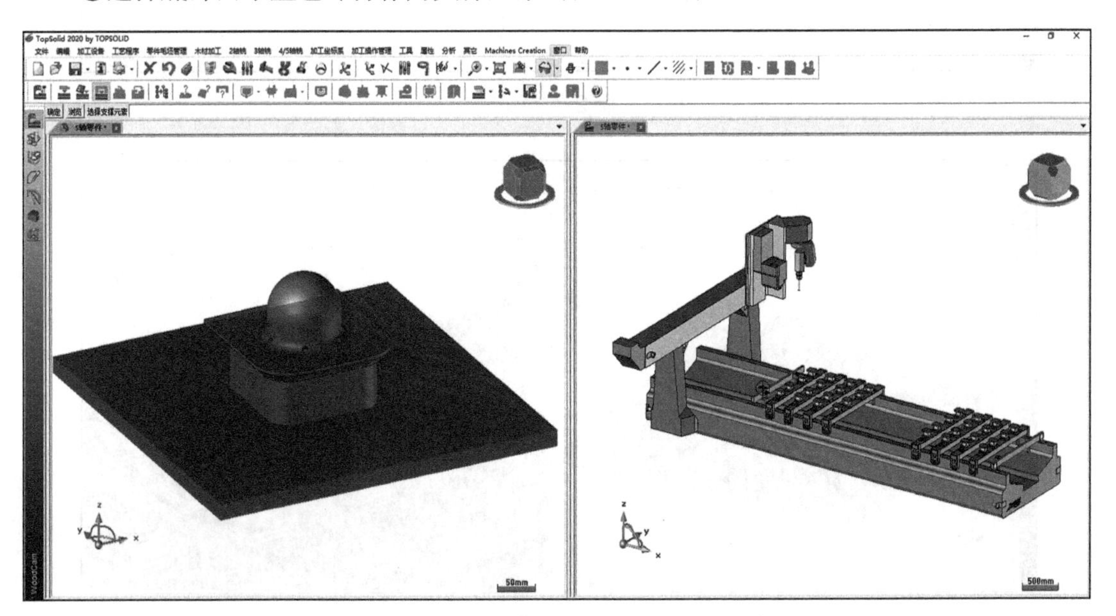

图 2-1-47

③选择底面作为支撑元素面（图 2-1-48）。

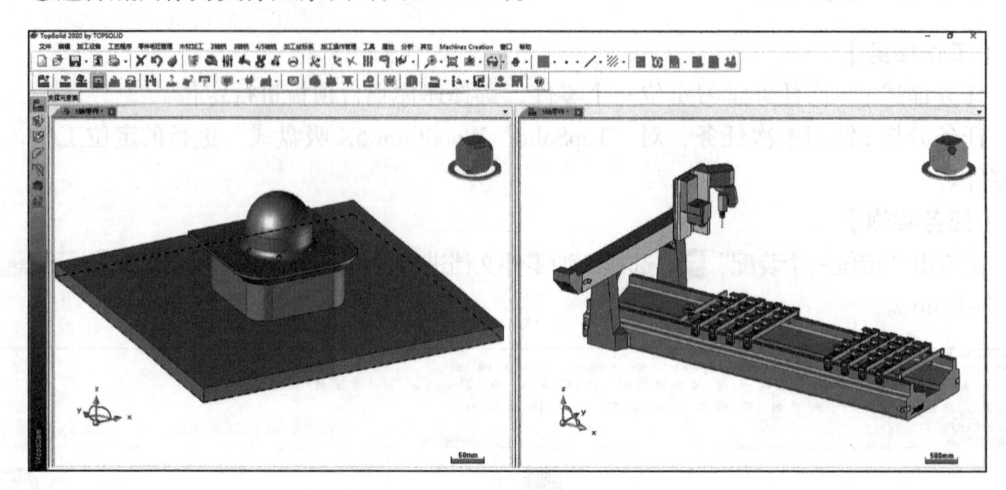

图 2-1-48

④选择顶部灰色零件作为零件 1，设置原点定位为全局模式（图 2-1-49），完成装配定位（图 2-1-50）。

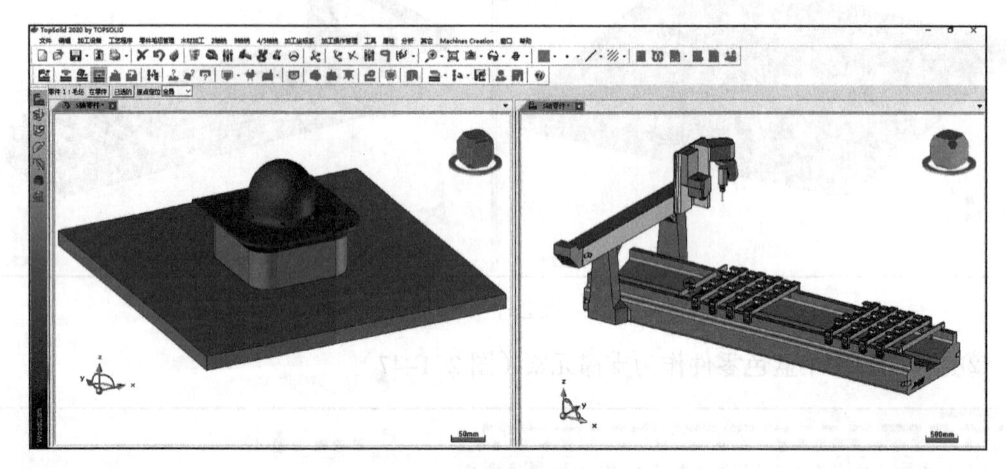

图 2-1-49

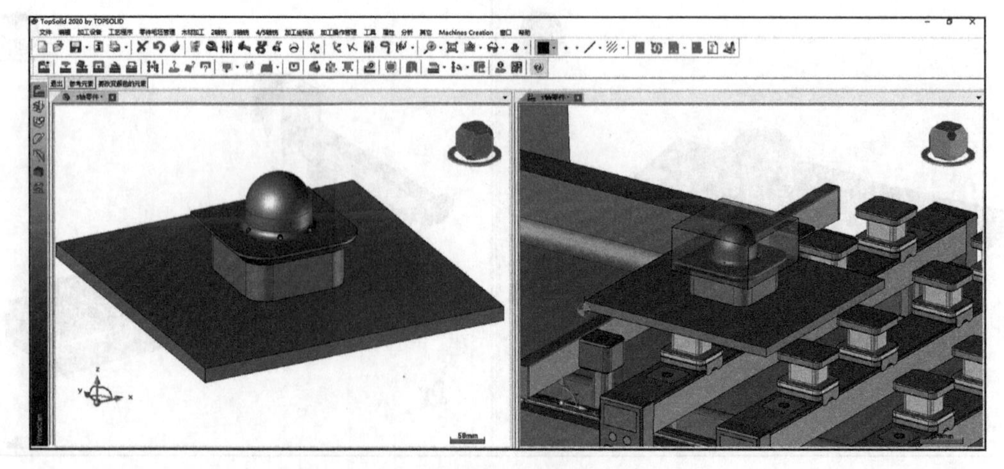

图 2-1-50

1-2-3 粗加工

【工作任务】

任务描述：本次任务学习“粗加工”命令，选择台阶底面，然后选择型腔加工点击“确定”，之后选择“直铣刀刀具”，再点击“确定”，随后生成刀路将台阶加工数出来。

任务分析：针对本次任务，学习“粗加工”命令，点击“型腔加工”确定，后选择“直铣刀”，再点击“已使用刀具”，生成刀路随后将台阶加工出来。

【任务实施】

点击“3 轴铣”→“粗加工”（图 2-1-51）。

选择“80mm 直铣刀”，点击“已使用刀具”（图 2-1-52）。

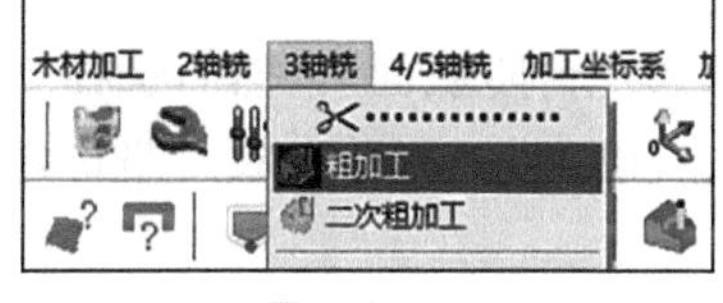

图 2-1-51

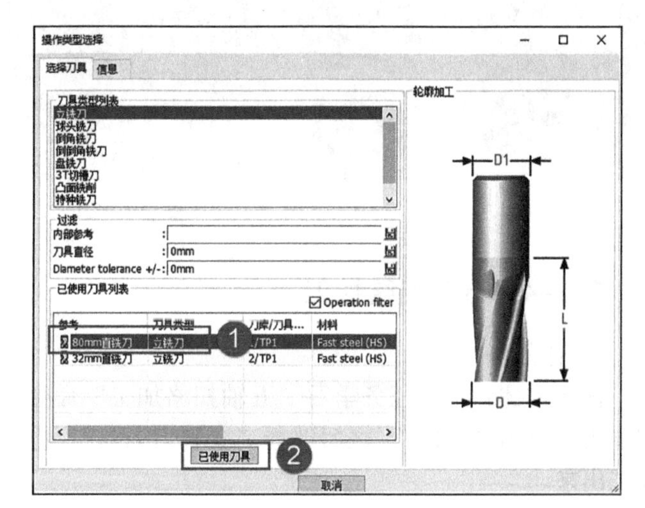

图 2-1-52

点击“确定”后，在弹出来的二轴粗加工配置界面进行以下设置（图 2-1-53）。

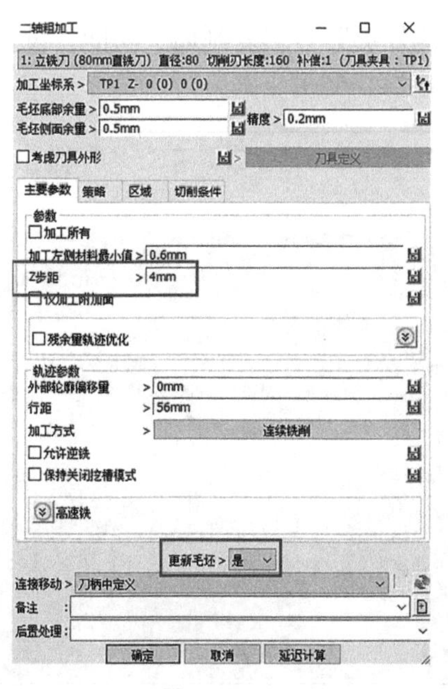

图 2-1-53

如下图所示，粗加工完成（图 2–1–54）。

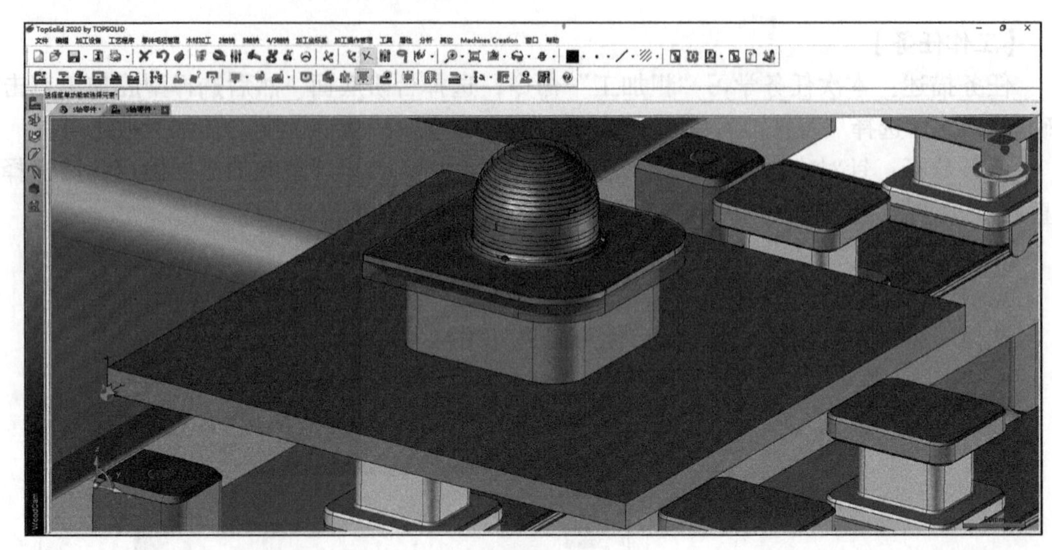

图 2–1–54

1–2–4　五轴扫略加工

【工作任务】

任务描述：本次任务学习“五轴扫略加工”命令，选择“台阶底面”，然后选择“型腔加工”点击“确定”，之后选择“立铣刀刀具”，再点击“确定”，随后生成刀路将台阶加工出来。

任务分析：针对本次任务，学习“五轴扫略加工”命令，再点型腔加工确定，后选择立铣刀，再点已使用刀具，生成刀路随后将台阶加工出来。

【任务实施】

①点击“外形”→“其他外形”→“复制面”功能，设置模式为“混合”，隐藏零件为“否”，选择“圆角面”（图 2–1–55）。

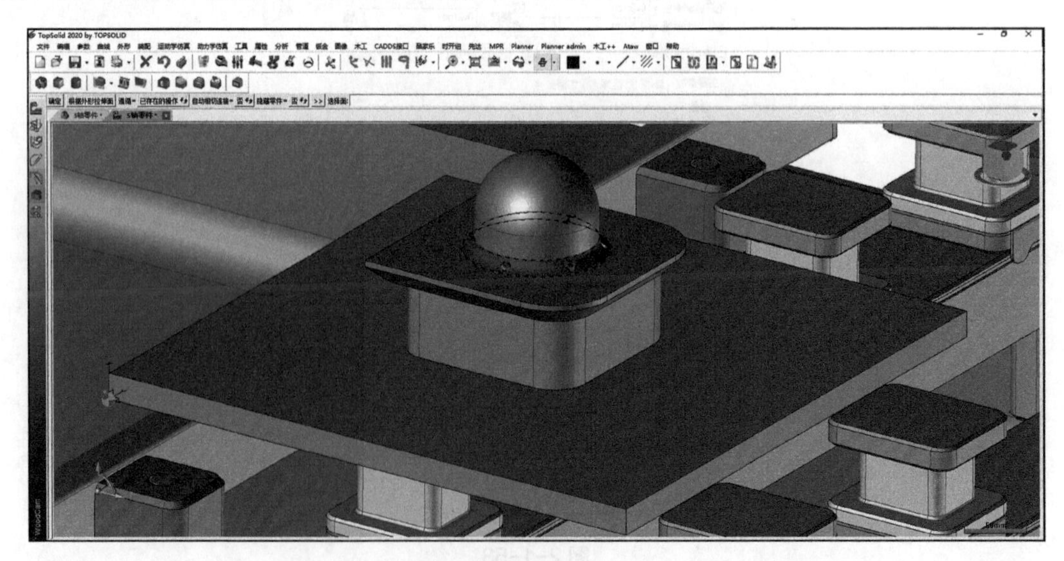

图 2–1–55

②点击“确定”后，生成一个新的可以遮盖孔的圆角面（图 2–1–56）。

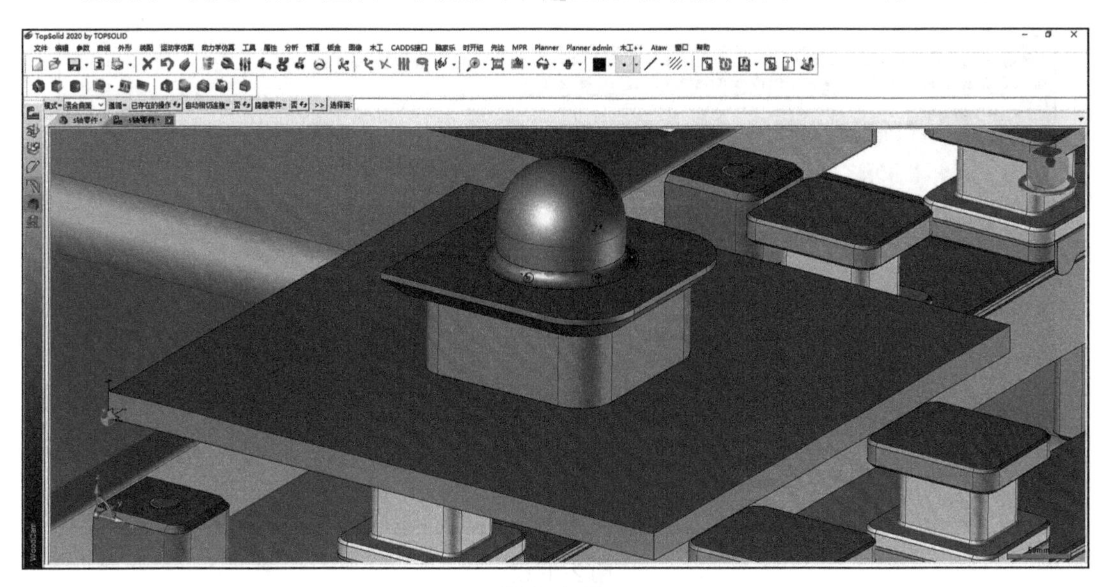

图 2–1–56

③选择“外形”→“曲面 / 布尔操作”→“反向”，点击复制出的圆角面（图 2–1–57）。

④修改箭头方向，使复制出的圆角面方向朝向外侧（图 2–1–58）。

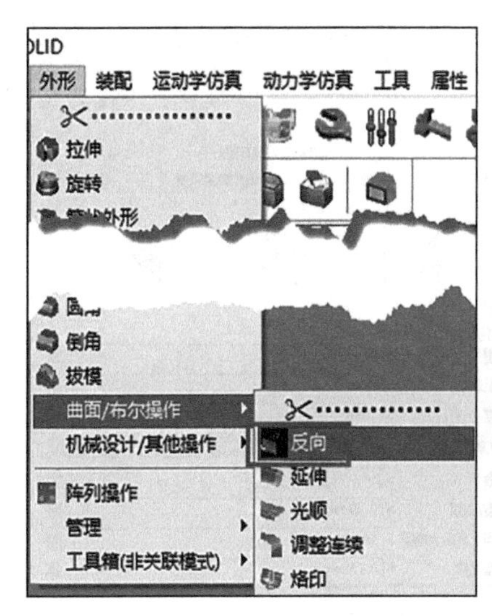

图 2–1–57

图 2–1–58

⑤点击“4/5 轴铣”→“五轴扫略加工”（图 2–1–59）。

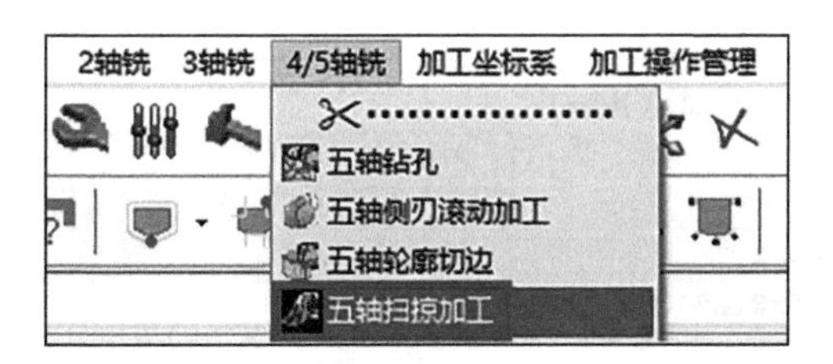

图 2–1–59

⑥选择零件的半球面作为参考面（图 2–1–60）。

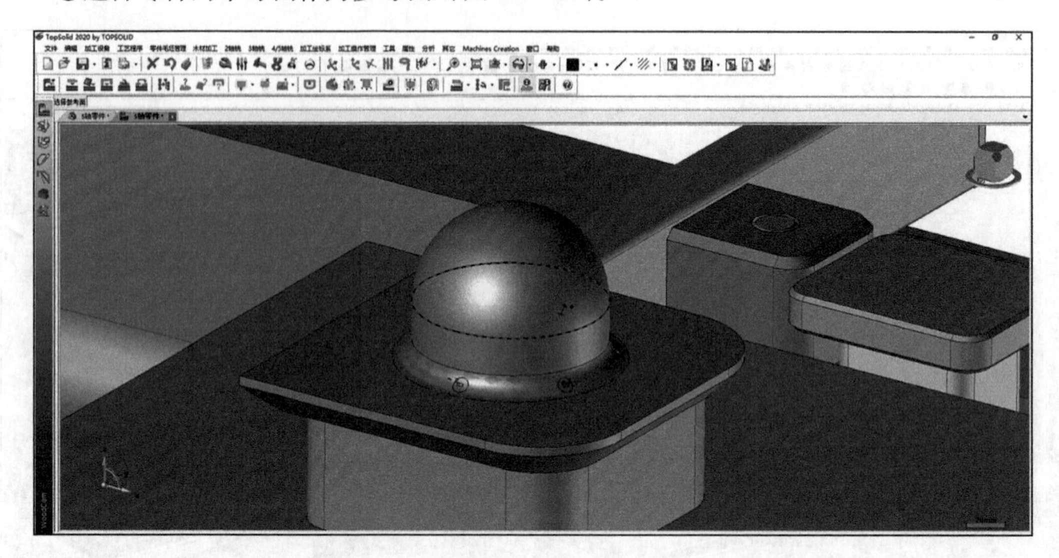

图 2–1–60

⑦选择直径 12mm“球头铣刀”，点击“已使用刀具”（图 2–1–61）。

⑧点击“确定”后，在弹出来的五轴扫略配置界面进行以下设置（图 2–1–62）。

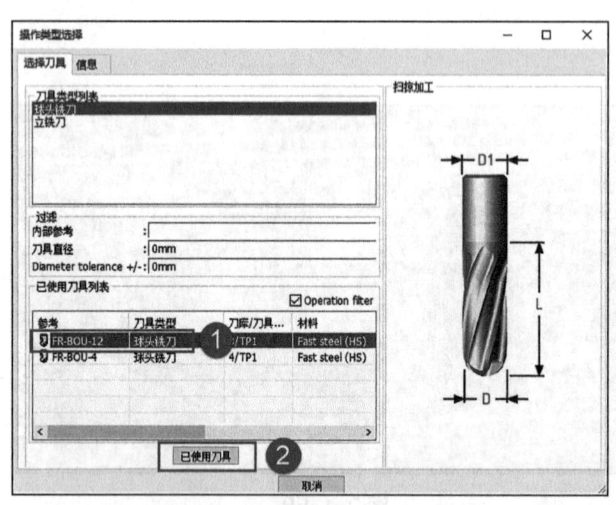

图 2–1–61

图 2–1–62

⑨点击“添加曲面”→“选择面”（图 2–1–63）。

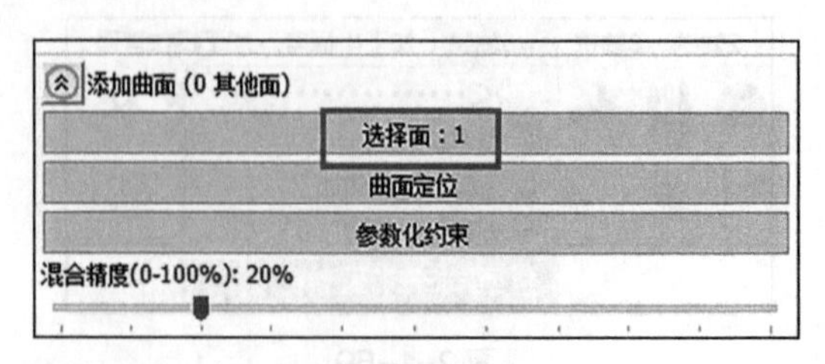

图 2–1–63

⑩添加“圆柱面、圆角面”（复制面功能生成的面）后，点击“确定”（图 2–1–64）。

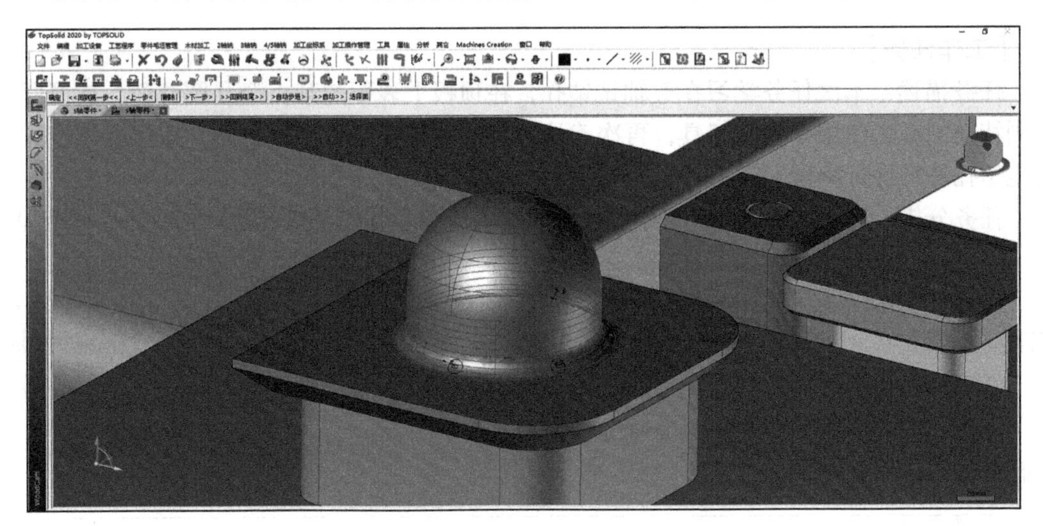

图 2–1–64

⑪在五轴窗口，设置“提前 / 滞后角”为 10°，侧向角度为 0°（图 2–1–65）。

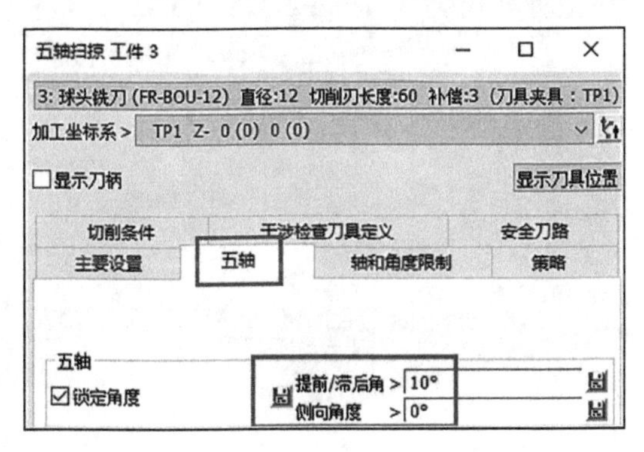

图 2–1–65

⑫点击“确定”，完成五轴扫略加工编程（图 2–1–66）。

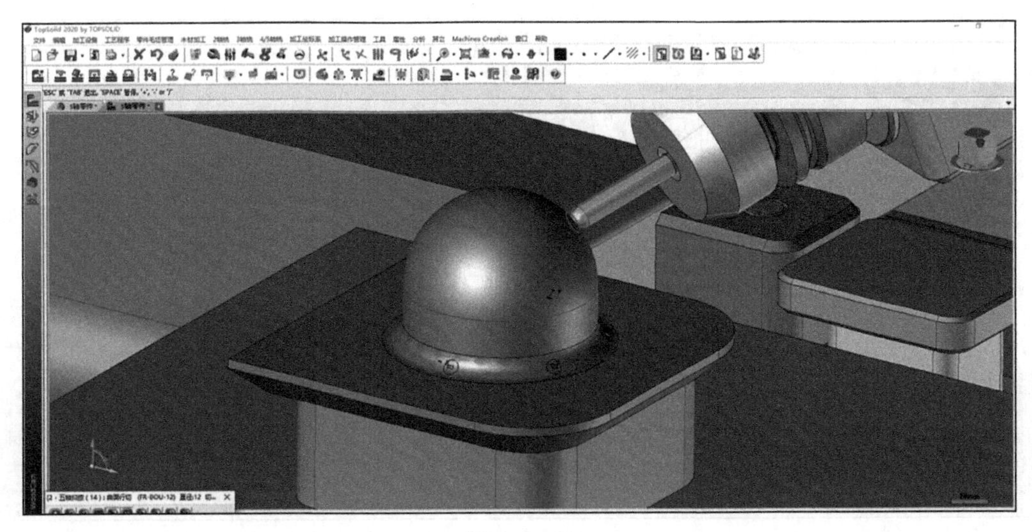

图 2–1–66

1-2-5 五轴钻孔

【工作任务】

任务描述：本次任务学习在五轴铣钻孔，在顶板上表面的某一个孔圆柱面，选择所有相同特征的孔，使用平头钻刀具，再次确认刀具的选择，生成钻孔刀路，按照上述步骤对其他钻孔特征进行编程。

任务分析：针对本次任务，对学习钻孔刀路生成的步骤以及对其他钻孔特征进行编程。

【任务实施】

①点击“4/5 轴铣”→“五轴钻孔”功能（图 2-1-67）。

②选择任何一个孔的圆柱面（图 2-1-68）。

③点击“搜索圆柱”，可以快速选择所有相同孔径的孔（图 2-1-69）。

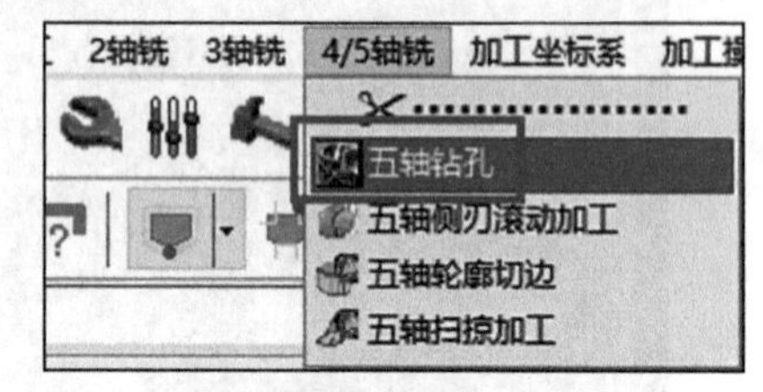

图 2-1-67

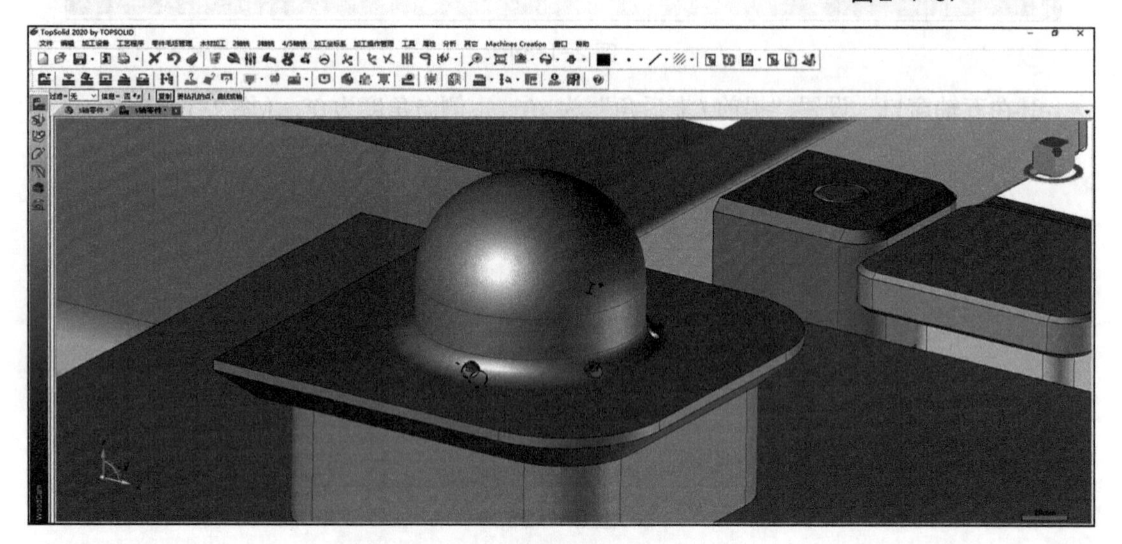

图 2-1-68

图 2-1-69

④选择 8mm“平头钻”，点击“已使用刀具”（图 2-1-70）。

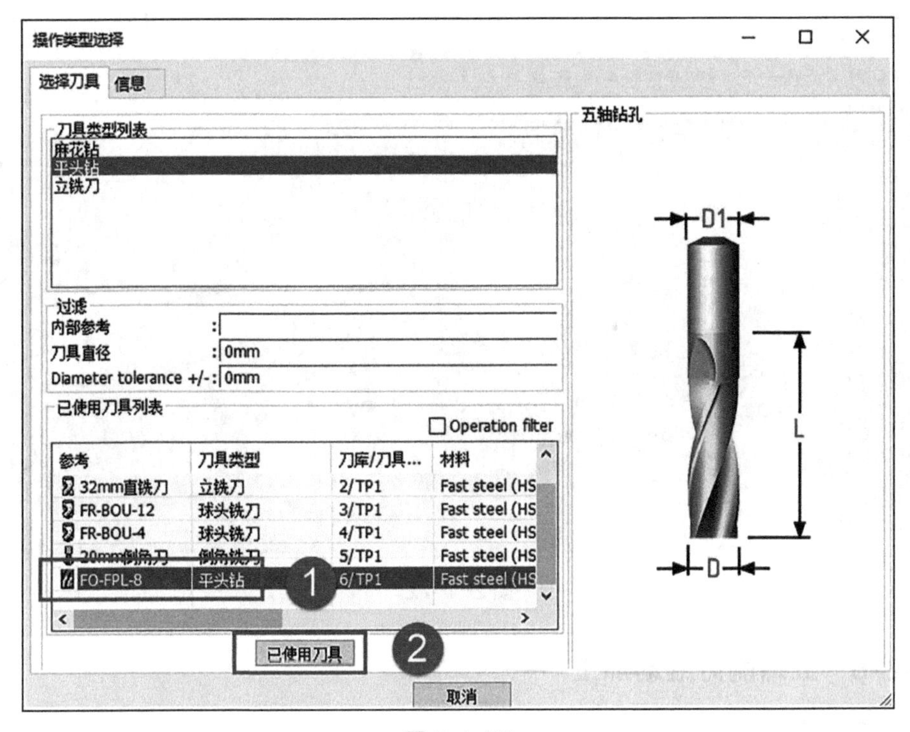

图 2-1-70

⑤点击“确定”后，弹出五轴钻孔配置界面（图 2-1-71）。

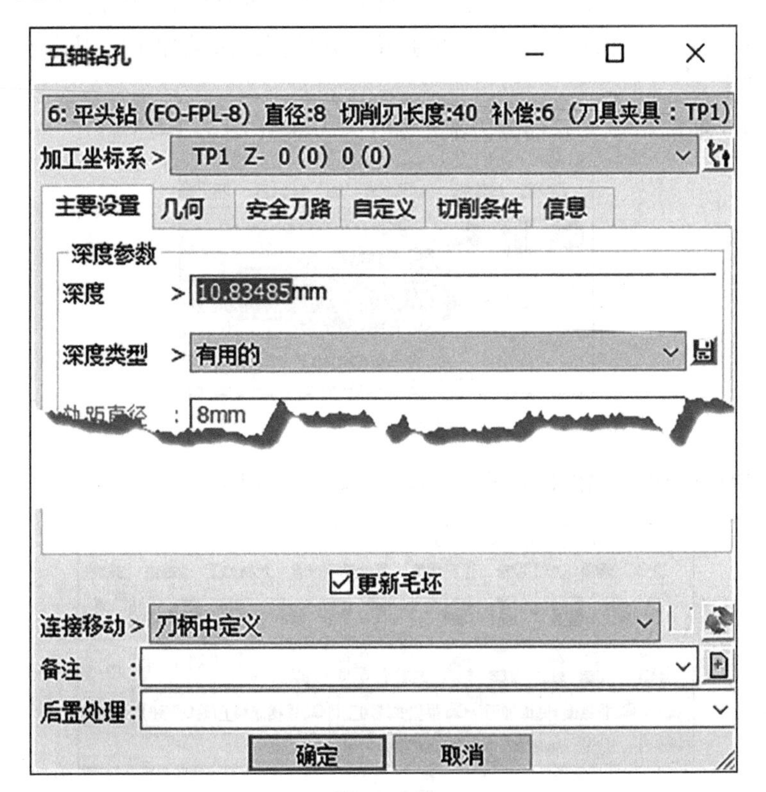

图 2-1-71

⑥在配置界面，点击“确定”，完成五轴钻孔编程（图 2–1–72）。

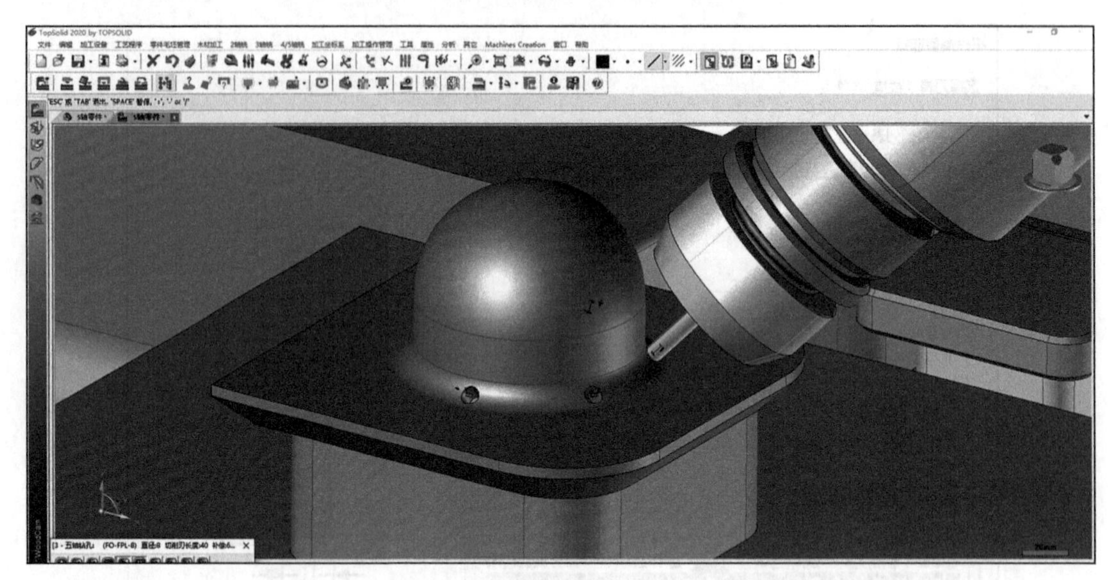

图 2–1–72

1–2–6 五轴侧刃滚动加工

【工作任务】

任务描述：本次任务点五轴侧刃滚动加工命令，然后点击“确定”，自动生成外形铣预览刀路以及配置窗口，在点击“确定”后自动生成“五轴侧刃滚动加工”刀路。

任务分析：针对本次任务，学习自动生成“五轴侧刃滚动加工”刀路的步骤。

【任务实施】

①点击“4/5 轴铣”→“五轴侧刃滚动加工”功能（图 2–1–73）。

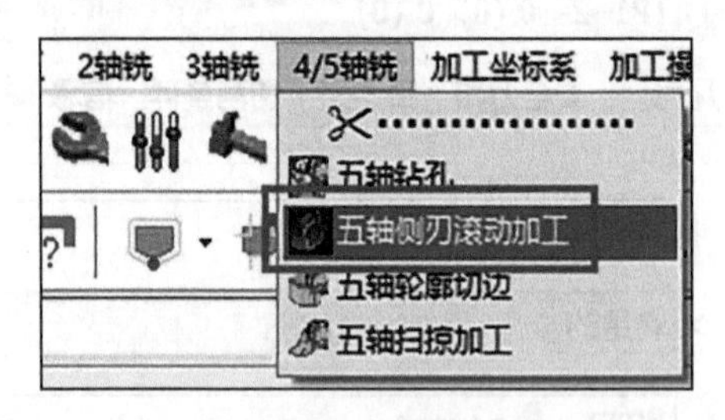

图 2–1–73

②点击“根据面加工（沿 *U*/*V* 线）”命令（图 2–1–74）。

图 2–1–74

③选择任意一个倒角面作为起始面（图 2–1–75）。

图 2–1–75

④选择“32mm 直铣刀”，点击“已使用刀具”（图 2–1–76）。

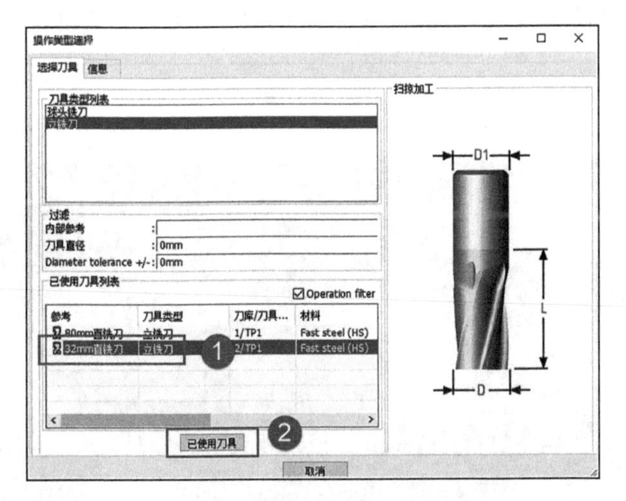

图 2–1–76

⑤点击“确定”后，在弹出来的滚动加工配置界面，选择“添加曲面”（图 2–1–77）。

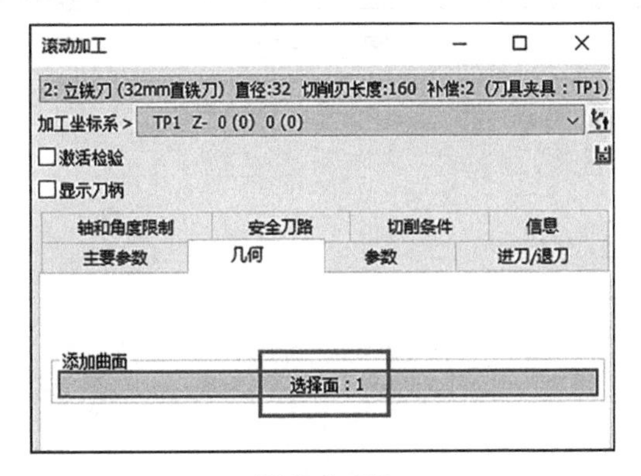

图 2–1–77

⑥选择“其余倒角面”后，点击“确定”（图 2-1-78）。

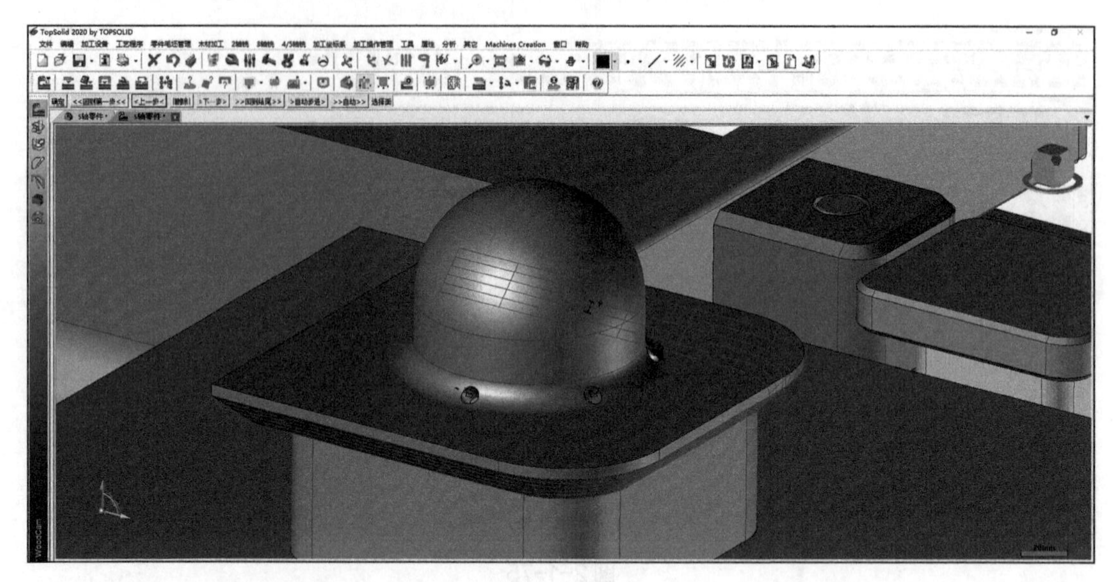

图 2-1-78

⑦在滚动加工配置界面点击“确定”后，完成“五轴侧刃滚动加工”编程（图 2-1-79）。

图 2-1-79

项目 2 TopSolid 综合应用

任务 2-1 方凳智能设计

【工作任务】

任务描述：本次任务学习在约束块命令和创建横梁组件下学习并且掌握约束块的使用方法，通过坐标更高效地进行操作。

任务分析：针对本次任务，对学习约束块以及其他命令有了更深刻的认识。

【任务实施】

（1）创建模型（图 2-2-1、图 2-2-2）

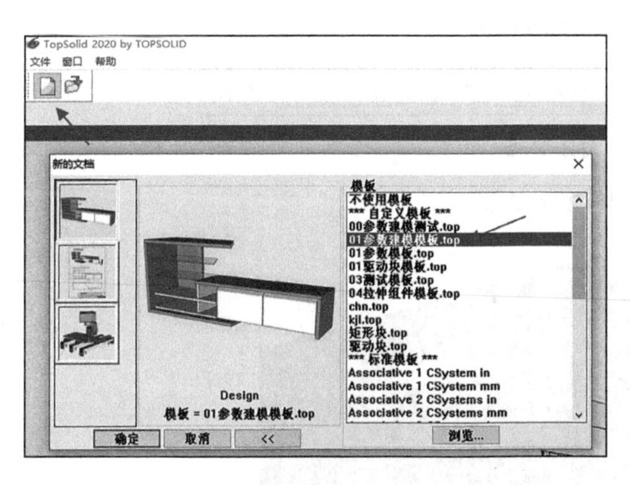

图 2-2-1

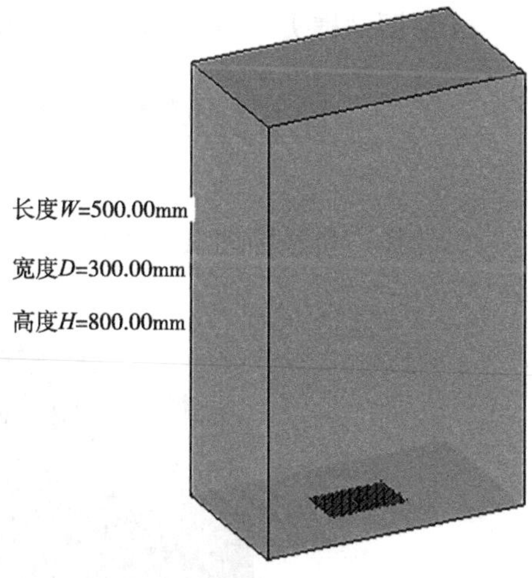

图 2-2-2

①新建文档，选择“参数建模模板”，将 1 层设置为当前层（图 2-2-3）。

图 2-2-3

②将参数修改为凳子的最大外观尺寸，使用“约束块”命令，在透明块的顶面用“约束块”→“自动”→“厚度 =25mm”，创建一块凳面板（图 2-2-4）。

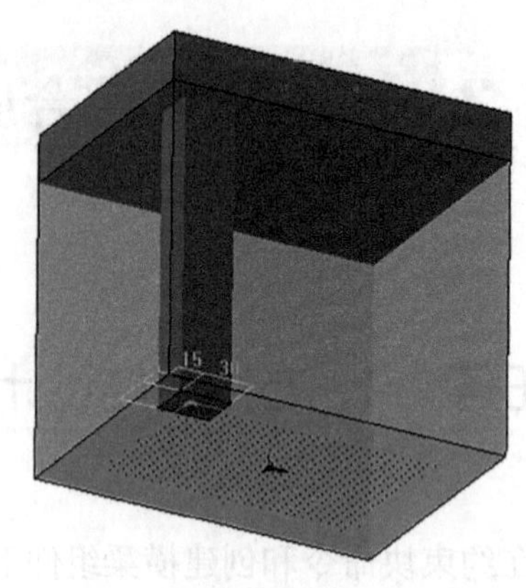

图 2-2-4

③将 2 层设置为当前层，使用“约束块”命令，建立凳脚，“约束块”→“厚度 = 25mm”，选择透明块底部和凳顶板底部为凳脚的长度，选择“透明块”左侧，模式 = 长度 30mm，前面、左边各向内偏移 15。

④使用“榫头”→“榫眼连接”命令（图 2-2-5）。

根据榫头或者榫眼 | 阵列 | 榫方向= 垂直于肩部 | 基准模式= 基于榫头 | 放置面:

图 2-2-5

⑤选择“单长圆榫眼”（图 2-2-6、图 2-2-7）。

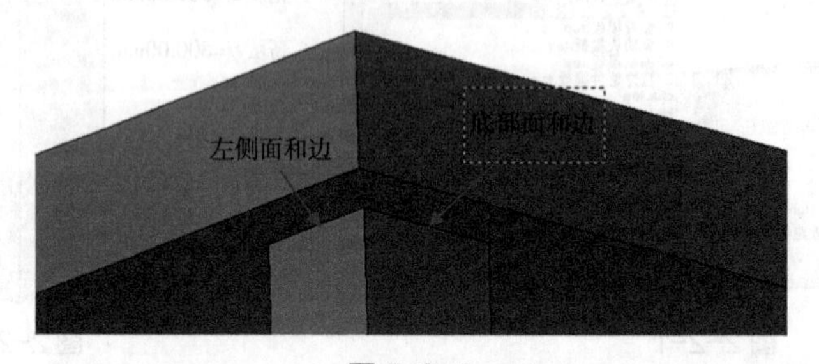

图 2-2-6

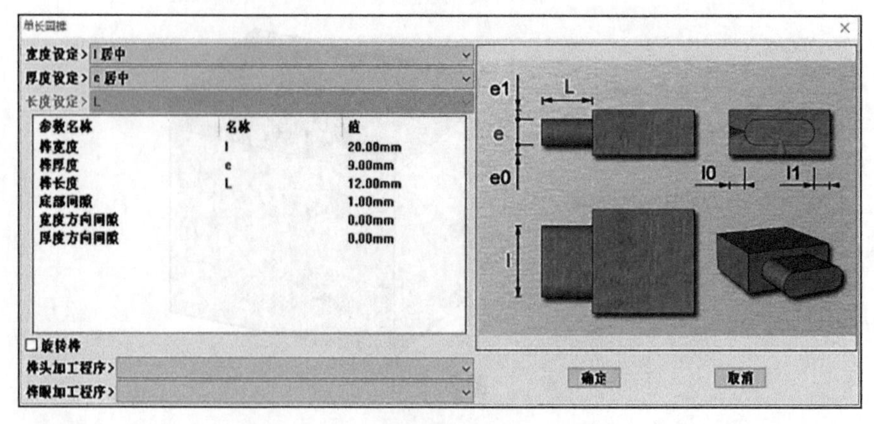

图 2-2-7

⑥使用“外形”→“圆角”命令将凳脚垂直方向和底部倒2mm圆角。

⑦使用“编辑”→“陈列实例”→选择“凳脚”→“双镜像”→“第一个对称平面 =*YZ*”→“第二个对称平面 =*ZX*”（图2-2-8）。

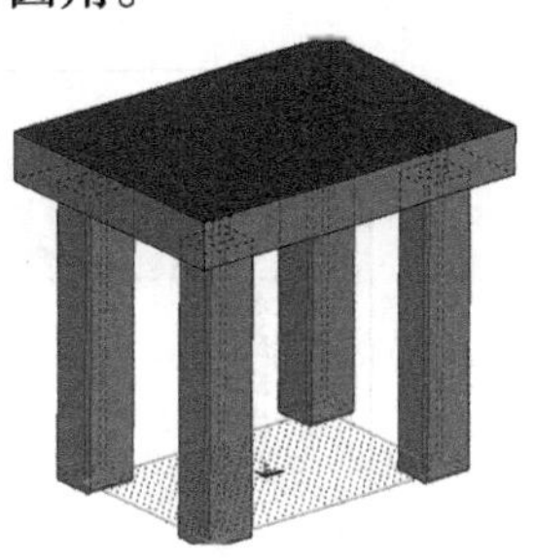

图2-2-8

⑧使用“榫头”→“榫眼连接”命令→“根据榫头或者榫眼”→选择陈列出来的凳脚的榫头→“榫眼零件”=“凳面”。

（2）创建横梁组件

①新建文档，选择“驱动块模板”，使用“驱动块”命令建立横梁，“厚度 =19mm”，选择“驱动块”的左侧→右侧→转换方向→“顶面”→“模式 = 长度”，“尺寸 =30mm”，定位平面选择“箭头面”（图2-2-9）。

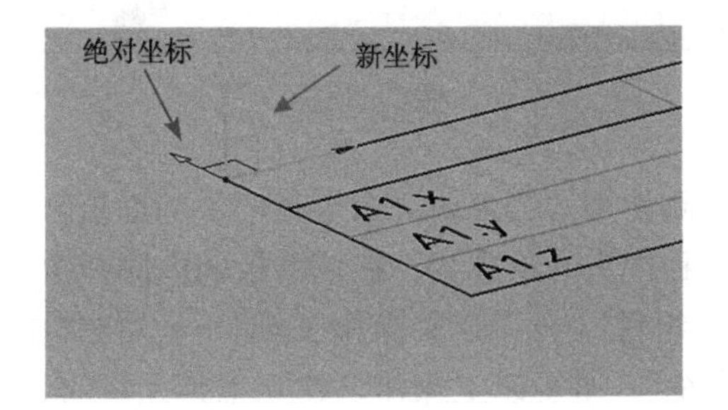

图2-2-9

②新添加一个坐标系，在此坐标系上建立草图，使用“裁剪”命令，“裁剪 = 根据扫掠曲线”，“扫掠模式 = 拉伸”，对横梁进行裁剪（图2-2-10）。

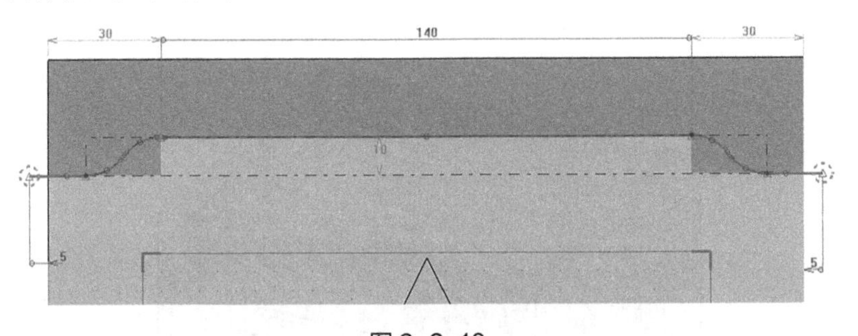

图2-2-10

（3）创建横梁组件

①使用“榫头”命令在横梁的左右两端添加榫头（图2-2-11、图2-2-12）。

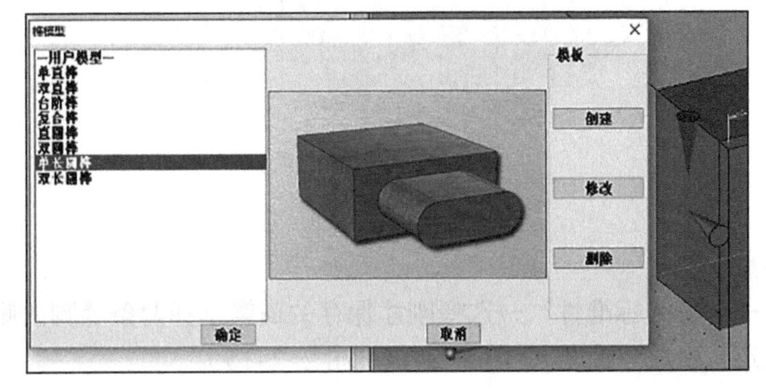

图2-2-11

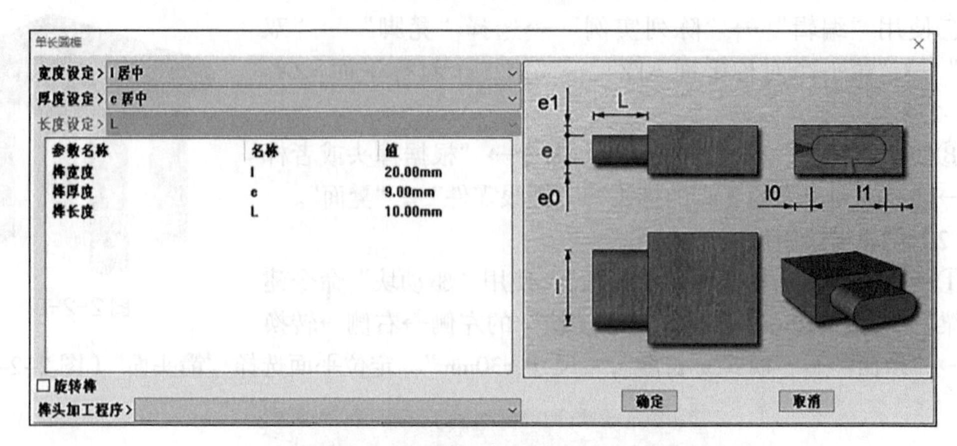

图 2-2-12

②在驱动块的左右两侧使用“约束块”命令建两块辅助板，在榫头的端部使用复制边线，“模式 = 面轮廓”，得到榫头的轮廓线，在辅助板的内侧开槽，“深度 =11mm”。

③“工具”→“定义组件”→“定义操作工具”→“操作类型 = 外形的局部操作”，工具元素的名称 =“榫眼左”，重复以上操作，建立工具元素的名称“榫眼右”。使用“木工”→“定义零件”对横梁进行定义描述和材质。

④“工具”→“定义组件”→编辑保存组件→保存标准模板，将文档保存到标准库（“装配”→“定义组件”→“编辑”/“保存组件”→“保存标准模板”）（图 2-2-13）。

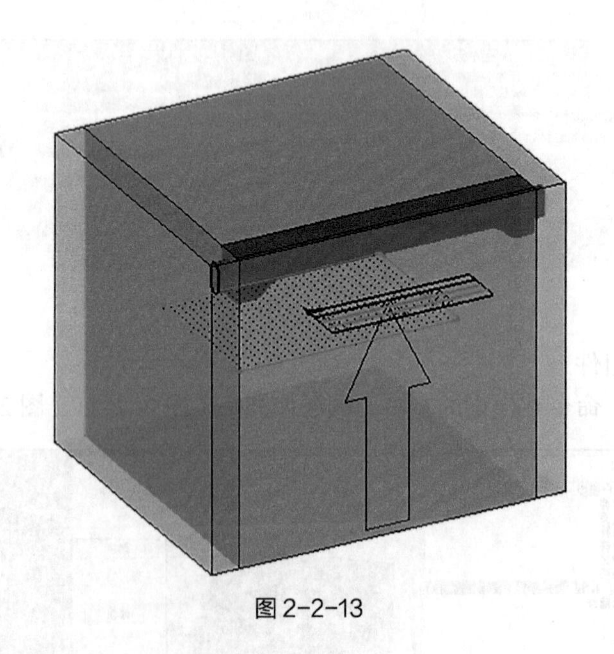

图 2-2-13

（4）装配模型

①“装配”→“调入标准件”→选择刚才保存的横梁选择两条凳脚内侧的其中一个面生成横梁→“确定”生成“榫眼”（图 2-2-14、图 2-2-15）。

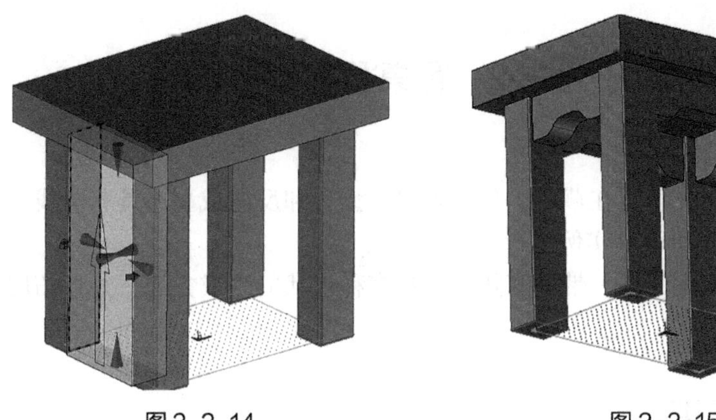

图 2–2–14　　　　图 2–2–15

②新建一个模板创建刀具（刀具的建立方法见前文，创建一把成型刀，无须反向成型）并保存到标准库（图 2–2–16）。

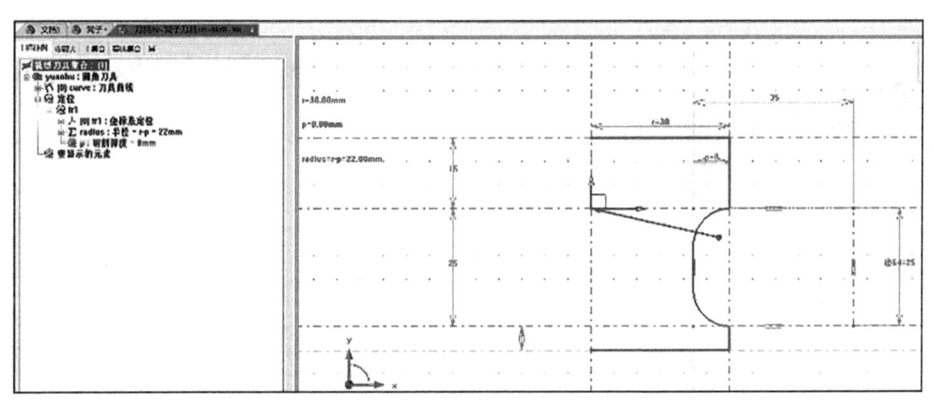

图 2–2–16

③在凳面板上“使用木工”→“刀具成型”→参考面选择面板上，“连接边缘 = 是”，选择“四条边确定”→选择刚才保存的刀具→“确定”（图 2–2–17）。

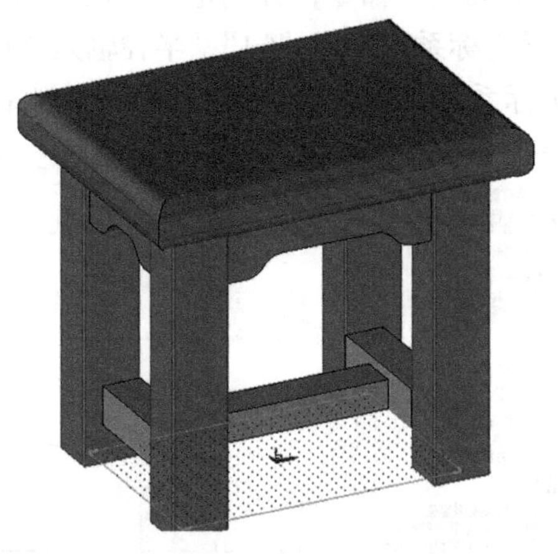

方凳制作练习

图 2–2–17

④使用“木工”对所有零件进行描述和对材质等信息进行定义。

任务 2–2　圆桌智能设计

【工作任务】

任务描述：本次任务学习在草图，分别创建成型刀和反向成型刀具草图线，对形状进行一个生成和创建，再用阵列实例进行快捷操作。

任务分析：针对本次任务，带大家熟练掌握多种形状的生成方法，并且拓展约束块方面的运用方法。

【任务实施】

（1）桌面圆环的创建

成型刀和操刀的创建。

①新建空白文件，“开始草图”，分别创建“成型刀”和“反向成型刀”草图线（图 2–2–18）。

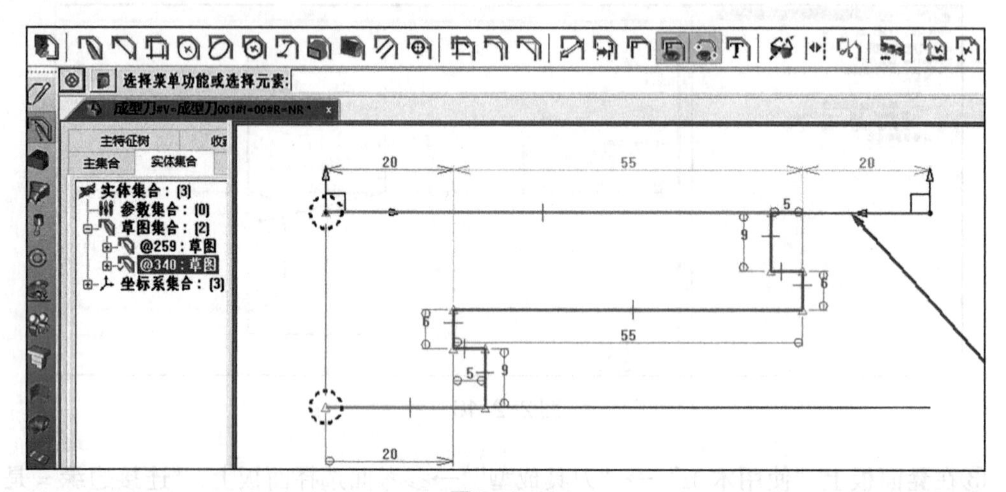

图 2–2–18

②选择“木工”→“定义刀具”命令，分别定义“成型刀”和“反向成型刀”，选择红色线为“成型刀”，并选择坐标系定义为“fr1”，半径输入 20，深度输入 55；蓝色线为“反向成型刀”，定义蓝色坐标系为“fr2”，半径输入 20，切割深度选择 55（图 2–2–19）。

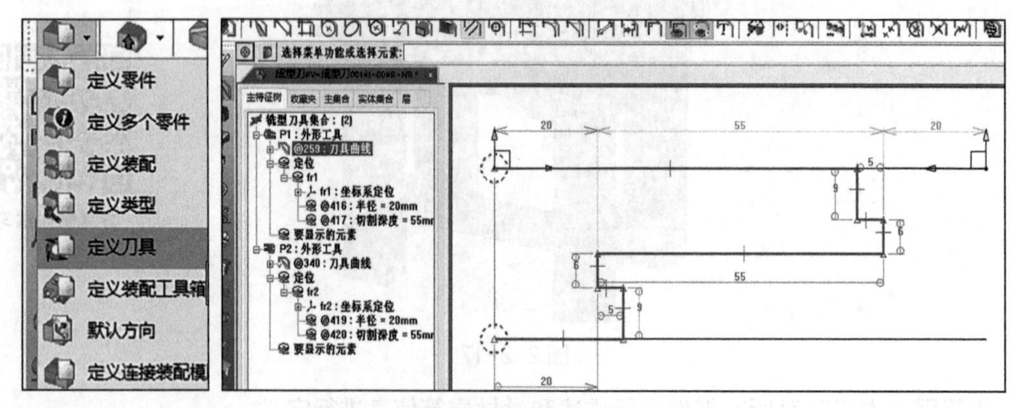

图 2–2–19

③同法新建文档，定义“切槽刀”（图 2–2–20）。

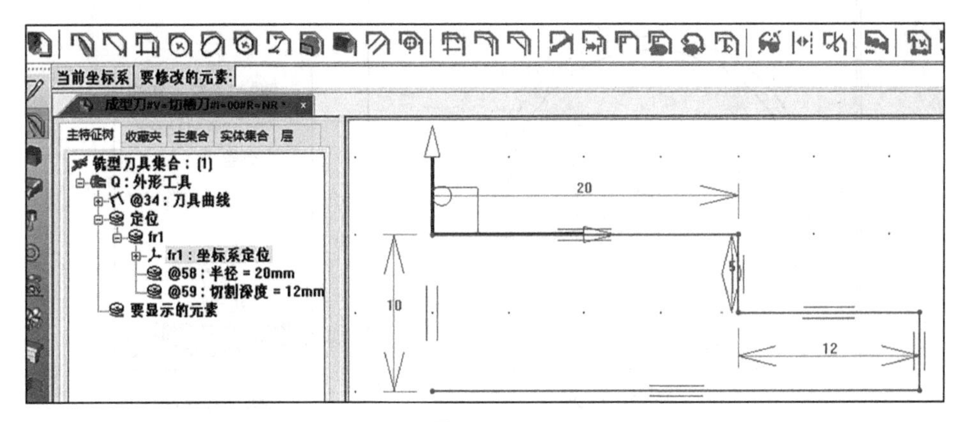

图 2–2–20

（2）圆环创建

①新建空白文件，创建参数为 $D1$，$W1$，$N1$，$H1$，定义相关驱动（图 2–2–21）。

参数列表

种类：默认　删除　表格　输出　输出并打印　定义驱动　列

最小 / 最大　预定义值　复制预定义值　粘贴预定义值　表格公差　复制表格公差　粘贴表格

双击“新的参数”创建一个参数.

名称	描述	显示单位	表达式	值	使用	驱动
D1	直径	mm		1800mm	5	是
W1	宽度	mm		80mm	3	是
N1	切槽位置			1	2	是
H1	板厚	mm		30mm	3	可选
新的参数		长度				

图 2–2–21

②创建“圆环线拉伸”。并关联参数外圆参数 $D1$，使用等距曲线内圆 $W1$，拉伸圆环实体（图 2–2–22）。

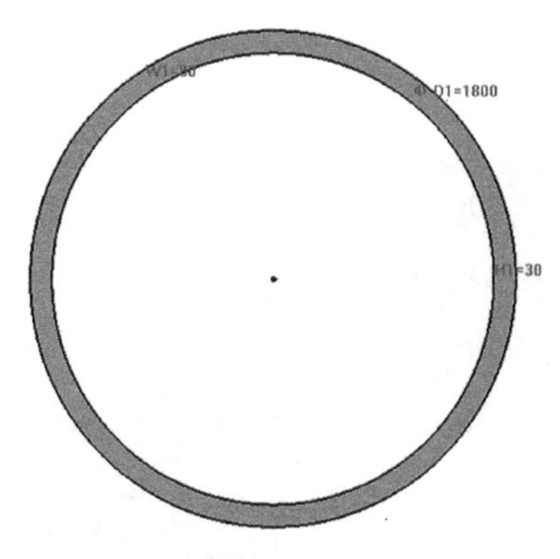

图 2–2–22

③以水平线为参考，向上和向下创建角度各为 22.5°，长度为 $D1/2+20$ 的线段，使用两条线段锯切圆环实体，使用“刀具成型”命令，选择成型刀 001 两端成型，使用切槽刀内侧开槽（图 2–2–23）。

④使用旋转阵列组件，选择阵列实例（图 2–2–24）。

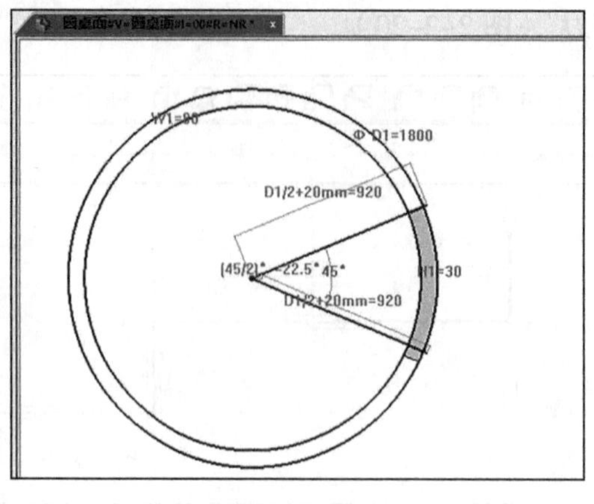

图 2-2-23

图 2-2-24

⑤阵列方式为旋转，以圆中心 Z+ 为旋转轴，角度为 360°，数量为 8（图 2-2-25、图 2-2-26）。

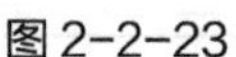

图 2-2-25

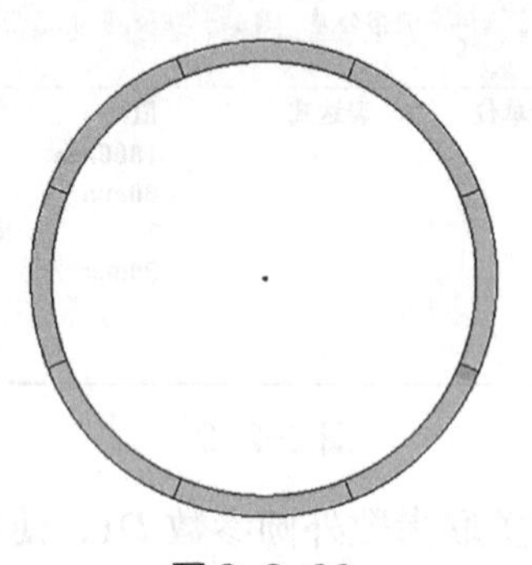

图 2-2-26

（3）圆桌面的创建

①圆桌横梁创建（图 2-2-27）。

圆桌面的创建

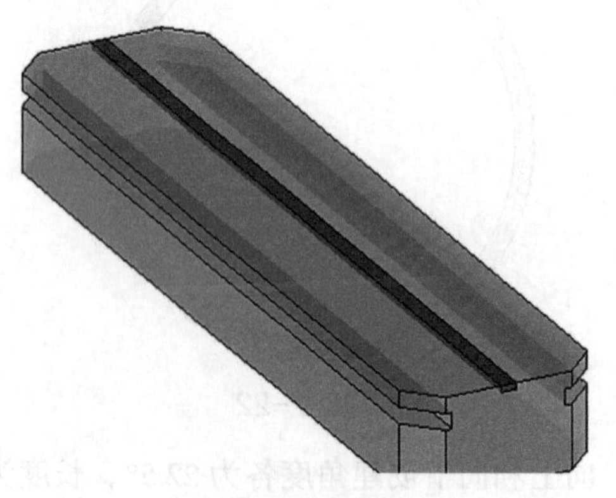

圆桌横梁的创建

图 2-2-27

新建空白文件，使用“坐标系”→点定义坐标系，点击空间任意位置创建坐标系并设为“当前”（图 2-2-28）。

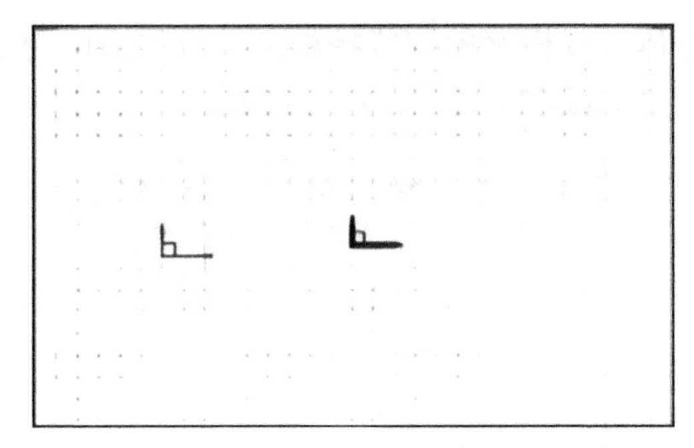

图 2-2-28

创建参数 $D1$，$W1$，H，选择“开始草图”→“当前坐标系”，关联参数 $D1$，$W1$，H（图 2-2-29）。

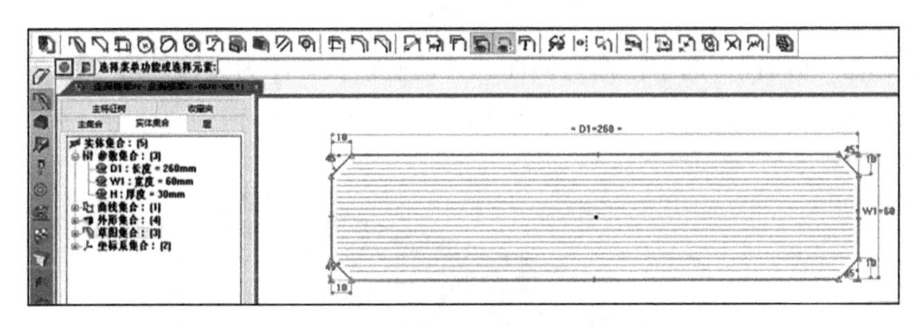

图 2-3-29

“拉伸”草图线→“定义零件”→使用“刀具成型”左右开槽（图 2-2-30、图 2-2-31）。

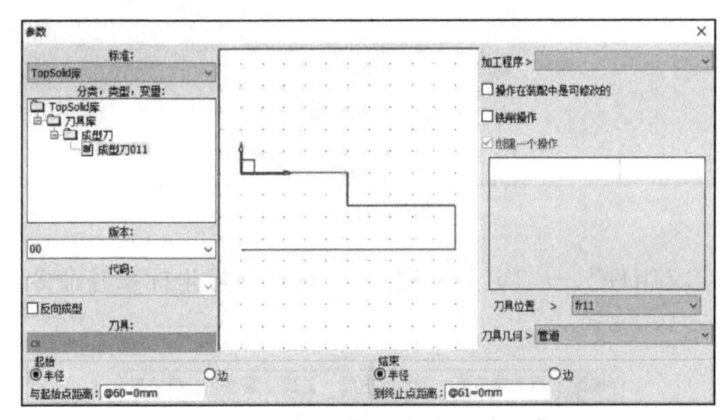

图 2-2-30

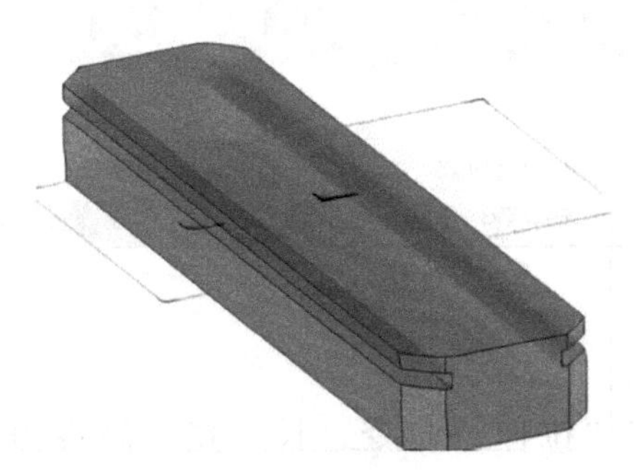

图 2-2-31

向 Z– 拉伸模拟长方体，以横梁轮廓线挖槽，并拉伸高度为 2 的长方体，选择“装配”→“定义组件”→“定义操作工具”（图 2–2–32）。

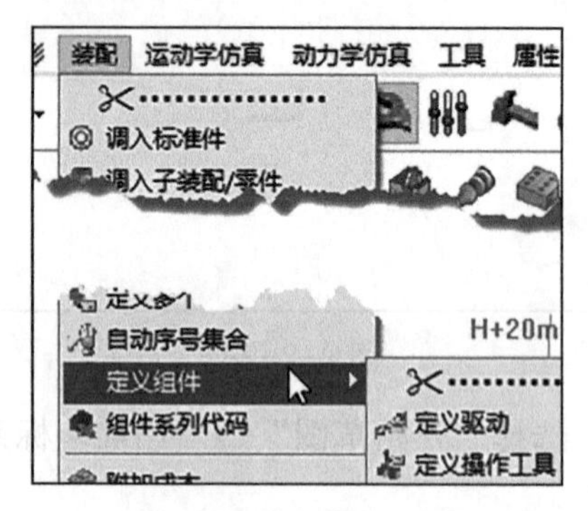

图 2–2–32

工具名称为“tool1”，选中挖槽内侧面，并选蓝色长方体为碰撞外形（图 2–2–33）。

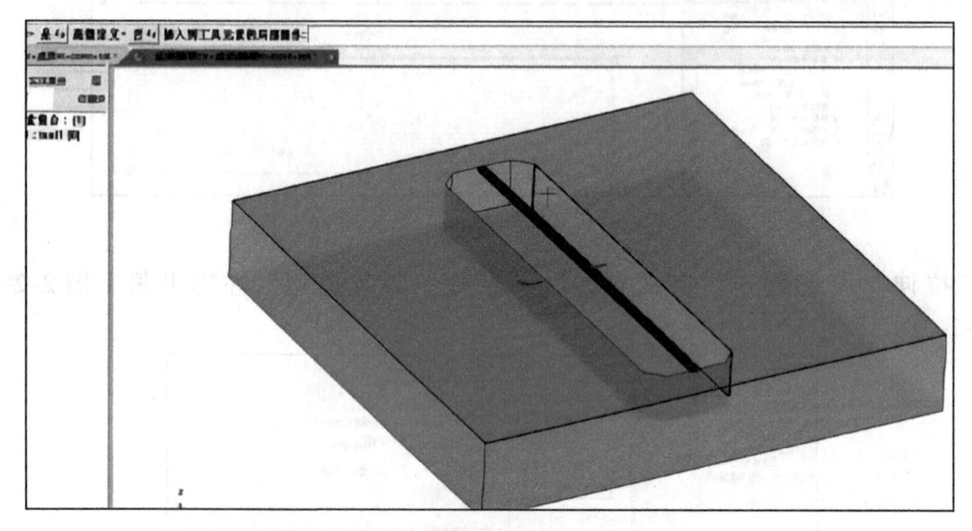

图 2–2–33

“装配”→“定义组件”→“定义关键点”，选择新建坐标系并命令为“fr1”，保存到库（图 2–2–34）。

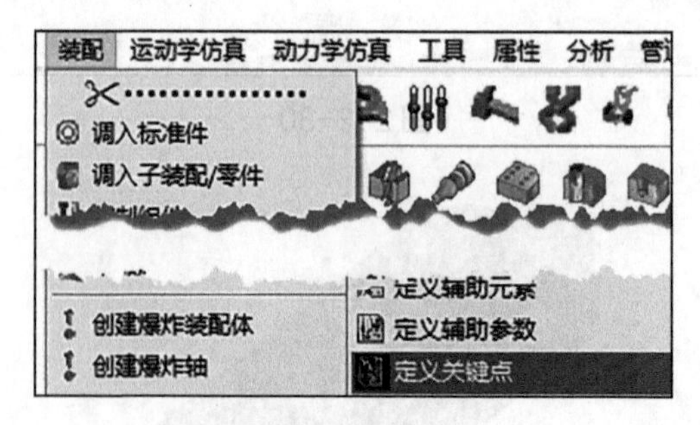

图 2–2–34

②圆桌面拼装。

新建空白文件，使用“拉伸”命令，长、宽、高各为 1800m、1800m、775m（图 2–2–35、图 2–2–36）。

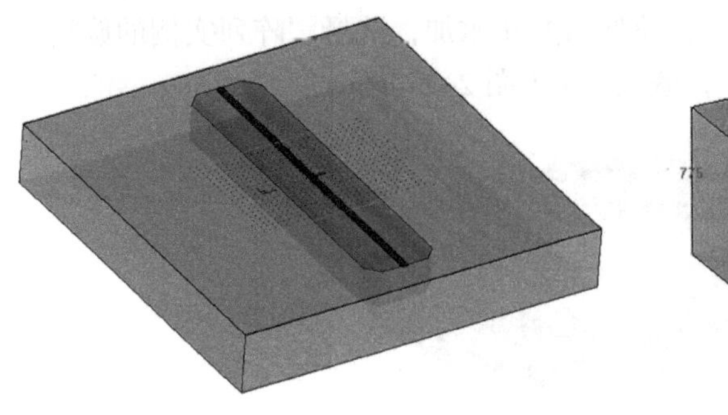

图 2-2-35

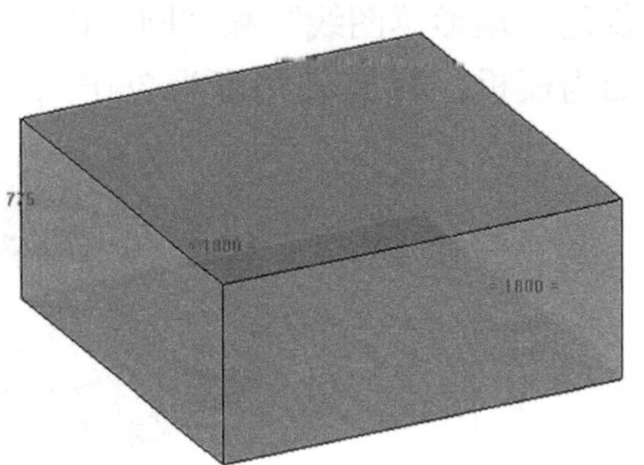

图 2-2-36

调入两个圆环组件（图 2-2-37）。

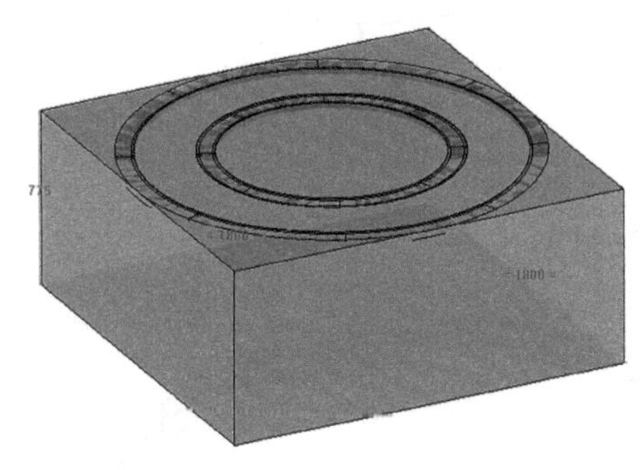

图 2-2-37

选择“点”→“极值点”，选择内环外侧边，和外环内侧边，参考方向 *Y*−，创建两个蓝色点，“点”→“中间点”，创建红色点，调入横梁，并以红点定位（图 2-2-38）。

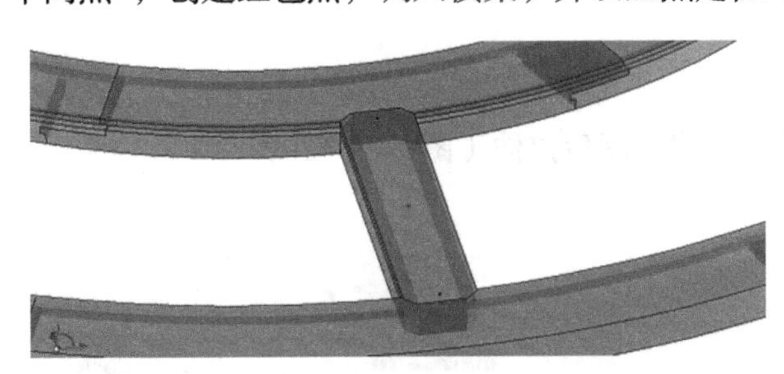

图 2-2-38

选择“阵列实体”，选择“横梁组件”，选择“旋转模式”，方向为 *Z*+，角度为 360°，数量为 8（图 2-2-39）。

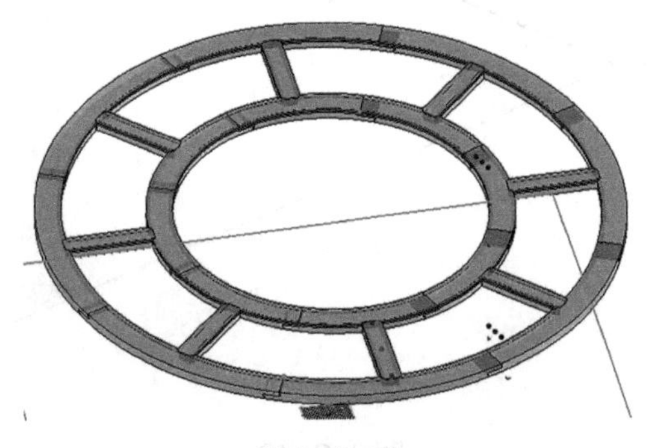

图 2-2-39

创建“扇形草图线”和“圆桌面”，拉伸后并布尔加，选择“阵列实例的旋转”命令，扇形面为模板，Z+ 旋转角度为 360° ，数量为 8（图 2-2-40）。

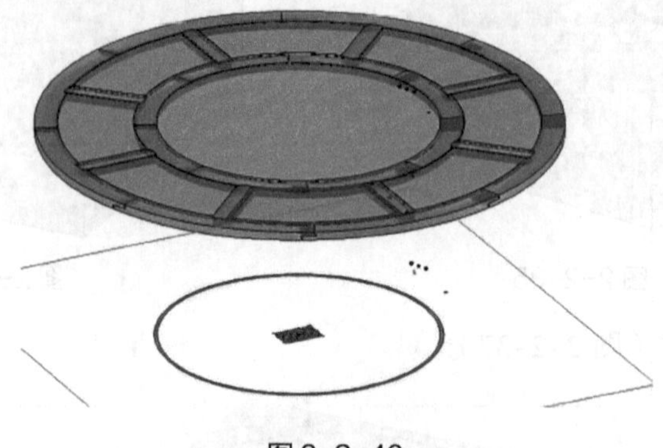

图 2-2-40

（4）底座的创建

①底座上横框（图 2-2-41）。

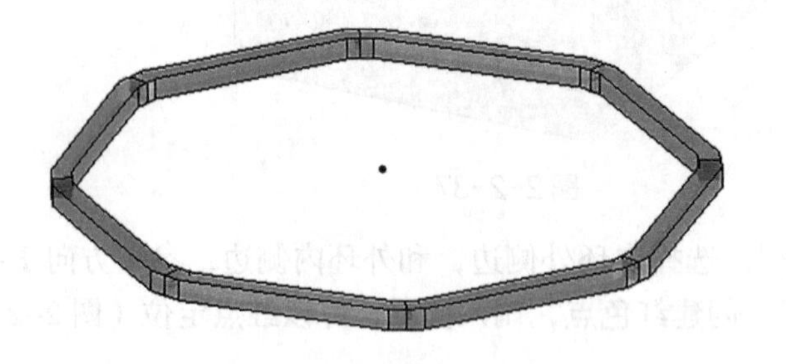

图 2-2-41

新建文档和参数，创建草图后拉伸（图 2-2-42）。

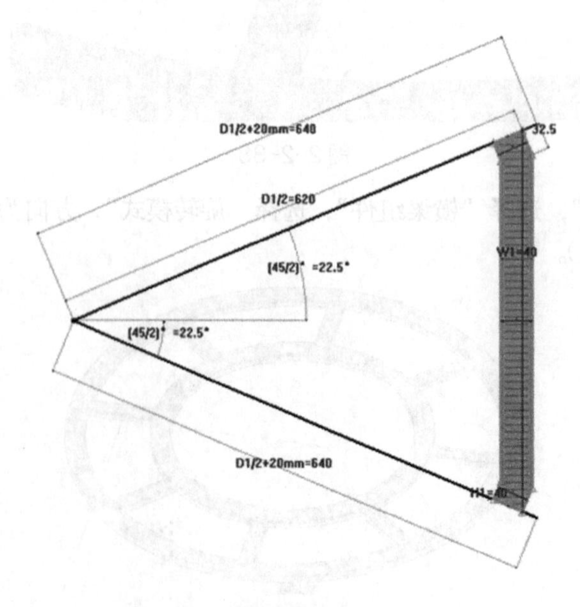

图 2-2-42

②创建底框榫头榫眼（图 2–2–43）。

使用“装配”→“阵列实例”→“旋转”，Z+ 方向，旋转角度 360°，数量为 8（图 2–2–44）。

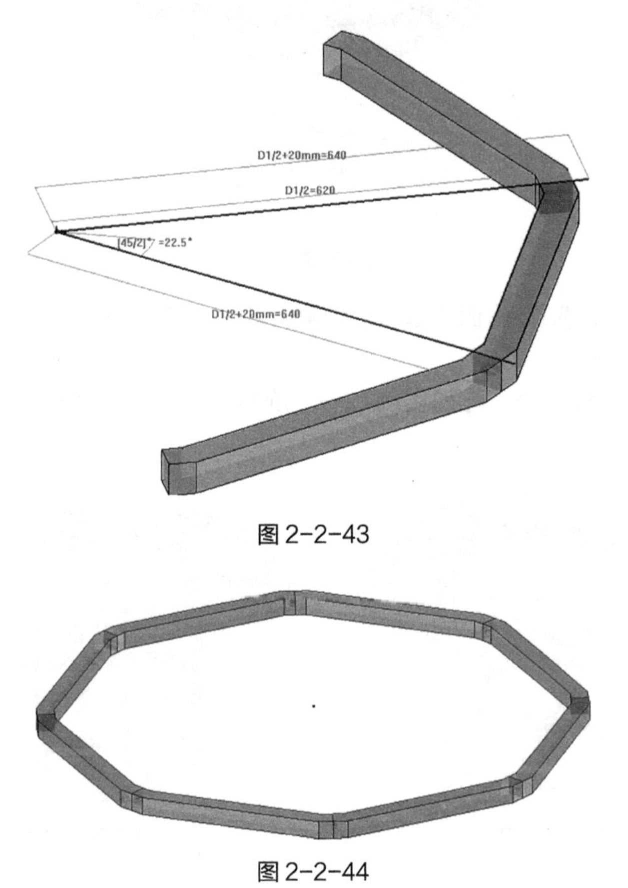

图 2–2–43

图 2–2–44

③通过以上方法创建底座外横框，并通过约束块命令创建十字内横框，并定义零件（图 2–2–45）。

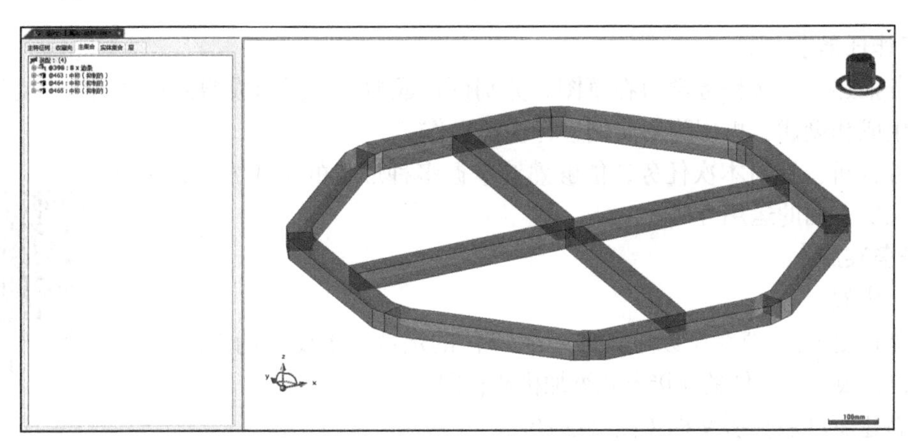

图 2–2–45

（5）圆桌拼装

①打开桌面文档，调整约束块尺寸，调入底座圈梁和底座上圈梁（图 2–2–46）。

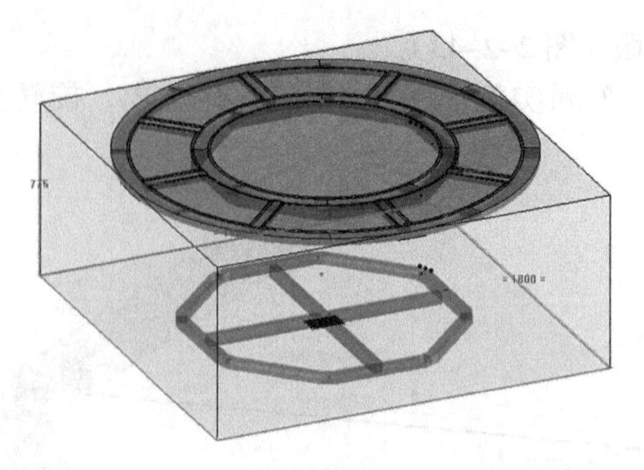

圆桌拼装

图 2-2-46

②创建立柱上下两个截面草图线和截面线，并使用放样命令创建，定义零件（图 2-2-47）。

③然后使用“编辑”→“阵列实例”→“旋转”，选择“立柱”，Z+360°，数量为 8（图 2-2-48）。

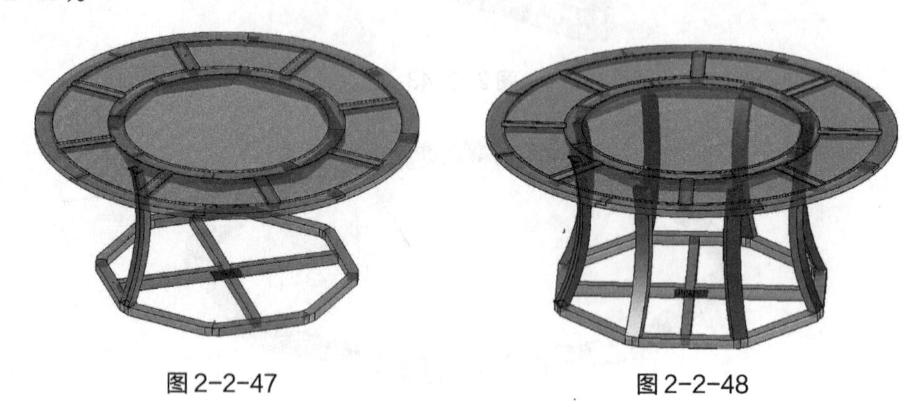

图 2-2-47　　图 2-2-48

任务 2-3 实木床智能设计

【工作任务】

任务描述：本次任务学习在草图，分别创建成型刀和反向成型刀具草图线，对形状进行一个生成和创建，再用阵列实例进行快捷操作。

任务分析：针对本次任务，能够熟练掌握多种形状的生成方法，并且拓展约束块方面的运用方法。

【任务实施】

（1）床架

床架

床架的建模关键在于以下两点：各零件的定位，主要用约束段命令，正确定位；根据各零件的连接方式添加榫头榫眼。

①新建驱动块模板文档（图 2-2-49）。

②创建床头立柱，使用“木工”→“约束段”命令（图 2-2-50）。创建“左床头立柱”，截面尺寸为 80mm × 80mm，顶底参考面分别为驱动块的 Z 方向上下表面，左侧面作为参考平面，后侧面为定位平面（图 2-2-51）。

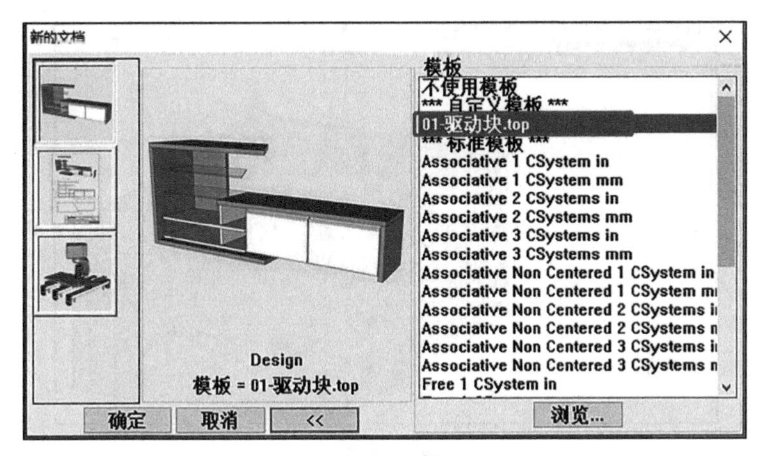

图 2-2-49

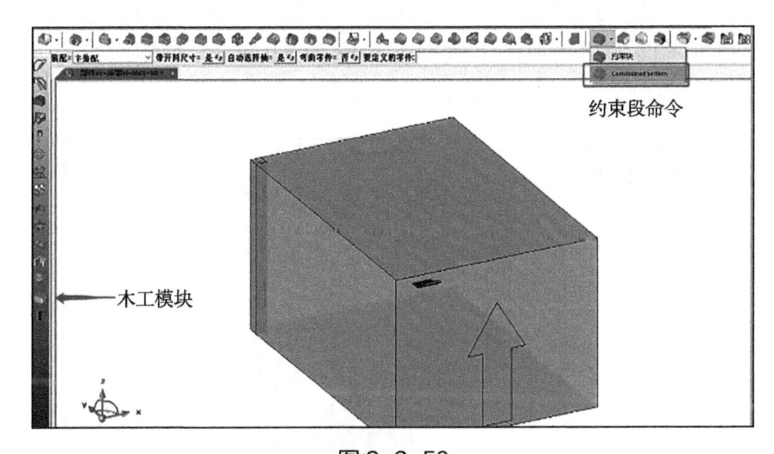

图 2-2-50

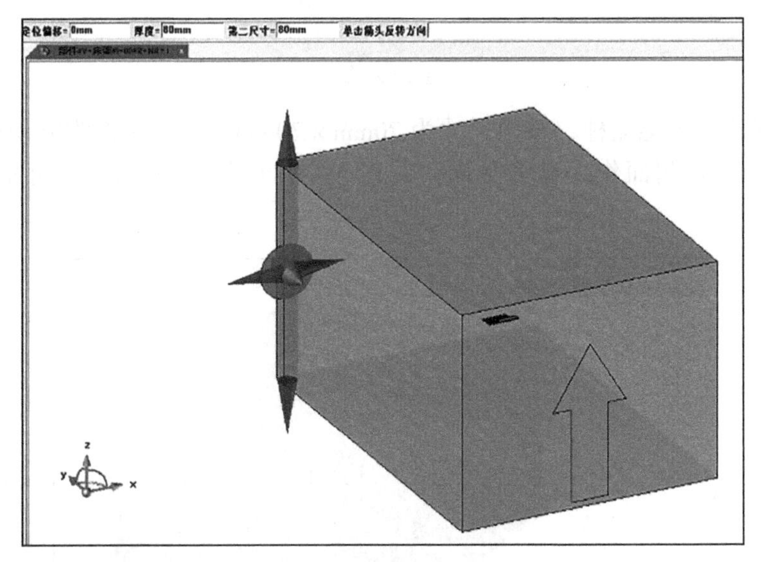

图 2-2-51

同理，创建右床头立柱，截面尺寸为 80mm × 80mm，顶底参考面分别为驱动块的 Z 方向上下表面，右侧面作为参考平面，后侧面为定位平面（图 2-2-52）。

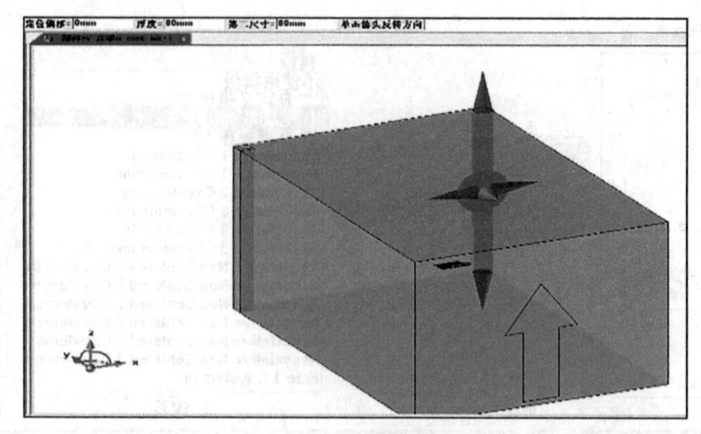

图 2-2-52

③创建床尾立柱。使用“木工”→“约束段”命令，创建左床尾立柱，截面尺寸为 70mm × 70mm，底参考面为驱动块的下表面，高度为 310mm，左侧面作为参考平面，并向 *X*+ 方向偏移 10mm，前侧面为定位平面（图 2-2-53）。

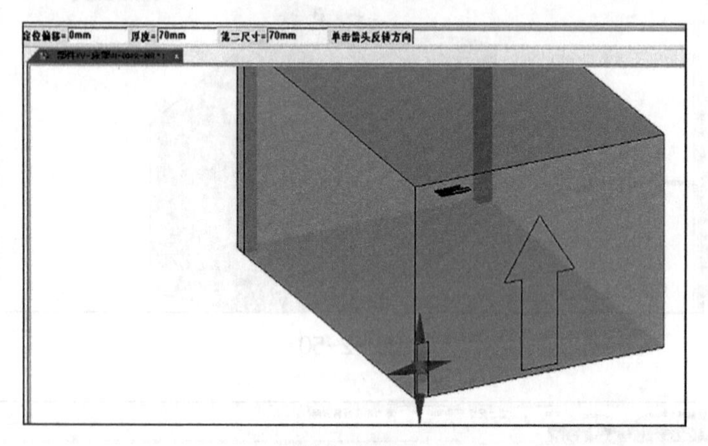

图 2-2-53

同理，创建右床尾立柱，截面尺寸为 70mm × 70mm，底参考面为驱动块的下表面，高度为 310mm，右侧面作为参考平面，并往 *X*– 方向偏移 10mm，前侧面为定位平面（图 2-2-54）。

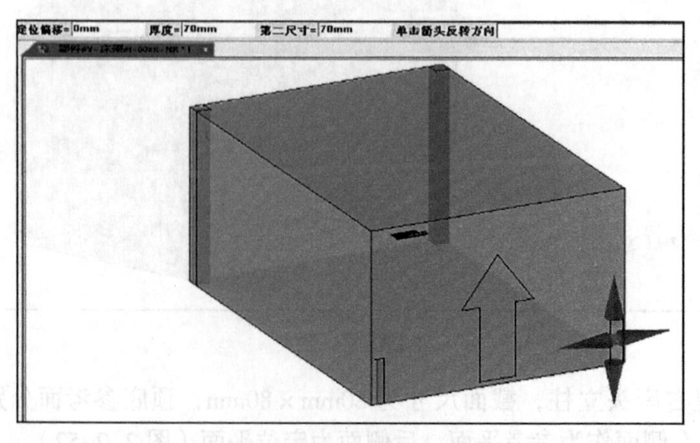

图 2-2-54

④创建床头横条。使用“木工”→“约束段”命令，创建床头上横条，截面尺寸为 80mm × 35mm，上参考面为驱动块的上表面，向下偏移 150°，左右参考平面分别为床头立柱的 X 方向内参考面，定位平面为任一床头立柱 Y 方向内平面，并偏移 2mm，截面尺寸 80mm，方向选择 Z 方向（图 2-2-55）。

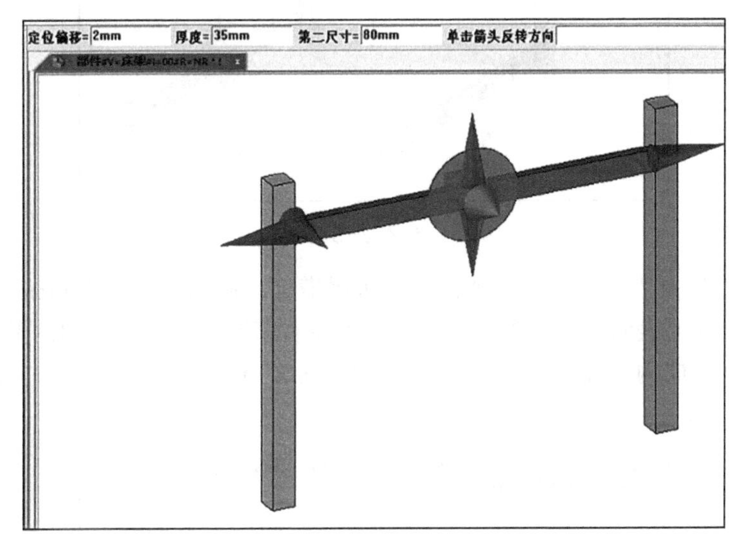

图 2-2-55

⑤创建床围板。使用“木工”→“约束段”命令，创建左床侧横板，截面尺寸为 150mm × 25mm，上参考面为左床尾立柱上表面，前后参考平面分别为床头立柱 Y 方向内参考面及床尾立柱 Y 方向的内表面，定位平面为左床头立柱 X 方向外平面，并向 $X+$ 方向偏移 15mm，截面尺寸 150mm，方向选择 Z 方向（图 2-2-56）。

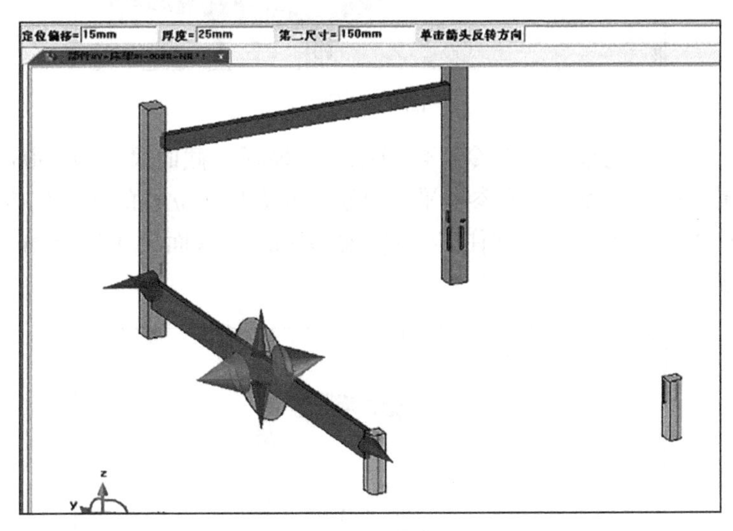

图 2-2-56

同理，使用“木工”→“约束段”命令，创建右床侧横板，截面尺寸为 150mm × 25mm，上参考面为左床尾立柱上表面，前后参考平面分别为床头立柱 Y 方向内参考面及床尾立柱 Y 方向的内表面，定位平面为右床头立柱 X 方向外平面，并往 $X-$ 方向偏移 15mm，截面尺寸 150mm，方向选择 Z 方向（图 2-2-57）。

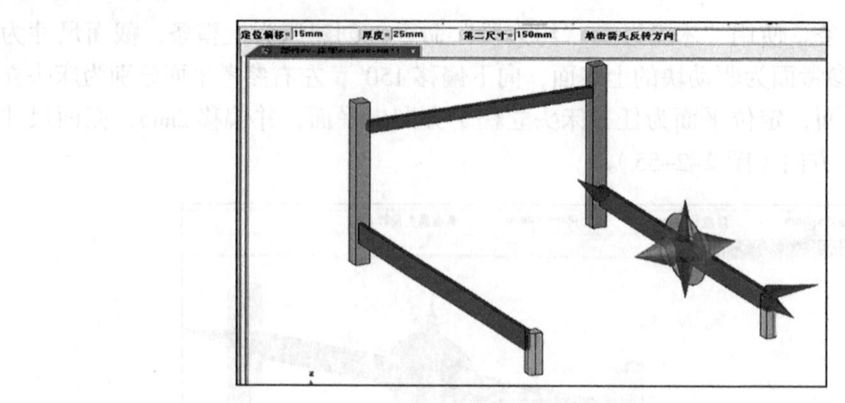

图 2-2-57

使用“木工”→“约束段”命令，创建床尾横板，截面尺寸为 150mm × 25mm，上参考面为左床尾立柱上表面，左右参考平面分别为左右床尾立柱的 *X* 方向内参考面，定位平面为床尾立柱 *Y* 方向内平面，并往 *Y*– 方向偏移 2mm，截面尺寸 150mm，方向选择 *Z* 方向（图 2-2-58）。

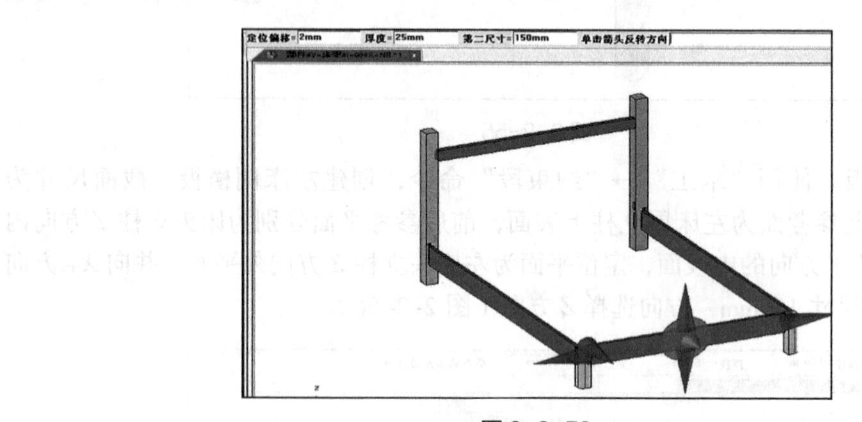

图 2-2-58

使用“木工”→“约束段”命令，创建床头下横板，截面尺寸为 150mm × 25mm，上参考面为左床尾立柱上表面，左右参考平面分别为左右床头立柱的 *X* 方向内参考面，定位平面为床头立柱 *Y* 方向内平面，并往 *Y*+ 方向偏移 2mm，截面尺寸为 150mm，方向选择 *Z* 方向（图 2-2-59）。

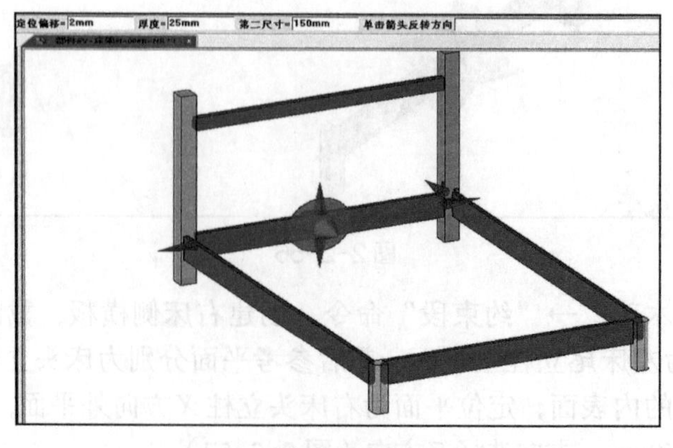

图 2-2-59

⑥创建床架横条。使用“木工”→“约束段”命令，创建床头下横条，截面尺寸为80mm×35mm，下参考面为床头下横板上表面，左右参考平面分别为左右床头立柱的 X 方向内参考面，定位平面为床头立柱 Y 方向内平面，并往 $Y+$ 方向偏移 2mm，截面尺寸 80mm，方向选择 Z 方向（图 2-2-60）。

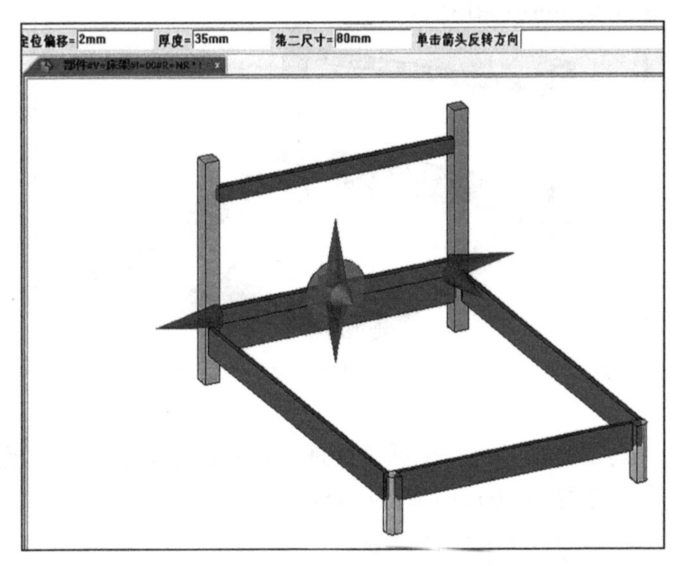

图 2-2-60

使用“木工”→“约束段”命令，创建左床侧横条，截面尺寸为 40mm×28mm，左参考面为左床头立柱左表面，前后参考平面分别为左床头立柱的 Y 方向内参考面及左床尾立柱 Y 方向内参考面，定位平面为左床侧横板上表面，截面尺寸 40mm，方向选择 X 方向（图 2-2-61）。

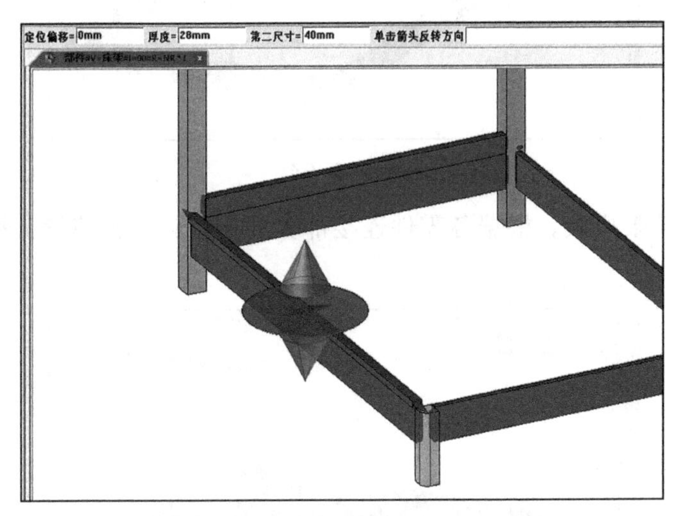

图 2-2-61

使用“木工”→“约束段”命令，创建右床侧横条，截面尺寸为 40mm×28mm，右参考面为右床头立柱右表面，前后参考平面分别为右床头立柱的 Y 方向内参考面及右床尾立柱 Y 方向内参考面，定位平面为右床侧横板上表面，截面尺寸 40mm，方向选择 X 方向（图 2-2-62）。

使用“木工”→“约束段”命令，创建床尾横条，截面尺寸为 70mm×28mm，后参考面为床尾立柱 *Y* 方向内表面，左右参考平面分别为左床侧横条 *X* 方向外参考面及右床侧横条 *X* 方向外参考面，定位平面为床尾板上表面，截面尺寸 70mm，方向选择 *Y* 方向（图 2-2-63）。

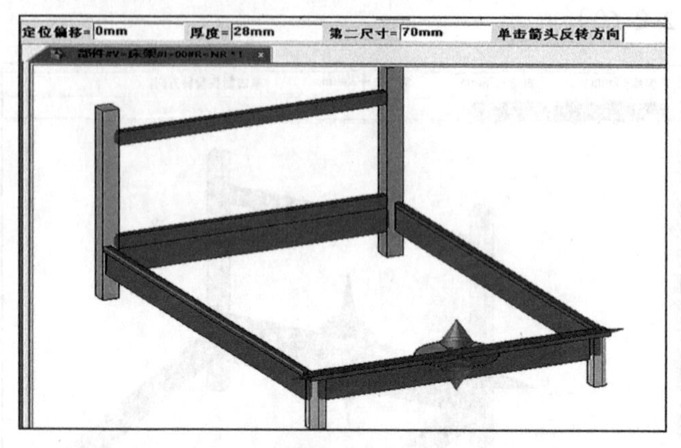

图 2-2-63

⑦倒圆角处理。对部分部件进行倒圆角处理，对左右床侧横条，床尾横条，左右床尾立柱进行局部倒圆角，半径为 10mm（图 2-2-64）。

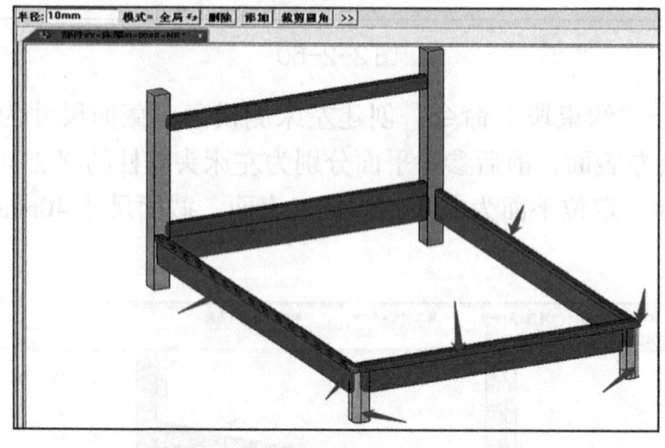

图 2-2-64

⑧创建榫头榫眼模板。根据各零件连接部分的需求，先创建榫头榫眼模板；见下图 2-2-65。

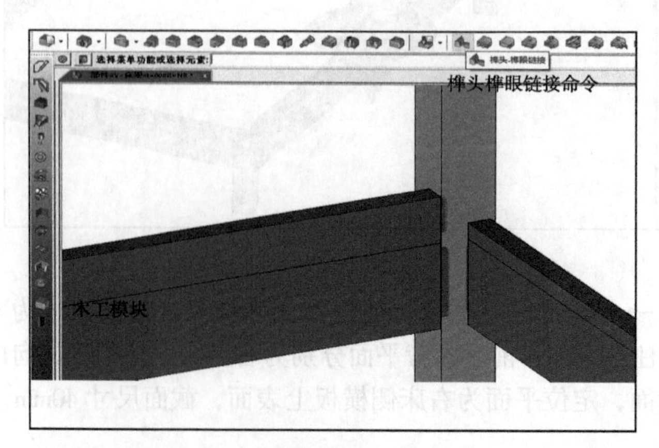

图 2-2-65

使用命令，“木工” ‣“榫头榫眼链接”，先任意指定一个安装面，显示下图对话框后，创建需要的榫头榫眼模板；创建模板，给定命名：长 120 宽 18 深 15（图 2–2–66）。

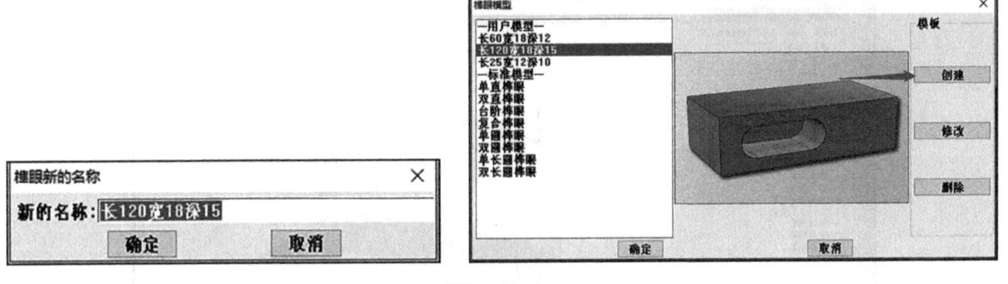

图 2–2–66

选中合适的榫头榫眼类型并设置好定义名称描述的参数即可（图 2–2–67）。

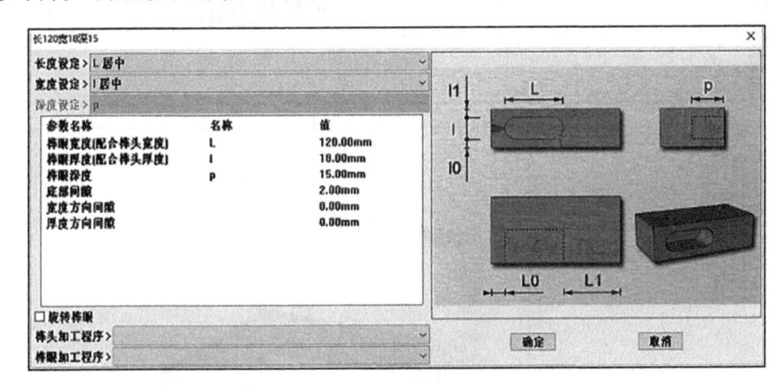

图 2–2–67

同理，继续创建以下榫头榫眼模板，给定全名：长 60 宽 18 深 12、长 25 宽 12 深 10（图 2–2–68）。

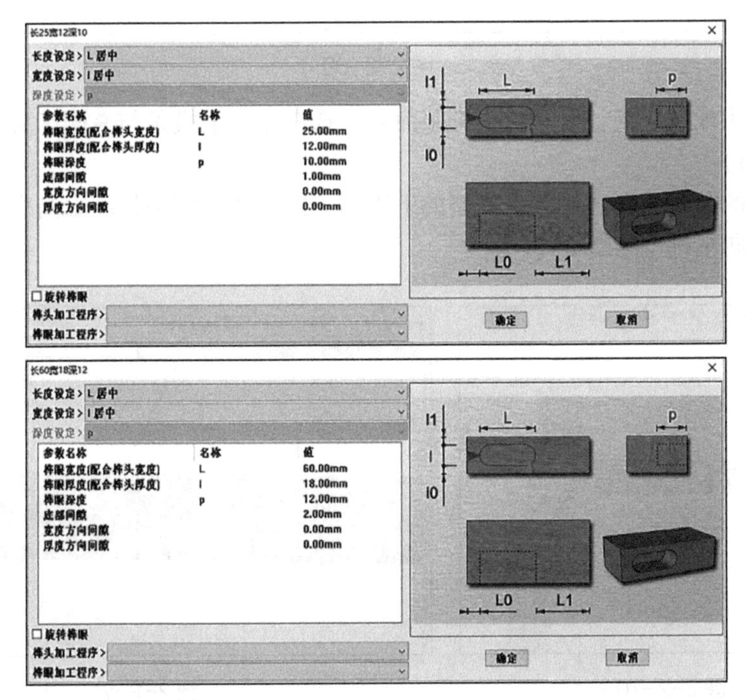

图 2–2–68

⑨定义零件。根据零件名称进行定义，定义名称（图 2–2–69）。

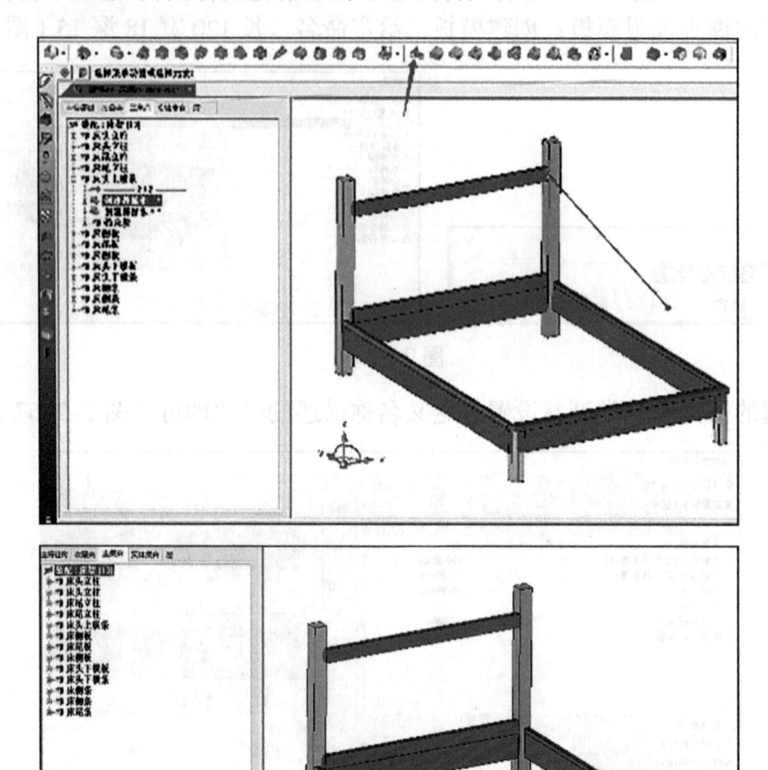

图 2–2–69

⑩添加榫头榫眼链接。启动榫头榫眼命令，选中床头上横条与右侧床头立柱连接处的面（图 2–2–70）。

此时提示的左侧的面选择床上横条的下表面，因为此时榫头长度方向应与床头上横板的截面长度方向平行（图 2–3–71）。

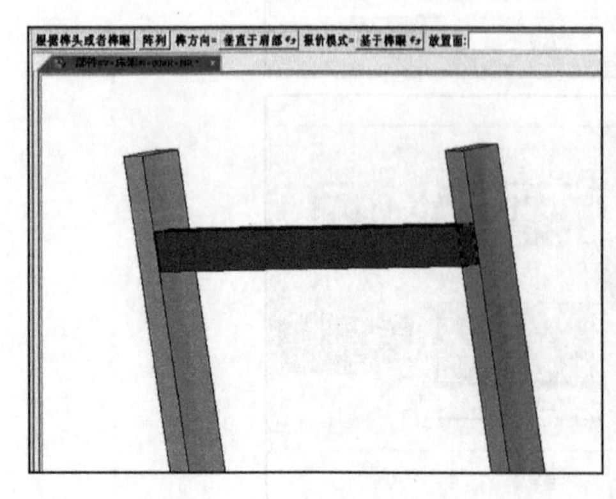

图 2–2–70

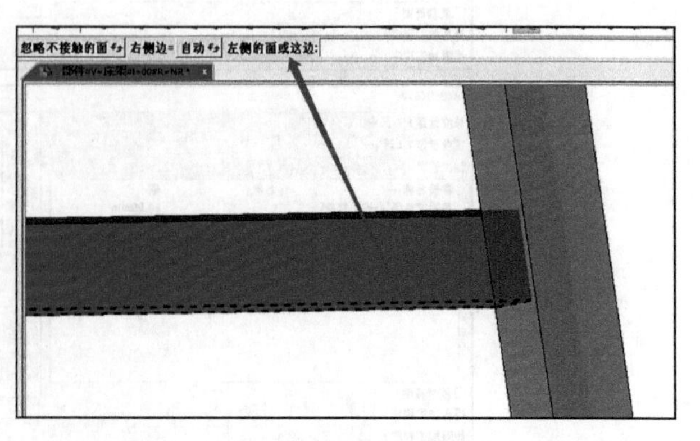

图 2–2–71

此时提示的底部的面选择床上横条的前表面，因为此时榫头宽度方向应与床头上横板界面的截面宽度方向平行（图 2-2-72）。

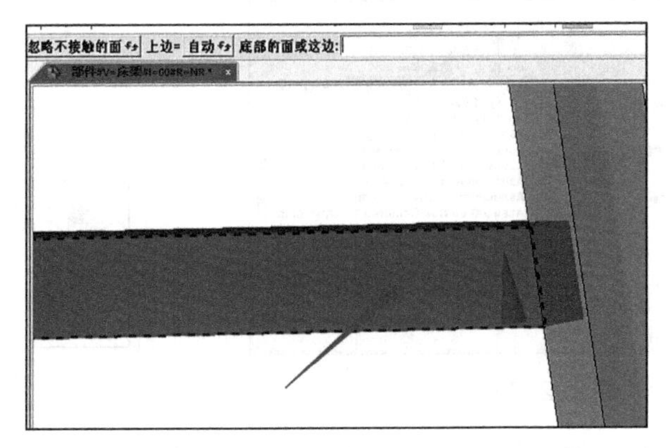

图 2-2-72

选中刚创建好的榫头模板（图 2-2-73）。

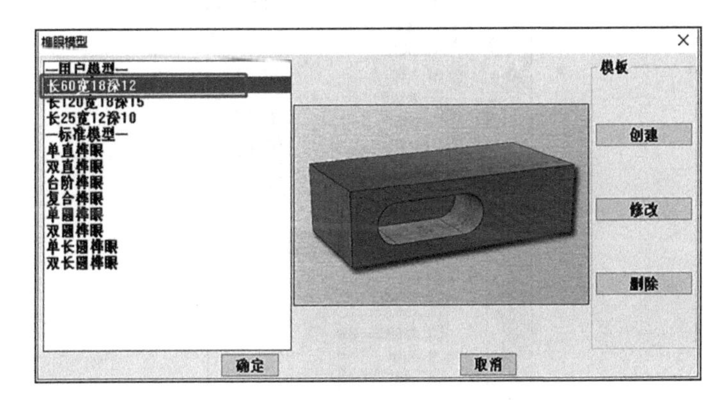

图 2-2-73

再次出现榫头榫眼参数表，点击“确认”即可（图 2-2-74）。

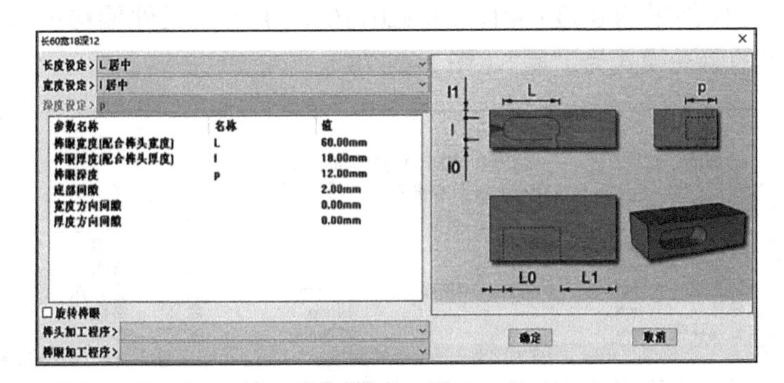

图 2-2-74

同理对其他各处连接处添加榫头榫眼操作，最后检查模型，定义装配，并分配图层，保存到标准件库。

（2）床头芯板

新建驱动块模板文档（图 2–2–75、图 2–2–76）。

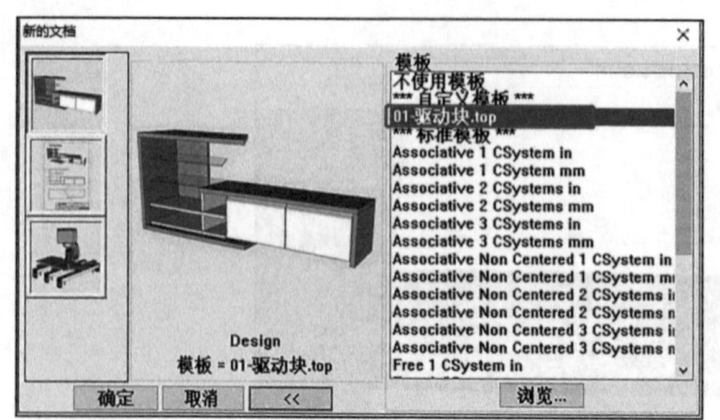

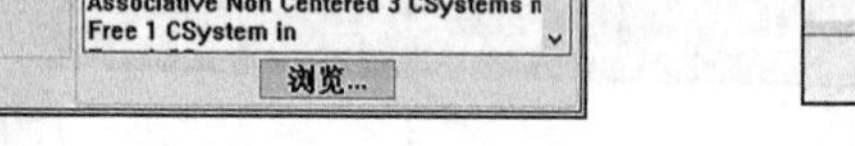

图 2–2–75

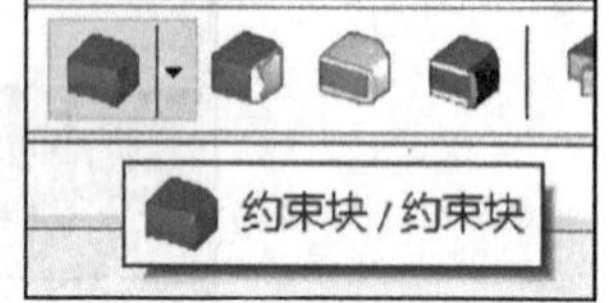

图 2–2–76

①新建驱动块模板文档，创建参数。“参数”→“编辑列表”，打开参数编辑列表，按下文描述创建床架参数（图 2–2–77）。

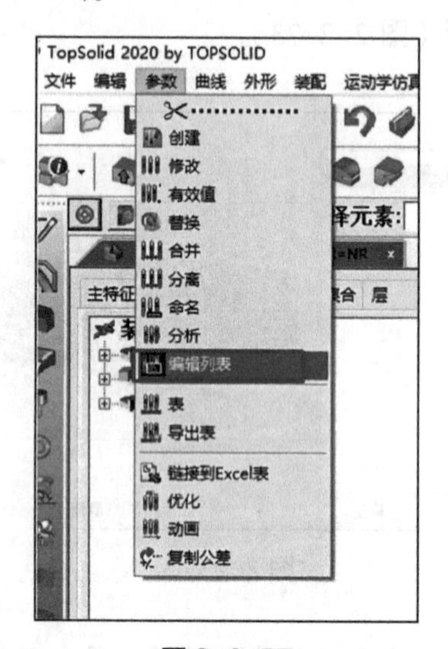

图 2–2–77

板件厚度 T；板件平均宽度；$W1=(W+20+10\times4)/5$；板件偏移值：PY；板件定位偏移：S；其中 S 的驱动模式为“是”（图 2–2–78）。

参数列表

种类：默认 | 删除 | 表格 | 输出 | 输出并打印 | 定义驱动 | 列

最小 / 最大 | 预定义值 | 复制预定义值 | 粘贴预定义值 | 表格公差 | 复制表格公差 | 粘贴表格公差

双击“新的参数”创建一个参数.

名称	描述	显示单...	表达式	值	有效值	类型	使用	驱...
T	厚度	mm		15mm	名义	参数	4	否
W1	板件平均宽度	mm	(W+20mm+(10*4)mm)/5	252mm	名义	表达式	4	否
PY	板件偏移值	mm		10mm	名义	参数	10	否
S	板件定位偏移值	mm		22.5mm	名义	参数	8	是
新的参...		长度						

图 2–2–78

②创建芯板模型使用约束块命令创建芯板模型使用手动模式，在驱动块背面创建左侧芯板（图 2–2–79）。

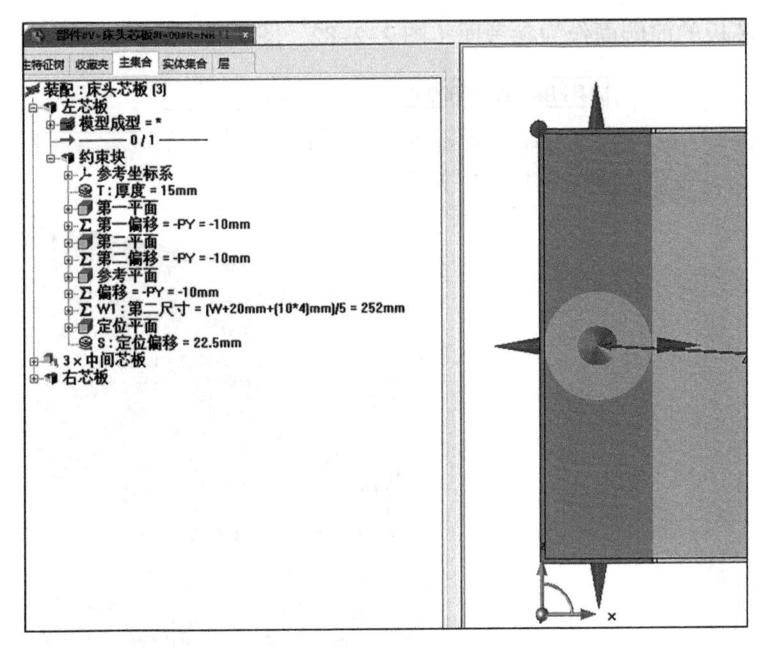

图 2-2-79

上表面为 *Z* 方向第一平面，第一偏移值为 -*PY*；下表面为 *Z* 方向第二平面，第二偏移值为 -*PY*；左侧面为 *X* 方向参考面，偏移值为 -*PY*；右侧面使用长度模式，值为 *W*1；定位平面为后侧面，定位偏移值为 *S*；添加芯板拼接处成型（图 2-2-80）。

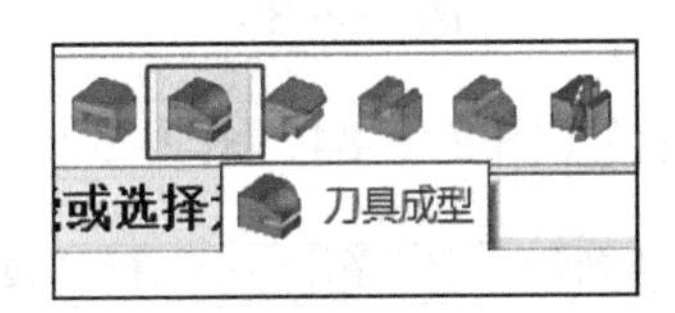

图 2-2-80

“木工模块” → “刀具成型” 命令（图 2-2-81）。

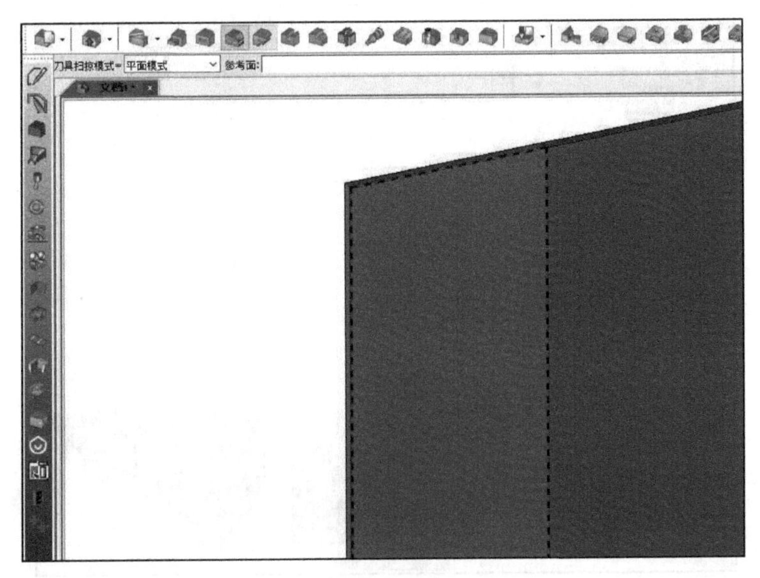

图 2-2-81

③选择左芯板的前侧面作为参考面（图 2–2–82、图 2–2–83）。

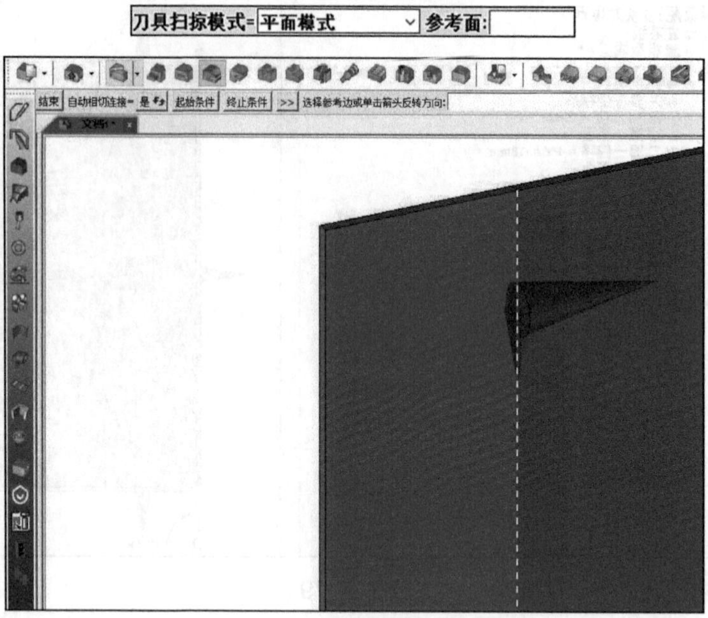

刀具扫掠模式= 平面模式 参考面:

结束 自动相切连接= 是 起始条件 终止条件 >> 选择参考边或单击箭头反转方向:

图 2–2–82

连接边缘= 否 自动相切连接= 是 刀具轨迹的参考边或曲线:

图 2–2–83

④选择右侧边线作为刀具路径（图 2–2–84、图 2–2–85）。

停止 自动相切连接= 是 起始条件 终止条件 >> 选择参考边或单击箭头反转方向:

图 2–2–84

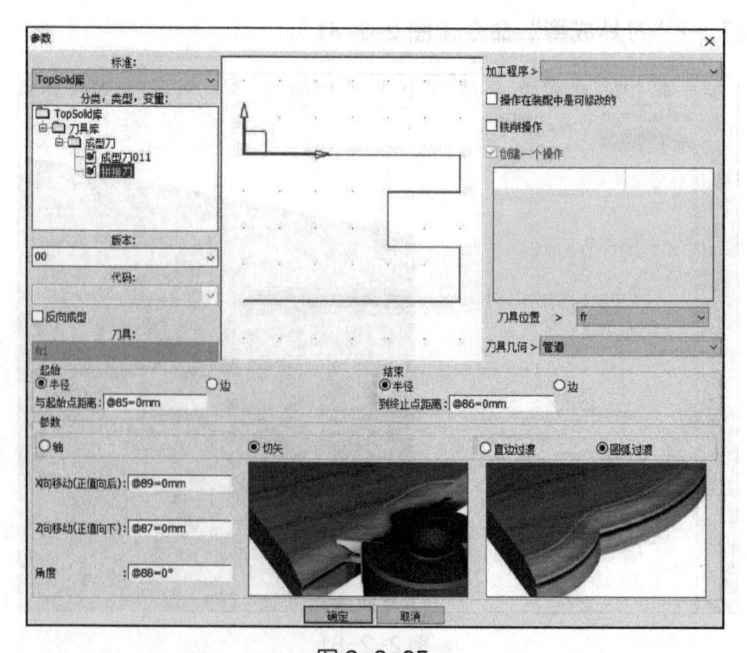

图 2–2–85

⑤选择对应的拼接刀（图 2–2–86）。

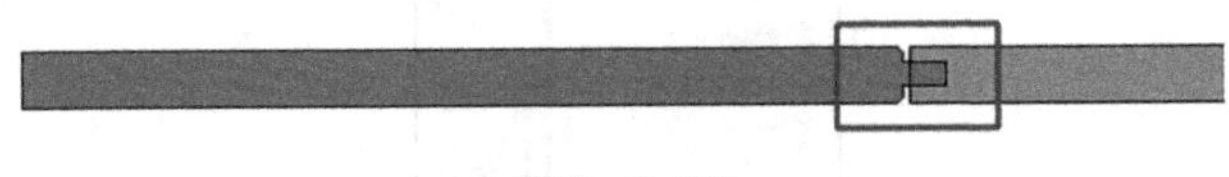

图 2–2–86

⑥得到的造型（图 2–2–87）。

图 2–2–87

刀具成型命令未退出情况下，点击复制操作，对中间芯板进行同样的操作，打出来刀型（图 2–3–88）。

复制操作　刀具扫掠模式=平面模式　参考面:

图 2–2–88

⑦退出“当前成型”命令（图 2–2–89）。

⑧继续对中间芯板执行“反成型”操作木工模块→“反向成型”命令（图 2–2–90）。

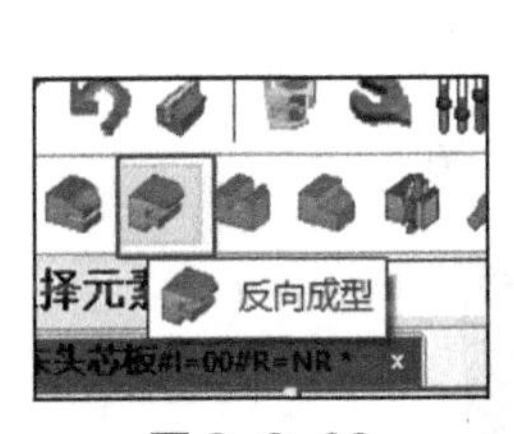

图 2–2–89

图 2–2–90

⑨选择中间芯板作为要修改的外形（图 2–2–91）。

⑩“参考成型”选择左侧芯板已经做好的成型特征（图 2–2–92）。

图 2–2–91

图 2–2–92

⑪点击“确定”（图 2–2–93）。

确定　剖面内容=P2　补充材料=否　等距至切深参数=否

图 2–2–93

即可得到“反向成型”特征，退出当前命令，中间芯板就做好了，然后进行阵列（图 2–2–94）。

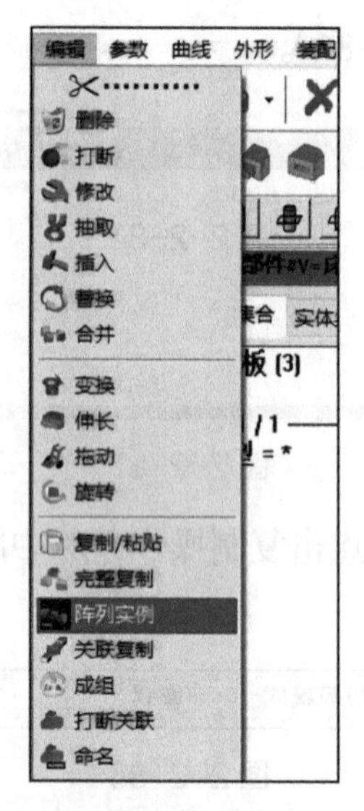

图 2-2-94

⑫“编辑”→“阵列实例”命令（图 2-2-95）。

显示副本 隐藏模板= 是 重复辅助元素= 是 要重复的模板元素:

图 2-2-95

选择中间芯板作为“要重复的模板元素”（图 2-2-96）。

图 2-2-96

选择直线阵列模式（图 2-2-97）。

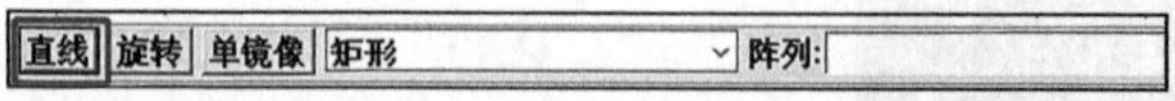

直线 旋转 单镜像 矩形 阵列:

图 2-2-97

选择 *X*+ 方向（图 2-2-98）。

X+ X- Y+ Y- Z+ Z- 切矢 阵列方向或者第一个点:

图 2-2-98

每个实例间的距离为 *W*1–10（图 2-2-99）。总数为 3（图 2-2-100）。

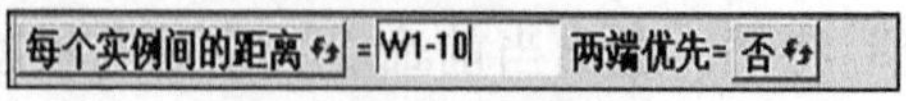

每个实例间的距离 =W1-10 两端优先= 否

图 2-2-99

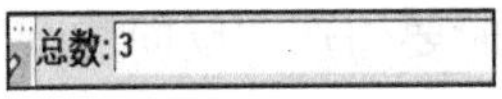

总数: 3

图 2-2-100

最后再对右侧芯板进行成型操作；“木工模块”→“刀具成型”命令（图 2-2-101）。

图 2-2-101

选择右板的前侧面作为参考面（图 2-2-102、图 2-2-103）。

刀具扫掠模式= 平面模式　参考面:

图 2-2-102

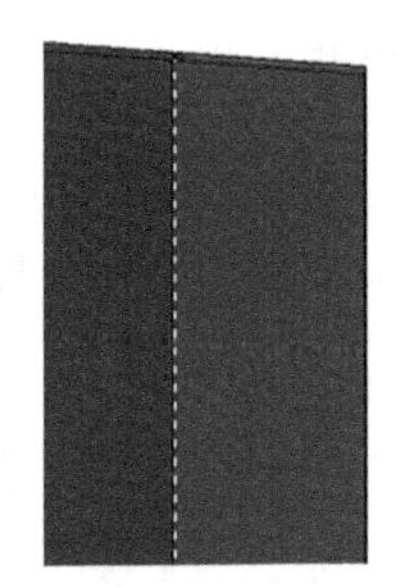

图 2-2-103

选择左边线作为刀具路径（图 2-2-104）。

停止　自动相切连接= 是　起始条件　终止条件　>>　选择参考边或单击箭头反转方向:

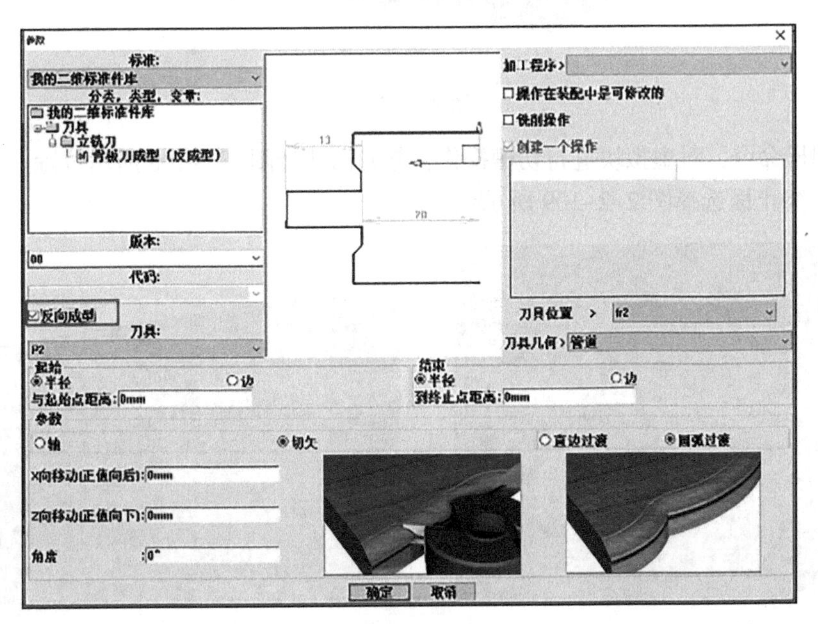

图 2-2-104

选择对应的拼接刀型，注意这时要勾选“反向成型”（图 2–2–105、图 2–2–106）。

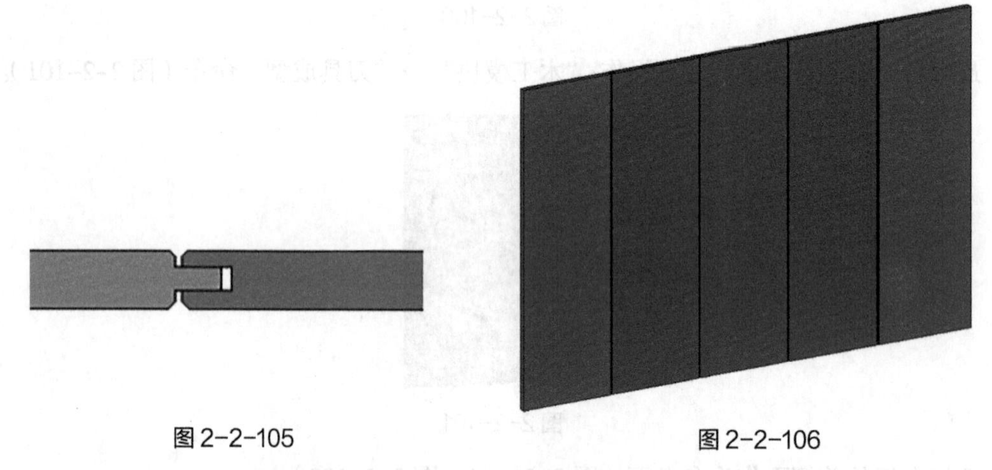

图 2–2–105　　图 2–2–106

退出当前命令，芯板模型就完成了。

⑬辅助板，操作工具。创建 4 块虚拟安装板（图 2–2–107）。

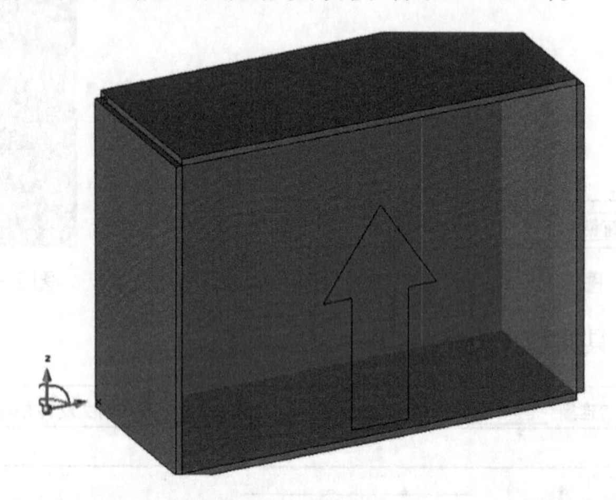

图 2–2–107

使用切槽命令，对虚拟块进行切槽操作，起始面选择图 2–2–108 所示位置。

同理，终止面选择图 2–2–109 所示位置。

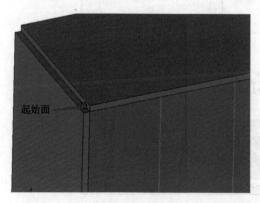

图 2–2–108

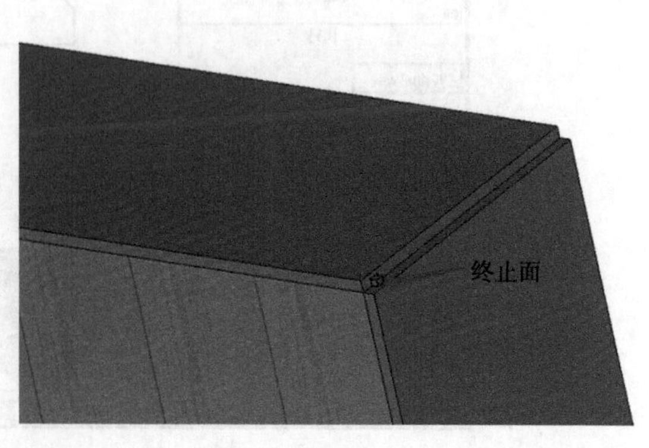

图 2–2–109

切槽参数图 2-2-110 所示，选择铣削方式，“最小间距”模式，间距值为 S 值，槽宽为 T+0.5，槽深为 PY+2。

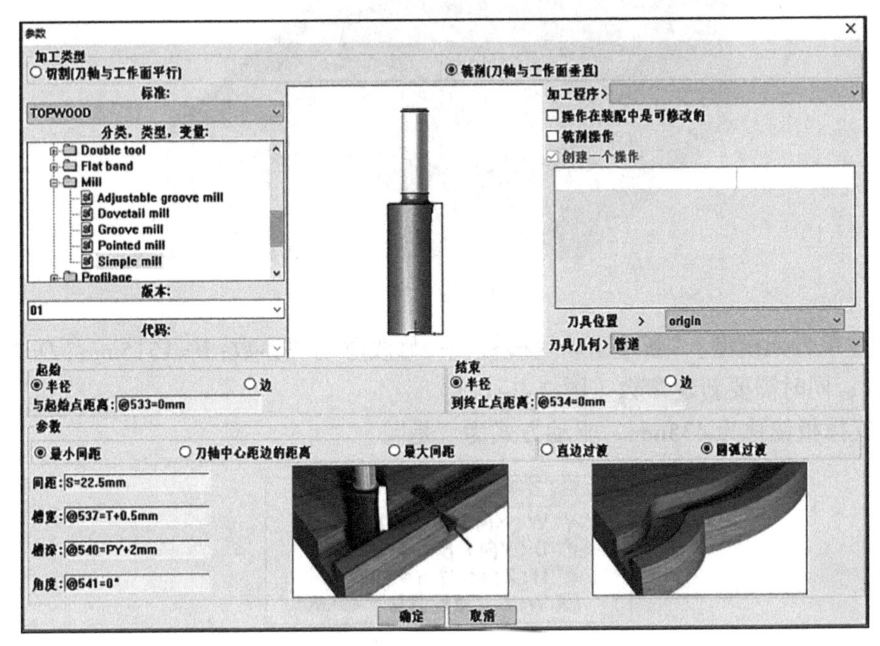

图 2-2-110

同理，复制操作对另外 3 块虚拟板创建切槽操作，注意对每个操作的起始面和终止面的选择。

定义操作工具，把每个虚拟板的切槽操作定义为操作工具，并保存（图 2-2-111）。

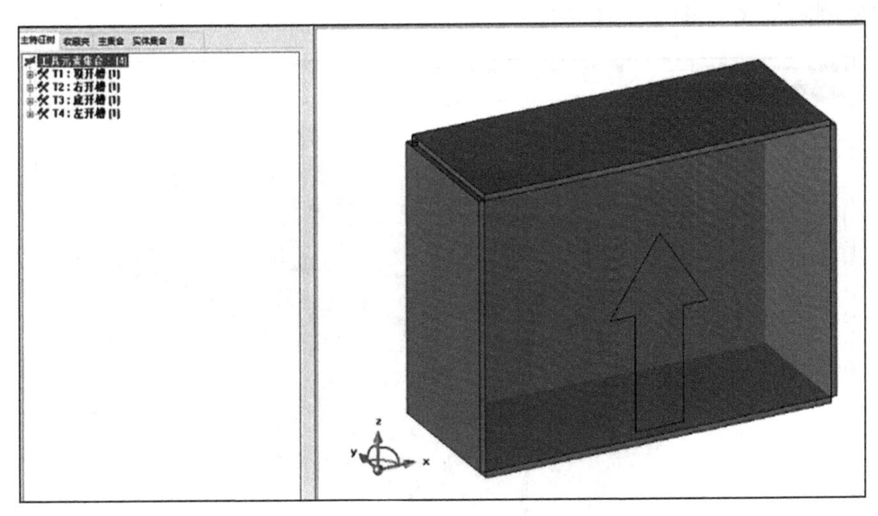

图 2-2-111

检查模型，保存到库。

（3）床板骨架

分析此模型，是由两部分骨架共同构成，且可使用统一骨架模型，故需要先做出单个骨架模型，再组合成完整的床骨架模型，方便快速调入完整模型，组建模型方案（图 2-2-112）。

床板骨架

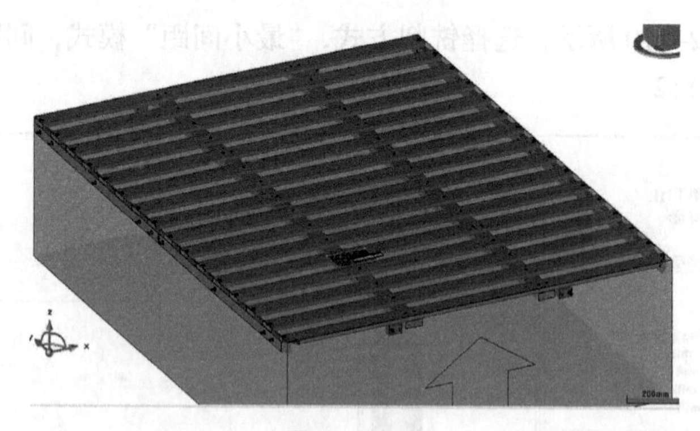

图 2-2-112

①创建单骨架模型。“新建驱动块模板”→修改驱动块参数：W=1515mm；D=1100mm；H=500mm；同时需要新建参数（图 2-2-113）。

$W1$：支撑板偏移为 435mm，驱动方式为“是”。

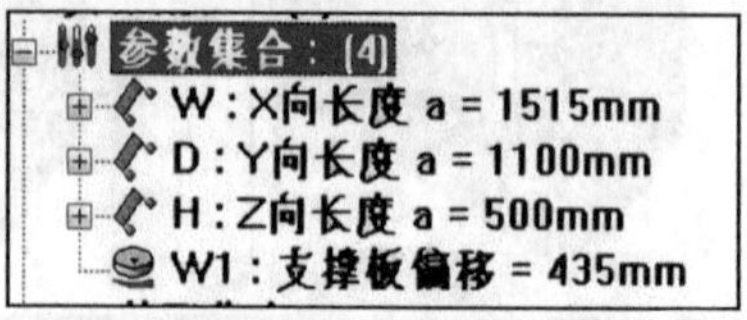

参数集合：[4]
W：X向长度 a = 1515mm
D：Y向长度 a = 1100mm
H：Z向长度 a = 500mm
W1：支撑板偏移 = 435mm

图 2-2-113

②创建板件。创建床板条，使用“木工”→“约束段”命令，截面尺寸为 65mm × 18mm，X 方向参考平面分别为驱动块左右平面，并内缩分别 2.5mm，Y 方向参考平面为驱动块前面，定位平面为驱动块上表面，截面尺寸 65 平行于 Y 方向；并在此板件 X 方向的四个棱角处倒圆角 $R3$（图 2-2-114）。

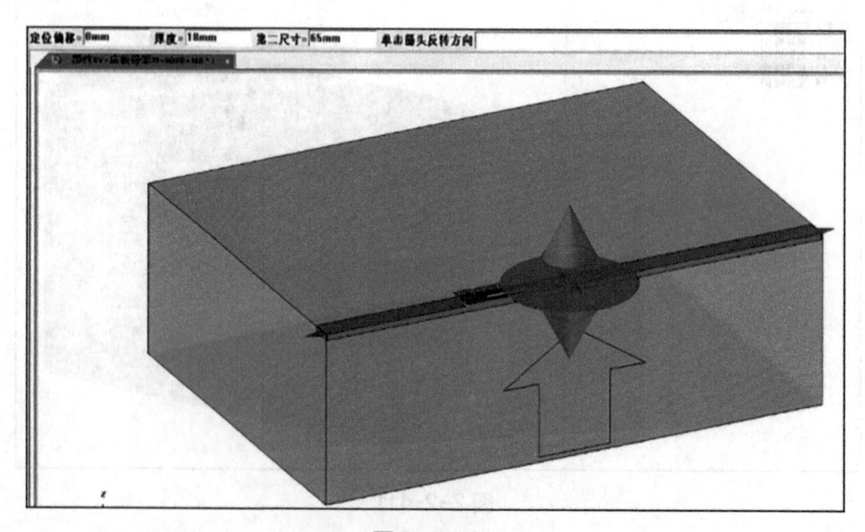

图 2-2-114

创建左支撑条，使用“木工”→“约束段”命令，截面尺寸为 35mm × 28mm，Y 方向参考平面分别为驱动块前后平面，Z 方向参考平面为驱动块上面，并往 Z- 方向偏移 18mm，定位平面为驱动块左侧表面，截面尺寸 35mm 平行于 Z 方向；并在此板件 Y 方向的内表面的两个棱角处倒圆角 $R3$（图 2-2-115）。

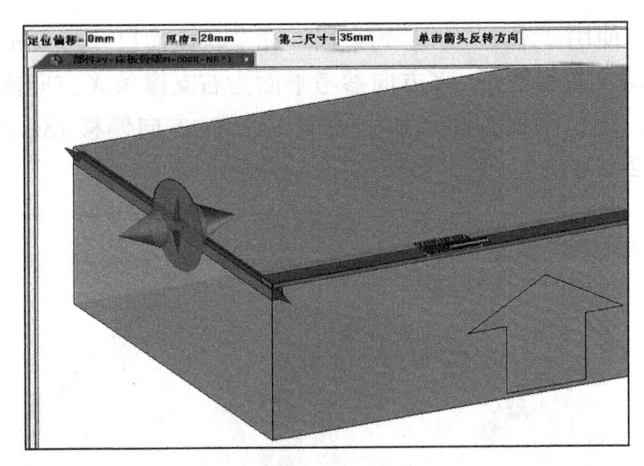

图 2-2-115

创建右支撑条，使用“木工”→“约束段”命令，截面尺寸为 35mm × 28mm，*Y* 方向参考平面分别为驱动块前后平面，*Z* 方向参考平面为驱动块上面，并往 *Z*– 方向偏移 18mm，定位平面为驱动块右侧表面，截面尺寸 35mm 平行于 *Z* 方向；并在此板件 *Y* 方向的内表面的两个棱角处倒圆角 *R*3（图 2-2-116）。

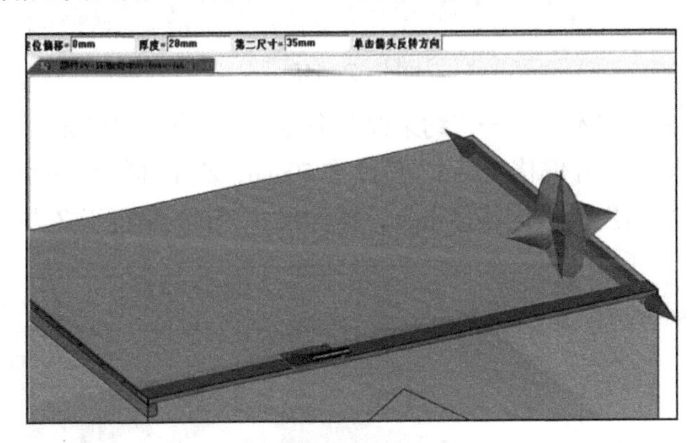

图 2-2-116

创建左支撑板，使用“木工”→“约束段”命令，截面尺寸为 65mm × 25mm，*Y* 方向参考平面分别为驱动块前后平面，*X* 方向参考平面为左支撑条 *X* 方向内表面，并往 *X*+ 方向偏移 *W*1=435mm，定位平面为驱动块上表面，往 *Z*– 方向偏移 18mm，截面尺寸 65mm 平行于 *X* 方向（图 2-2-117）。

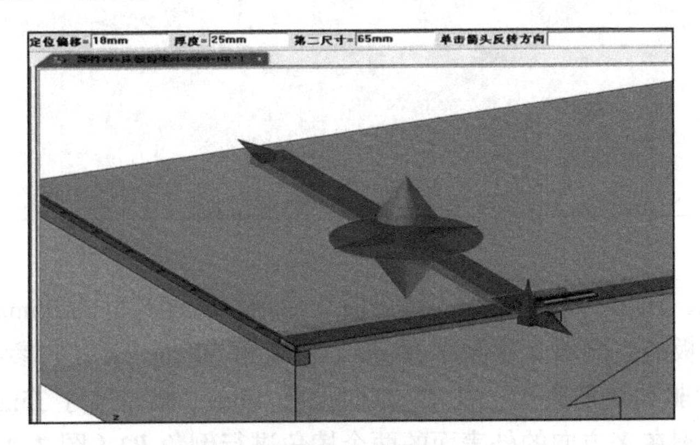

图 2-2-117

创建右支撑板，使用“木工”→“约束段”命令，截面尺寸为 65mm × 25mm，*Y* 方向参考平面分别为驱动块前后平面，*X* 方向参考平面为右支撑条 *X* 方向内表面，并往 *X*- 方向偏移 *W*1=435mm，定位平面为驱动块上表面，往 *Z*- 方向偏移 18mm，截面尺寸 65mm 平行于 *X* 方向（图 2-2-118）。

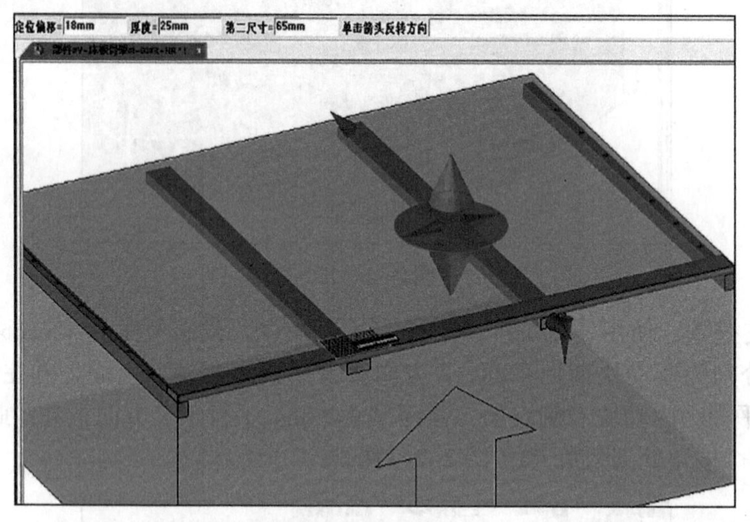

图 2-2-118

创建左支撑块，使用“木工”→“约束段”命令，截面尺寸为 35mm × 28mm，*X* 方向参考平面为左支撑板的左侧面，并偏移 16mm，长度为 50mm，*Z* 方向参考平面为床板条下表面，定位平面为驱动块前表面，往 *Y*- 方向偏移 4mm，截面尺寸 35mm 平行于 *Z* 方向（图 2-2-119）。

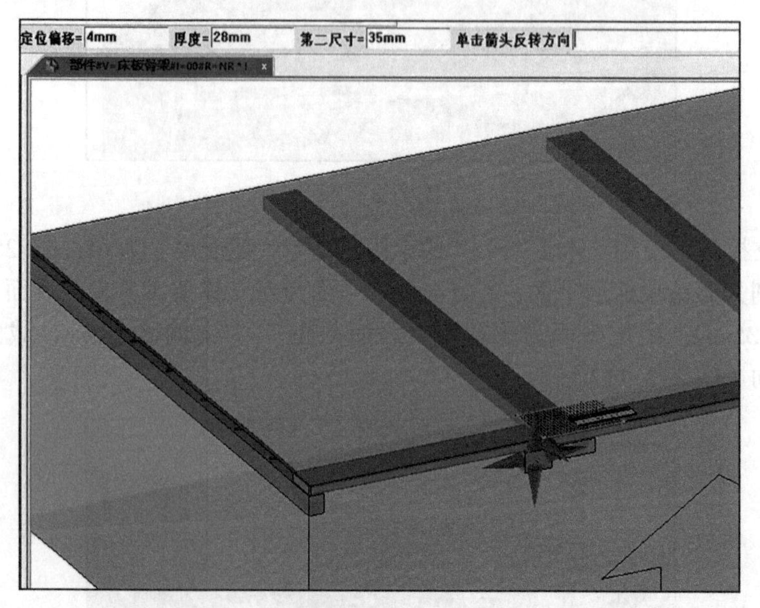

图 2-2-119

创建右支撑块，使用“木工”→“约束段”命令，截面尺寸为 35mm × 28mm，*X* 方向参考平面为右支撑板的右侧面，并偏移 16mm，长度为 50mm，*Z* 方向参考平面为床板条下表面，定位平面为驱动块前表面，往 *Y*- 方向偏移 4mm，截面尺寸 35mm 平行于 *Z* 方向；对两个支撑块，分别在 *X* 方向的外表面的两个棱角进行倒角 *R*3（图 2-2-120）。

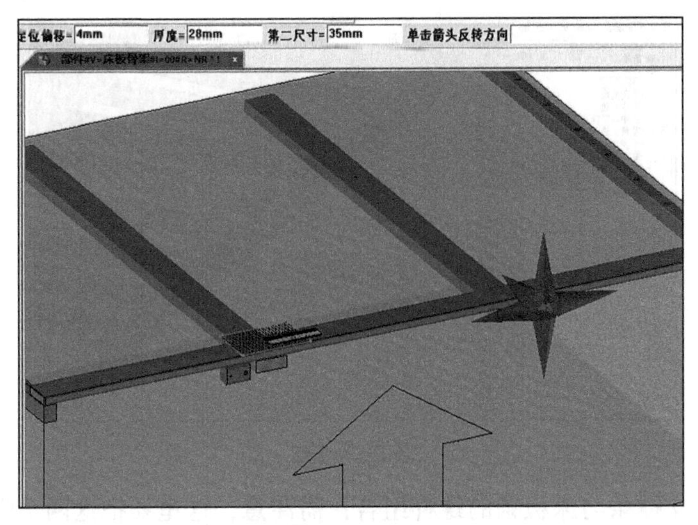

图 2-2-120

③阵列床板条。用“编辑”→“阵列实例”命令，直线阵列方式，方向为 Y+ 方向，单个实例间距离为 130mm，数量为 8（图 2-2-121）。

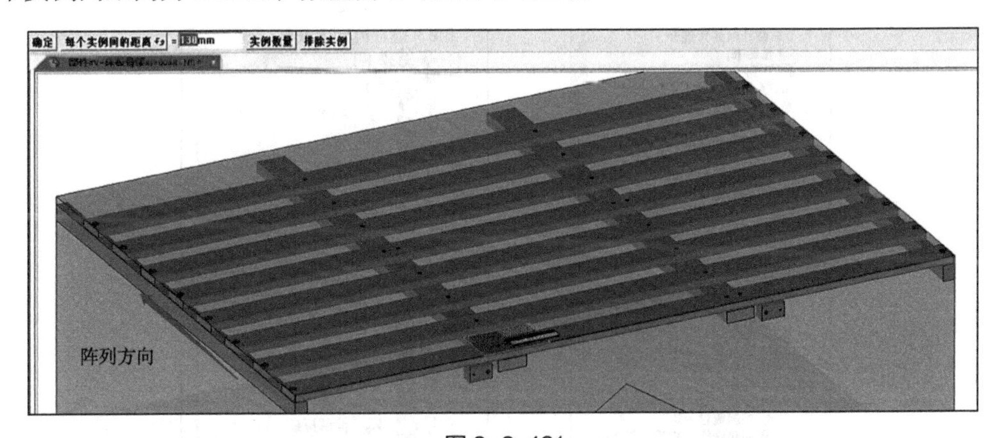

图 2-2-121

定义零件；装配五金；先安装左支撑条与床板条的螺杆组合；用“木工”→“木销装配”方式，选择“螺杆组合”模型，阵列规则如图 2-2-122、图 2-2-123 所示。

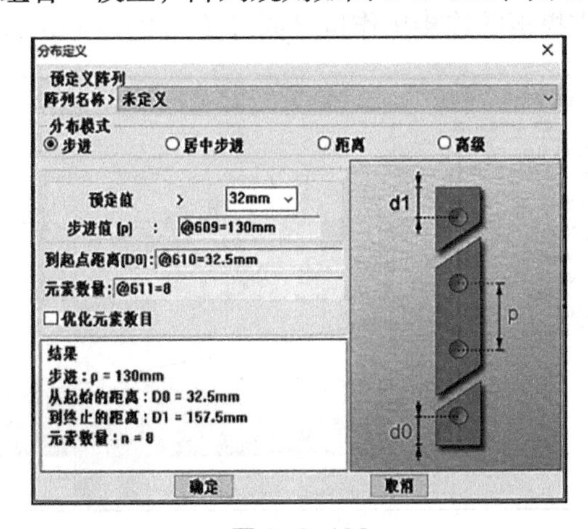

图 2-2-122

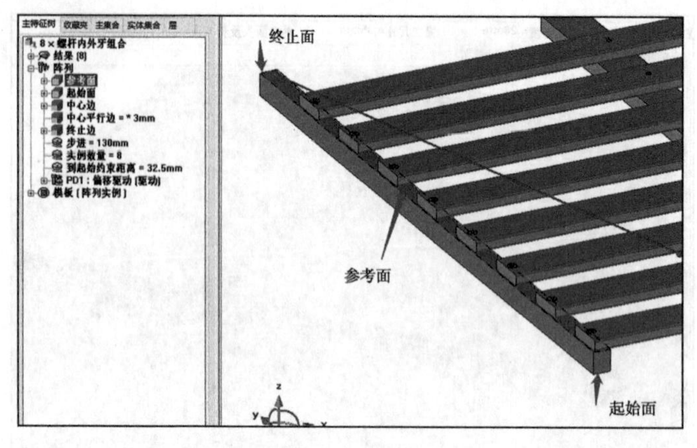

图 2-2-123

同理安装右支撑条与床板条的螺杆组合；需注意，这里要把这两个螺杆的阵列定义为驱动，分别命名为 PD1 和 PD2；目的是后面可以单独修改某个螺杆的位置但又不影响（图 2-2-124）。

整体阵列规则（图 2-2-125）。

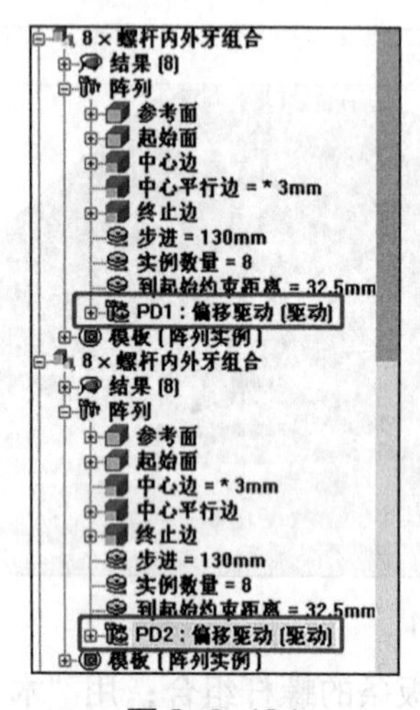

图 2-2-124

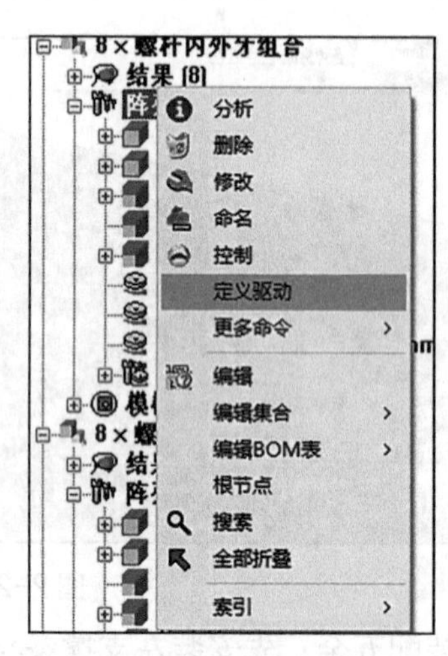

图 2-2-125

床板条与中间两根支撑板的连接操作也是同理（图 2-2-126~图 2-2-128）。

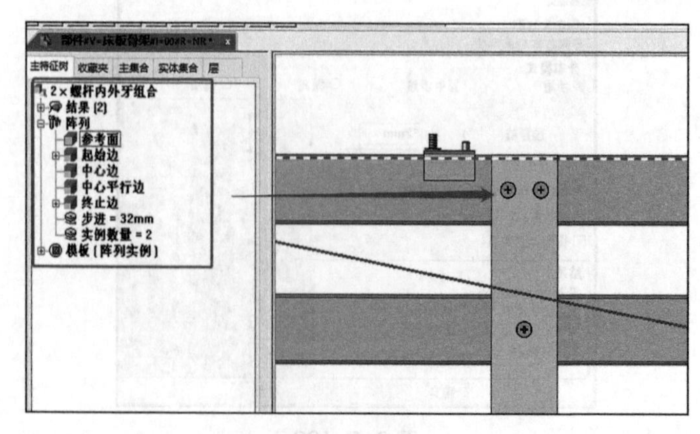

图 2-2-126

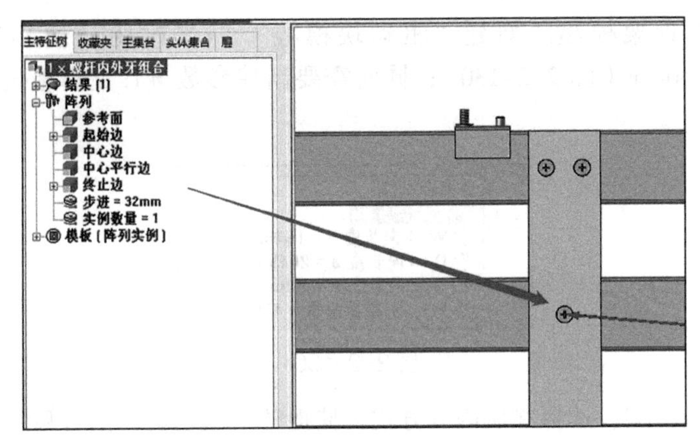

图 2-2-127

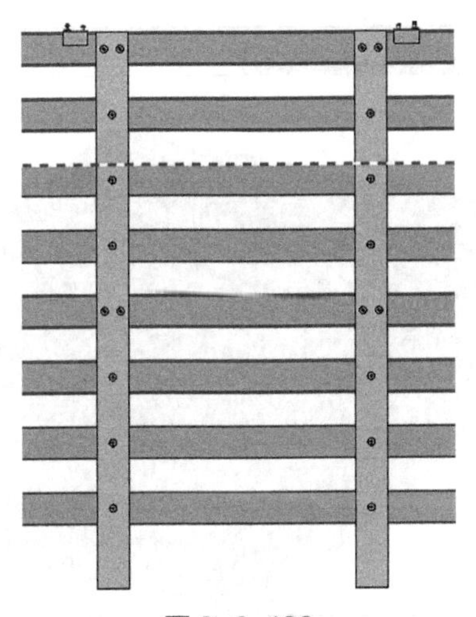

图 2-2-128

对于两个小的支撑块，需要创建小的辅助块才能使用装配命令进行五金安装，“木工”→“约束块”命令，自动模式下创建厚度 28mm 的板块，再使用木销装配方式，安装螺杆组合和木销；检查模型，并保存床板骨架模型到标准件库（图 2-2-129）。

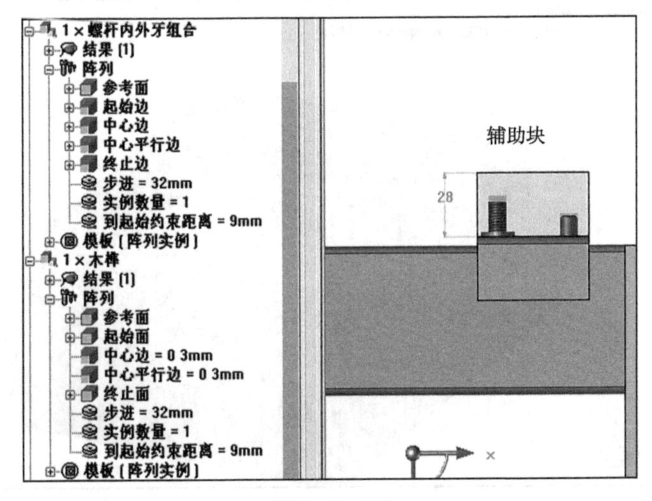

图 2-2-129

④创建完整骨架模型。新建“驱动块模板”→修改驱动块参数：*W*=1515mm，*D*=1100mm，*H*=500mm（图 2–2–130）；同时需要新建参数 *W*1：支撑板偏移 =435mm，驱动方式 = “是”。

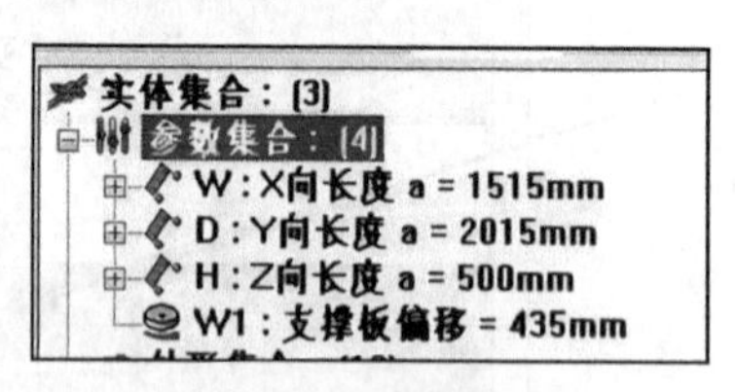

图 2–2–130

调入单扇床板骨架；选择在块内的方式，捕捉整个驱动块，把后侧参考平面调整为长度模式，长度为 1010.5mm（图 2–2–131）。

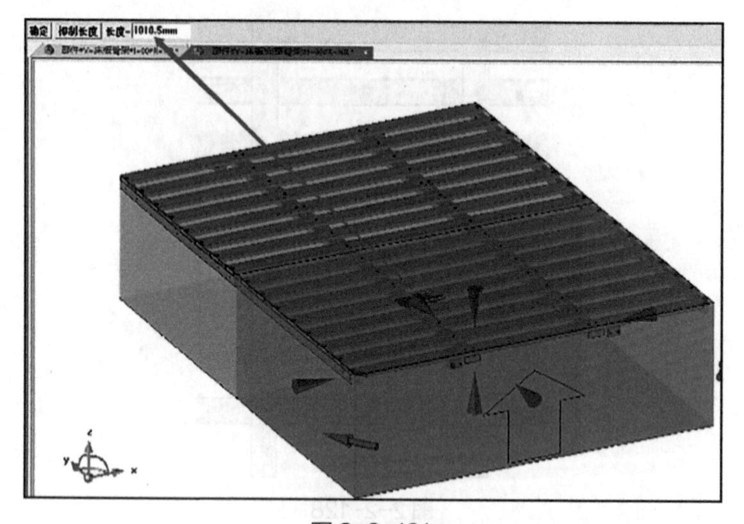

图 2–2–131

继续捕捉整个驱动块，这时，把前侧参考平面的箭头调整为长度模式，长度为 996mm（图 2–2–132）。

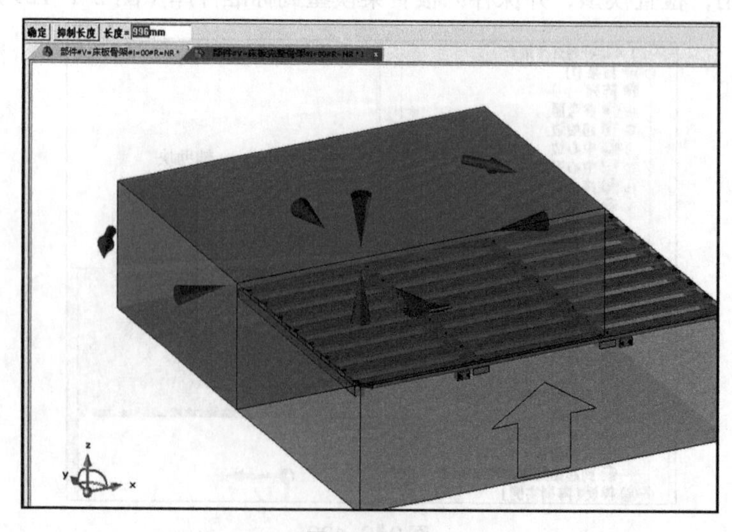

图 2–2–132

继续调入时，需要把支撑板偏移参数替换为 $W1$ ；这样就能一次调入两扇床板骨架；（图 2-2-133）。

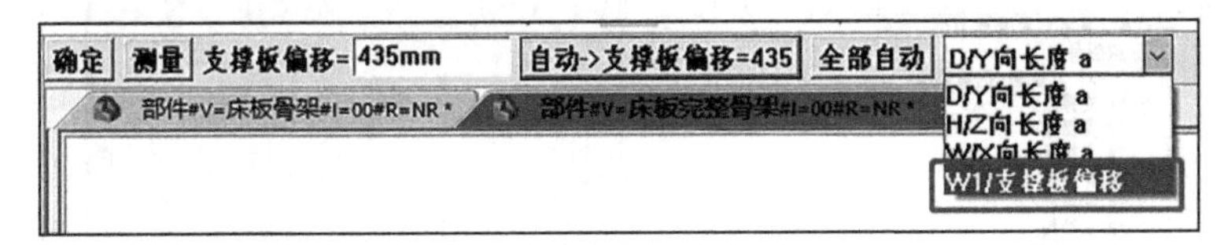

图 2-2-133

⑤床尾处倒角处理。在倒角之前，需要先将床尾这一处螺杆往 $Y+$ 方向偏移 20mm，这样倒角之后才不会出现破孔的情况（图 2-2-134）。

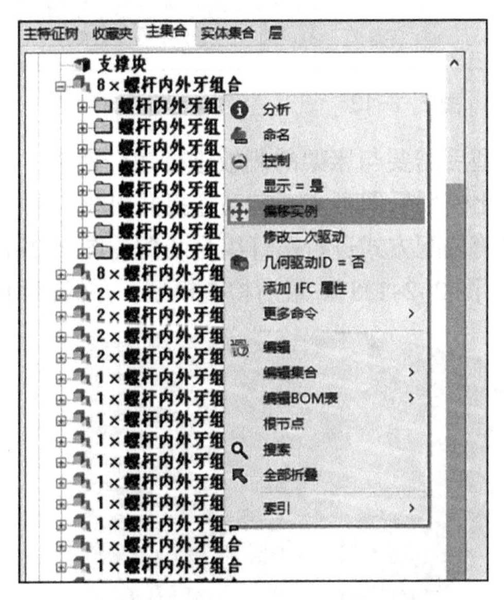

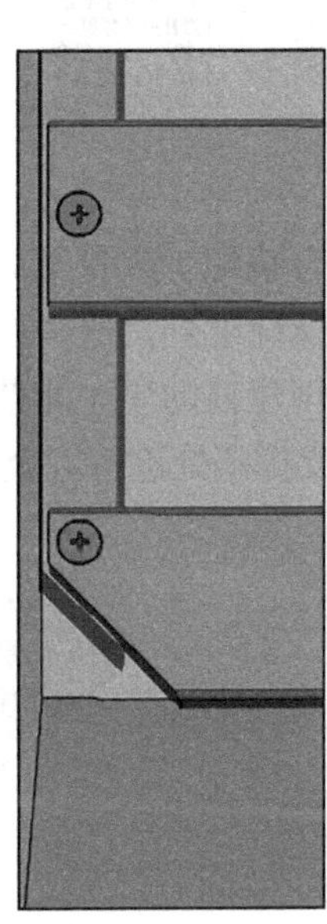

图 2-2-134

对床板条及左支撑条进行倒斜角 C45 处理（图 2-2-135）。

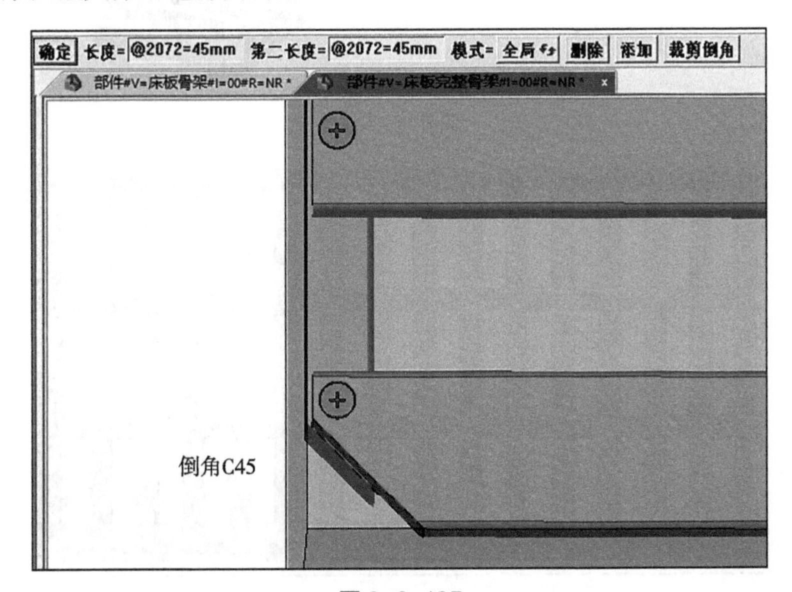

图 2-2-135

同理右侧也需偏移螺杆再进行倒斜角处理（图 2-2-136）。

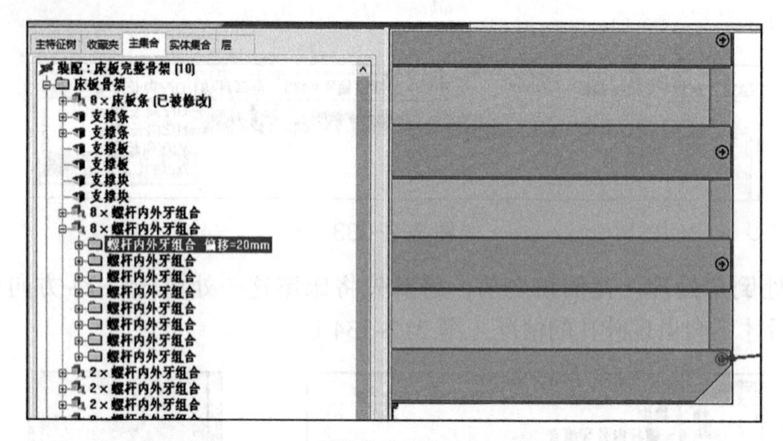

图 2-2-136

⑥螺杆组合装配。床骨架调入模型后需要与床架的侧板进行螺杆连接，故需在此床骨架模型添加好螺杆组合，这样在调入此模型后即可实现自动连接并出相应的安装孔位。

这里需要创建辅助块才能使用木销装配方式进行螺杆组合装配（图 2-2-137）。根据实际情况对两侧支撑条处进行五金装配（图 2-2-138）。最后检查模型，并保存到标准件库。

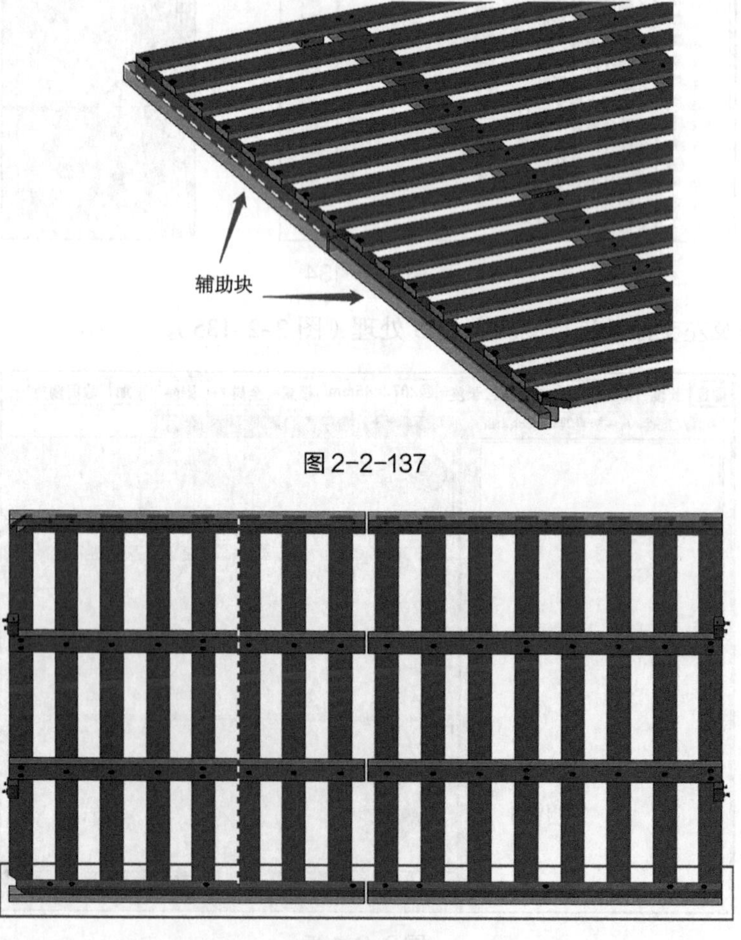

图 2-2-137

图 2-2-138

（4）支撑脚

支撑脚模型是在驱动块模板模型创建，目的是方便调用支撑脚组件；而本模型是由两根支撑脚构成，同时要添加前后参数根据驱动块选择变化位置，以适应实际调用需求；基于以上分析，需要先创建单根支撑脚模型，再组合而得本模型，而单根支撑脚模型则使用关键坐标系的方式调用。

①新建“使用模板文档”。根据支撑脚模型分析，由 M8 调整脚，螺杆内外牙组合，支撑脚实木块构成；创建参数：*H*1：支撑脚高度 =200mm，驱动方式 = “是”（图 2–2–139）。

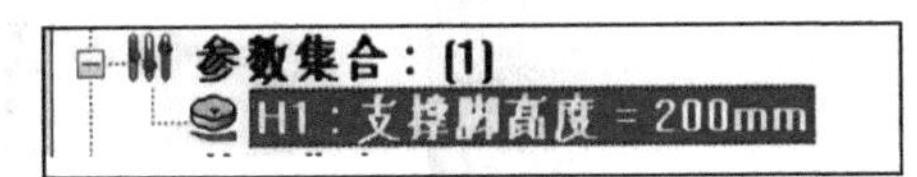

图 2–2–139

使用“外形”→“拉伸”命令，在绝对坐标系下创建曲线，尺寸为 35mm × 35mm，并分别关于 *X* 轴、*Y* 轴对称（图 2–2–140）。

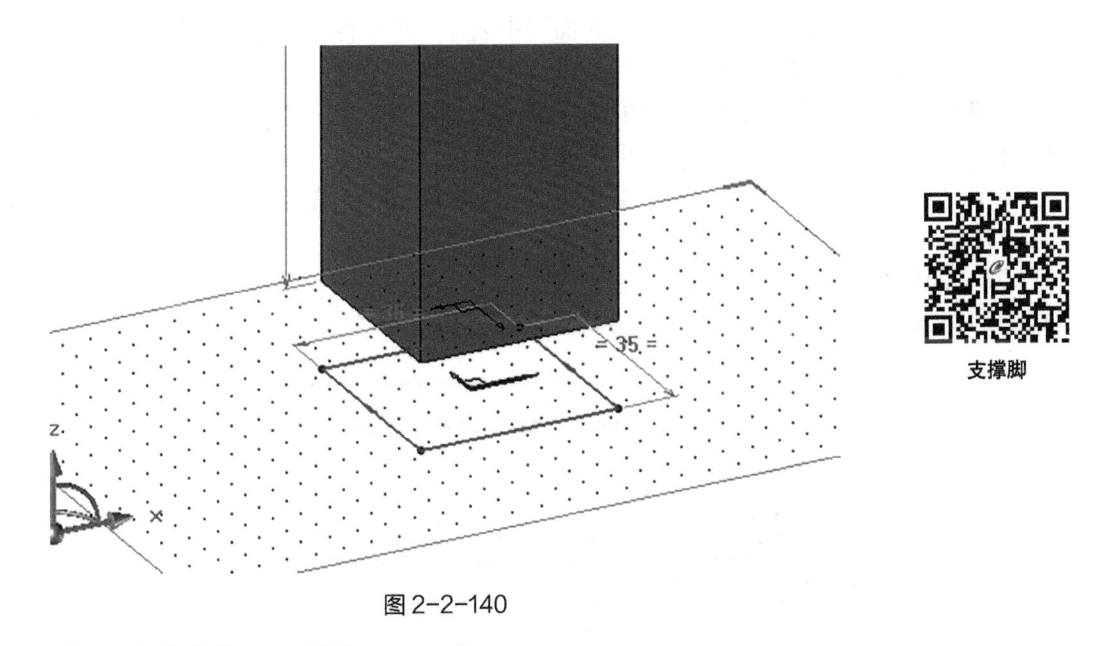

图 2–2–140

支撑脚

向 *Z*+ 方向偏移 15°（图 2–2–141）。

图 2–2–141

拉伸高度为 *H*1–15（图 2–2–142）。

图 2–2–142

再分别调入 M8 调整脚及螺杆内外牙组合模型。其中 M8 调整脚调入时居中支撑脚块下平面，螺杆内外牙组合则居中支撑脚块上平面，且参数驱动修改为如图 2–2–143、图 2–2–144 所示。

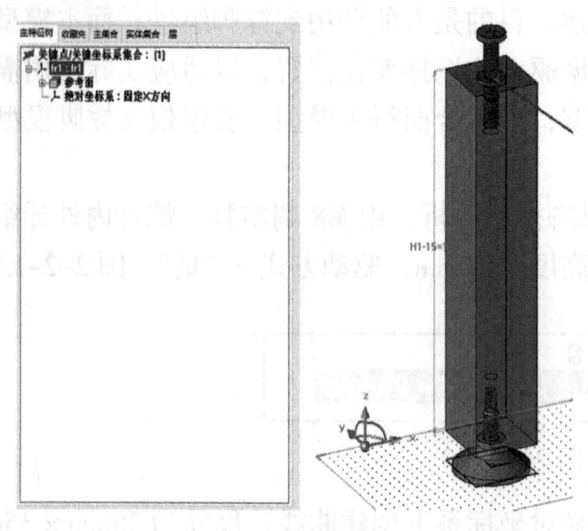

图 2-2-143

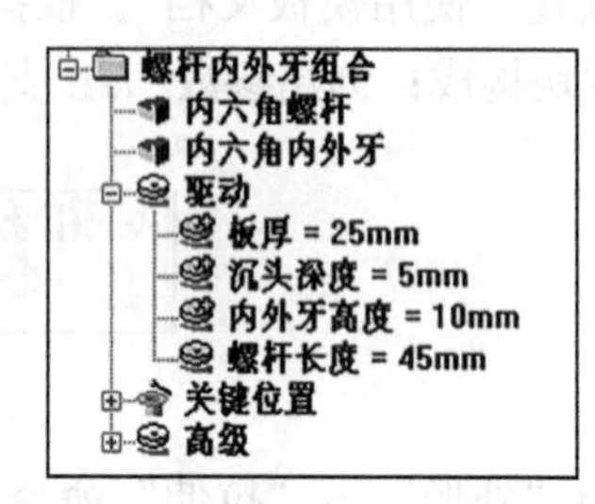

图 2-2-144

②定义关键坐标系。在支撑脚块上表面居中创建一个坐标系，并将其定义为关键坐标系 fr1；定义零件，支撑脚；检查模型，并保存到标准件库。

③新建“驱动块模板文档”。单根支撑脚模型创建好之后，需要调入“驱动块模板”模型里，才方便调用组件，快速搭建出来模型方案；

在调入单根支撑脚模型之前，需要先创建参数：*D*1：距前距离 =50mm，驱动方式 =“是”；

*D*2：距后距离 =50mm，驱动方式 =“是”；

*H*1：支撑脚高度 =200mm，驱动方式 =“是”（图 2-2-145）。

参数列表

种类：默认 | 删除 | 表格 | 输出 | 输出并打印 | 定义驱动 | 列

最小 / 最大 | 预定义值 | 复制预定义值 | 粘贴预定义值 | 表格公差 | 复制表格公差 | 粘贴表格公差

双击“新的参数”创建一个参数.

名称	描述	显示单位	值	有效值	类型	使用	驱动
D1	距前距离	mm	50mm	名义	参数	3	是
D2	距后距离	mm	50mm	名义	参数	3	是
H1	支撑脚高度	mm	200mm	名义	参数	3	是
新的...		长度					

图 2-2-145

调入后支撑脚定位（图 2-2-146），其中黄色标注 32.5，代表居中位置，不可更改；而绿色的标注，则可以更改，故需把此标注的常数值替换为参数 D2，即距后距离值。

同理，调入前支撑脚定位如下图示（图 2-2-147）。

④定义装配。因本模型用途是由单根支撑脚组合而得，目的就是方便快捷调入模型，组装模型方案，所以定义的集合状态应为“内容”（图 2-2-148）。

最后检查模型，保存到标准件库；

（5）组装床

①新建空白文档。

②创建模型包容块，并修改参数：*W*：宽度 =1487mm；*D*：深度 = 2165mm；*H*：高度 =1200mm；把模型包容块置于 0 层（图 2-2-149）。

组装床

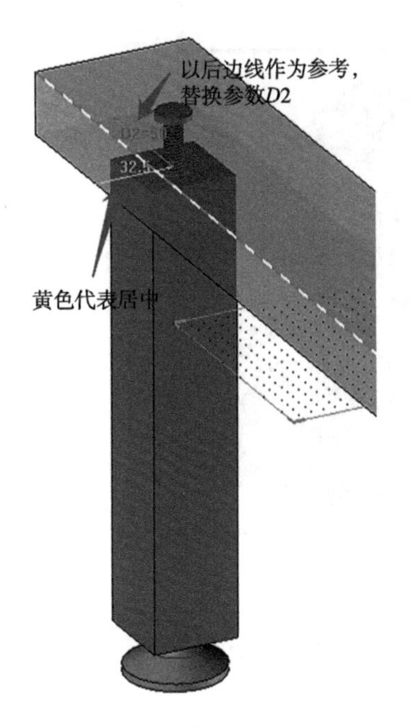

图 2-2-146

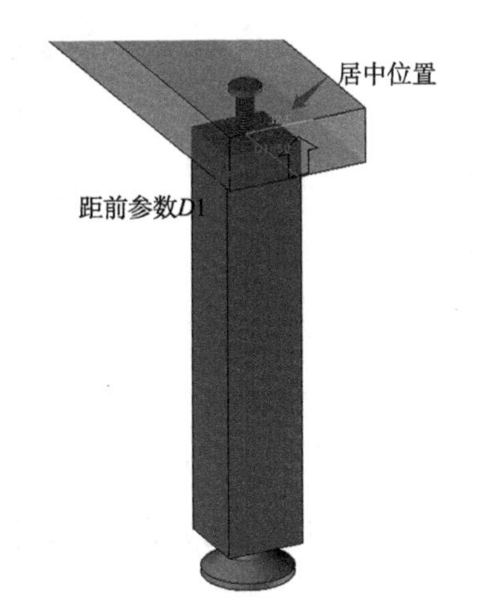

图 2-2-147

集合定义

描述 ：中间支撑脚驱动块

参考 ：

供应商 >

程序 >

零件类别 >

通用　类型　零件备注　BOM表　图纸　毛坯　加工

☐ 添加到开料

☐ 添加加工坐标系

集合状态

○ 作为独立体

○ 作为子装配

◉ 内容

装配插入模式

☑ 插入到主集合

标注尺寸

◉ 相关轴　　反向轴

○ 长度始终最大尺寸

标注尺寸	数值	模式	毛坯尺寸
长度	0.0mm	附加的	0mm
宽度	0.0mm	附加的	0mm
厚度	0.0mm	附加的	0mm

确定　停止　取消

图 2-2-148

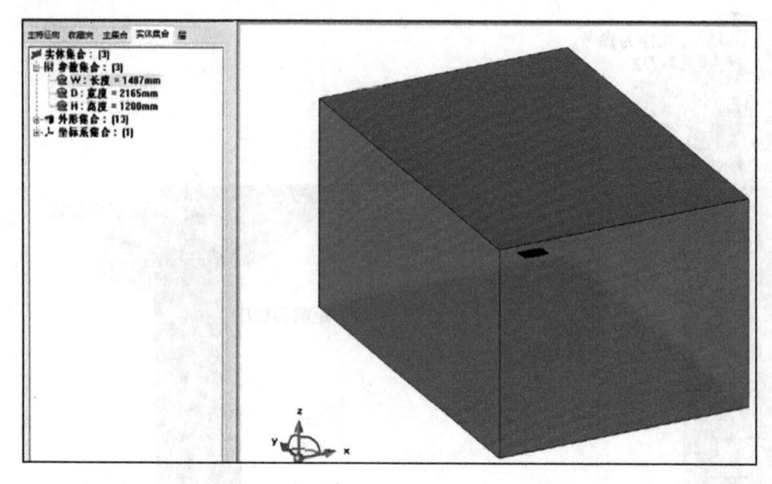

图 2-2-149

③调入床架。使用在块内的方式，捕捉整个模型包容块（图 2-2-150）。

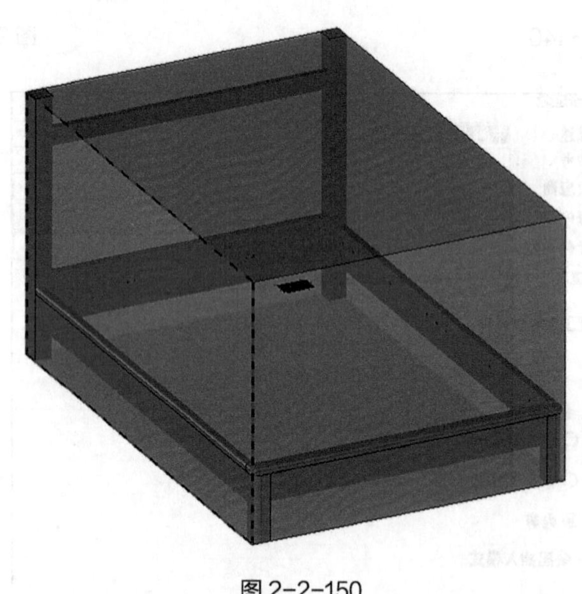

图 2-2-150

④调入床头芯板。关闭 0 层，即模型包容块。使用内部空间的方式，捕捉床头下横条，两根床头立柱以及床上横条共同构成的内部空间，调入床头芯板，并自动执行操作工具（图 2-2-151）。

⑤调入排骨架。使用内部空间方式，捕捉床尾横条，两床侧横条以及床头下横条共同构成的内部空间，并调整缩进值如右图，调入排骨架（图 2-2-152）。

⑥调入支撑脚。此时需要使用在块内的方式，分别捕捉 4 条排骨架下支撑条作为安装辅助块，按默认参数 *D*1，*D*2，而支撑脚高度则需使用测量参数（图 2-2-153、图 2-2-154）。

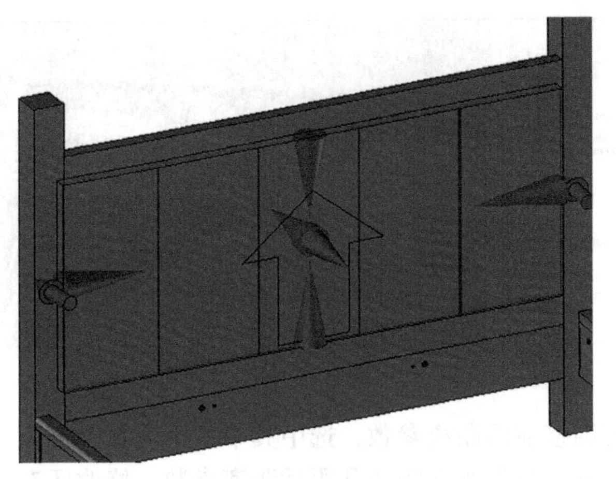

图 2-2-151

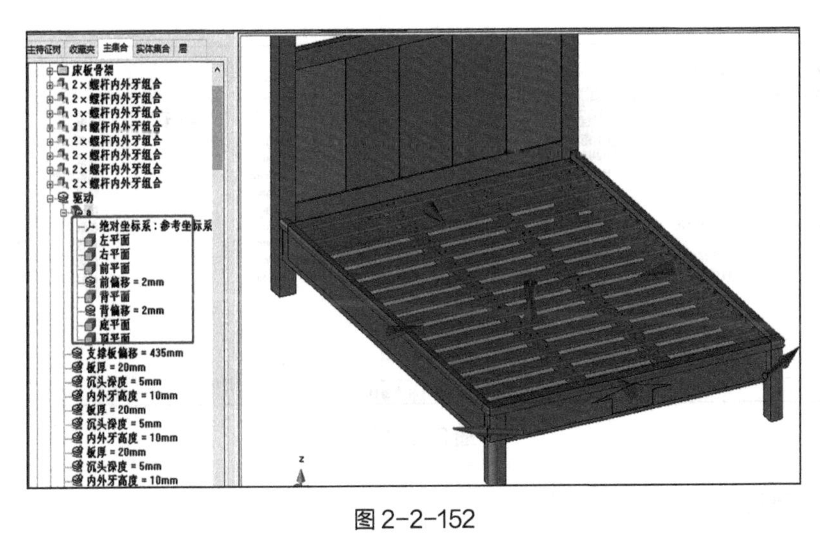

图 2-2-152

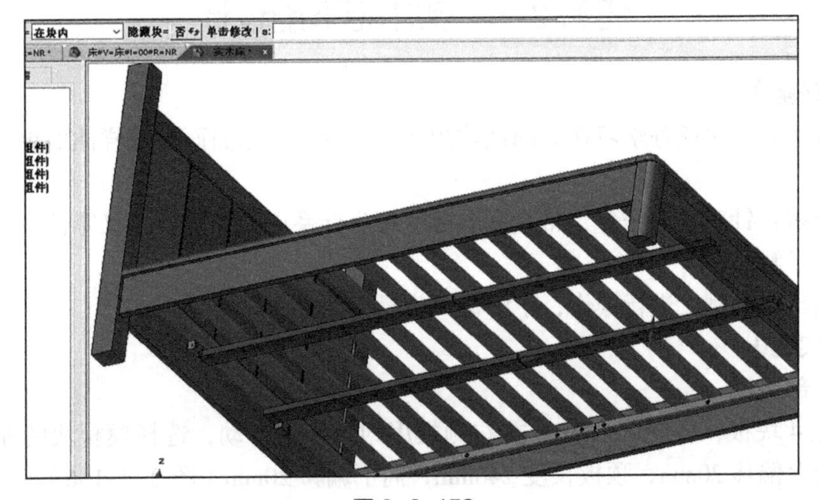

图 2-2-153

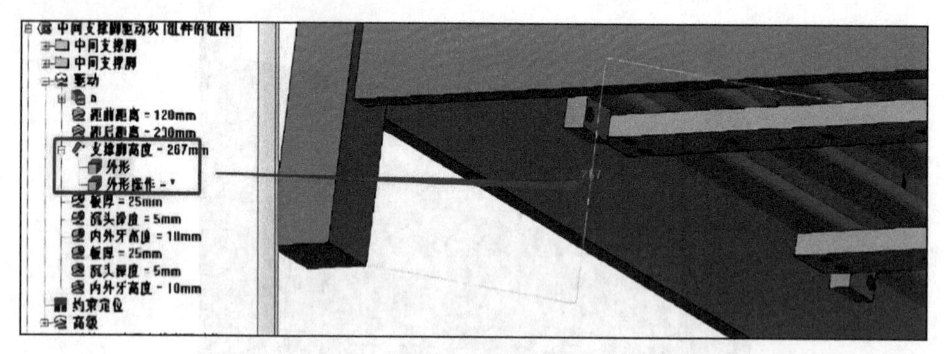

图 2-2-154

⑦调入之后还需调整前后距离参数，选中其中一个支撑脚模型，修改参数为多个参数，进入右图的对话框，找到距前距离和距后距离参数，修改所有，将距前距离修改为 120，距后距离修改为 230，点击“确定”即可（图 2-2-155）。

表格　输出　输出并打印

最小 / 最大　预定义值　复制预定义值　粘贴预定义值　重置参数　表格公差　复制表格公差　粘贴表格公差

名称	描述	模板参数	动作	表达式	值	装配参数	类型	使用
@1925	@1925	D1/距前距离	修改所有		120mm		参数	1
@1927	@1927	D2/距后距离	修改这个		230mm		参数	1
@1930	@1930	H1/支撑脚高度	修改所有		267mm		距离参数	1
@1961	板厚	T/板厚	合并所有		25mm		参数	1
@1962	沉头深度	S/沉头深度	修改这个		5mm		参数	1
@1963	内外牙高度	H/内外牙高度	修改这个		10mm		参数	1
@1964	板厚	T/板厚	修改这个		25mm		参数	1
@1965	沉头深度	S/沉头深度	修改这个		5mm		参数	1
@1966	内外牙高度	H/内外牙高度	修改这个		10mm		参数	1

确定　取消

图 2-2-155

⑧检查模型。

任务 2-4　实木柜智能设计

【工作任务】

任务描述：本次任务学习在草图创建想要的形状，运用曲面 > 放样曲面更快捷地生成想要的造型。

任务分析：针对本次任务，带大家熟练掌握坐标系以及结构，定义零件，通过案例带大家进一步了解。

根据给出的实例，进行操作，了解每一步操作的含义。

【任务实施】

（1）上部外框

①建立 4 块板，板厚 =20mm，左右侧板用约束块的自动，选择模板块的左右侧往里偏，底板向上偏移 20mm，顶板长度 240mm，向下偏移 20mm（图 2-2-156）。

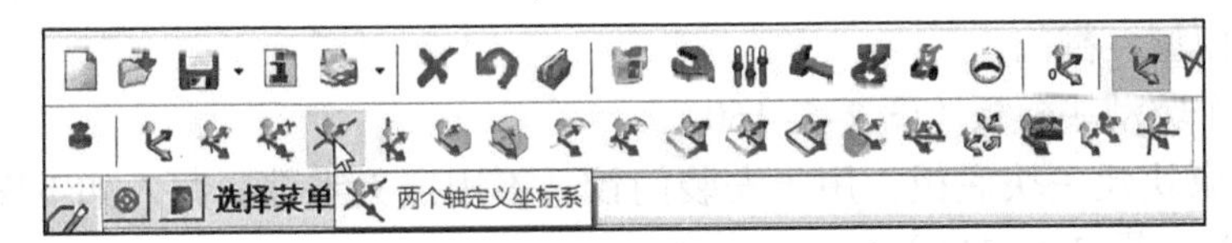

图 2–2–156

②使用“坐标系”→“两个轴定义坐标系”→ *Y*+ → *Z*+ 建立一个新的坐标系，并设置为“当前”（图 2–2–157）。

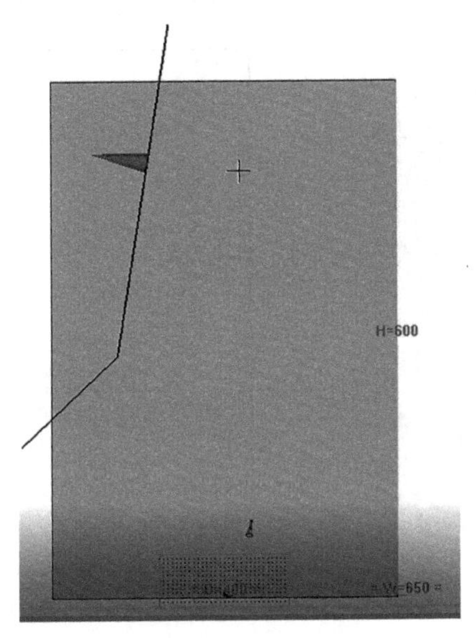

上部外框视频

图 2–2–157

③画一条草图曲线如右图，用裁剪通过曲线裁剪进行裁剪左右侧板，建立开槽背板和建立两块横隔板，底下这块横隔板距离底板 100mm 上面这块横隔板宽 240mm（图 2–2–158、图 2–2–159）。

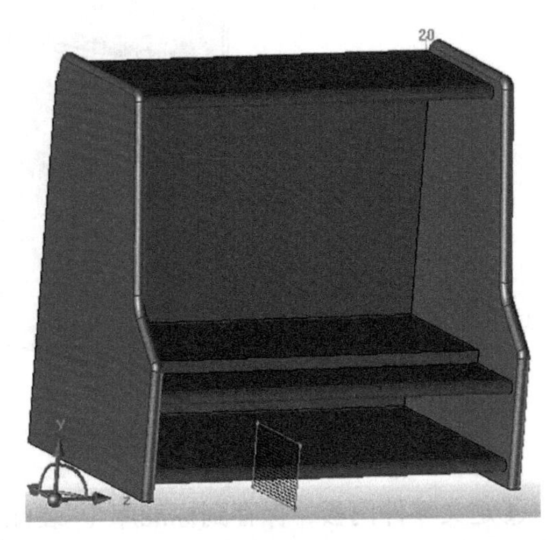

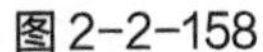

图 2–2–158

图 2–2–159

④左右侧板倒圆角 20mm，裁剪曲线折弯处倒圆角 50mm 用“木工”→“刀具成型”→“选择刀具”为“圆角刀定义零件”，保存文件。

（2）创建模型 - 翻门

①新建一个驱动块模板（图 2-2-160）。

②使用约束块建一块底板，用于安装门铰，不用定义零件。调入如下图门铰进行安装，隐藏透明块（图 2-2-161）。

③使用“坐标系”→“两个轴定义坐标系”→ *Y*+ → *Z*+ 建立一个新的坐标系，并设置为当前。在此坐标系上建立可以通过参数修改其角度的矩形轮廓。“拉升”→“对齐”为“居中”，长度 *A*1. *X*-4 调入拉手安装在门的两侧（图 2-2-162）。

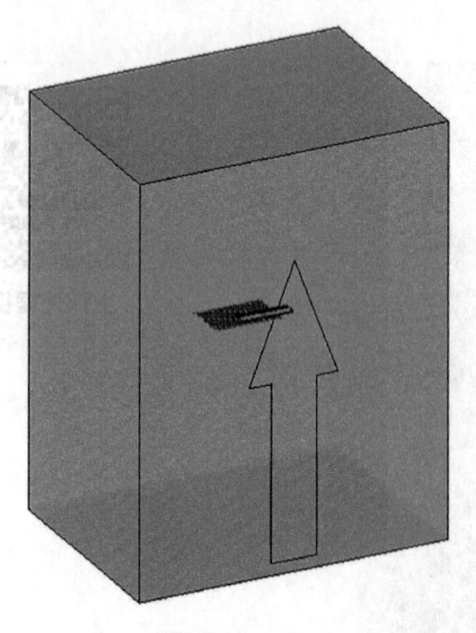

图 2-2-160

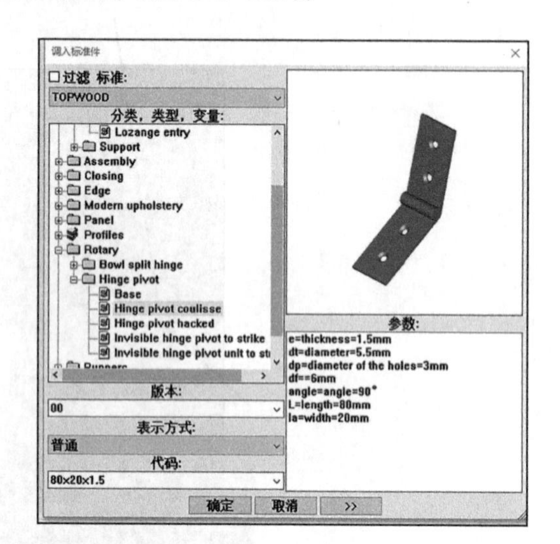

图 2-2-161

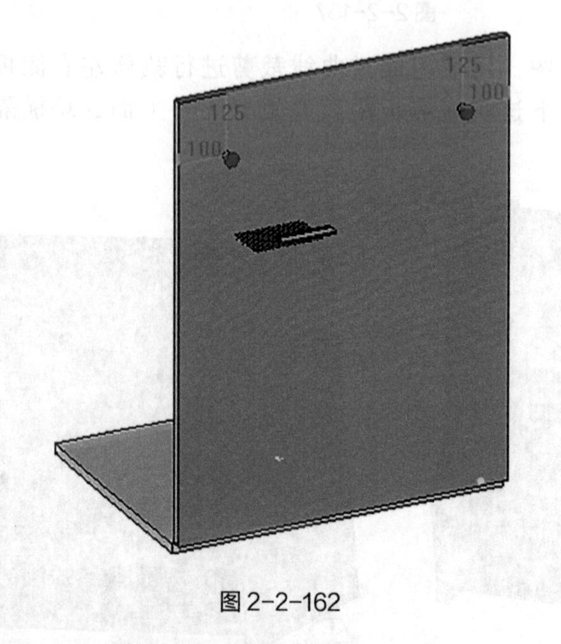

翻门

图 2-2-162

④定义零件门板，保存到标准库（“装配”→“定义组件”→“编辑 / 保存组件”→保存标准模板）。

（3）创建模型 - 抽屉

①新建一个驱动块模板（图 2-2-163）。

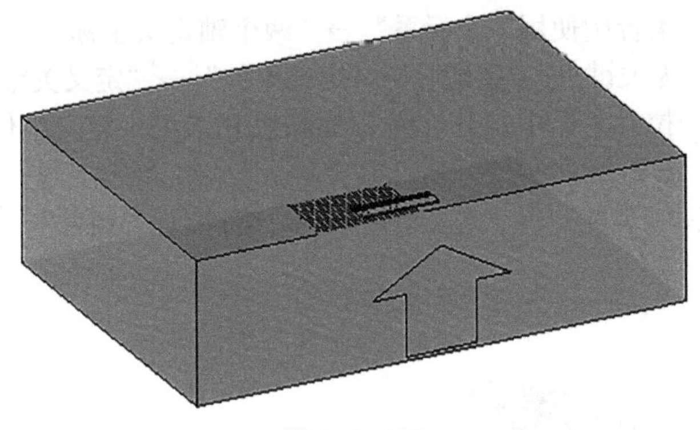

图 2-2-163

②修改驱动块的 Z 向长度为 200mm（图 2-2-164）。

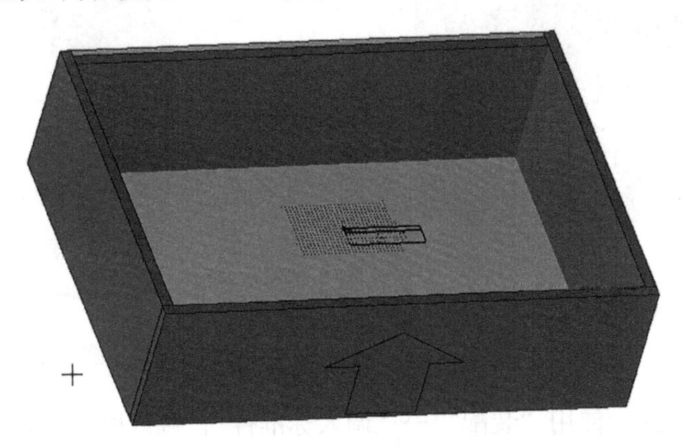

图 2-2-164

③使用结束块命令建立 4 块抽屉板，前盖侧，侧盖背板，背板向前偏移 10mm 保存到标准库（“装配”→“定义组件”→“编辑 / 保存组件”→“保存标准模板”）。

④新建一个不使用模板的文档，用于建立燕尾榫标准操作工具，绘制草图（图 2-2-165、图 2-2-166）。

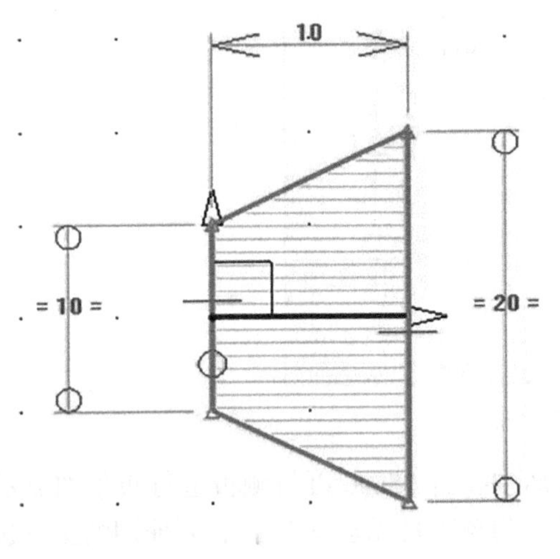

图 2-2-165

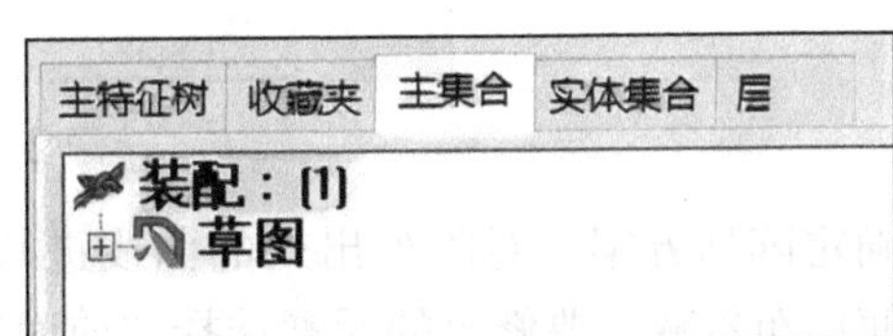

图 2-2-166

⑤将草图插入主集合中使用“坐标系”→“两个轴定义坐标系”→ *Y*+ → *Z*+ 建立一个新的坐标系，设置为关键点（“装配”→“定义组件”→“定义关键点”），关键点名称为“fr1”使用外形→拉升→居中拉升长度 =15mm 使用装配→定义组件→定义辅助元素，选择这个拉升零件（图 2–2–167）。

⑥保存到标准库（“装配”→“定义组件”→“编辑 / 保存组件”→“保存标准模板”）（图 2–2–168）。

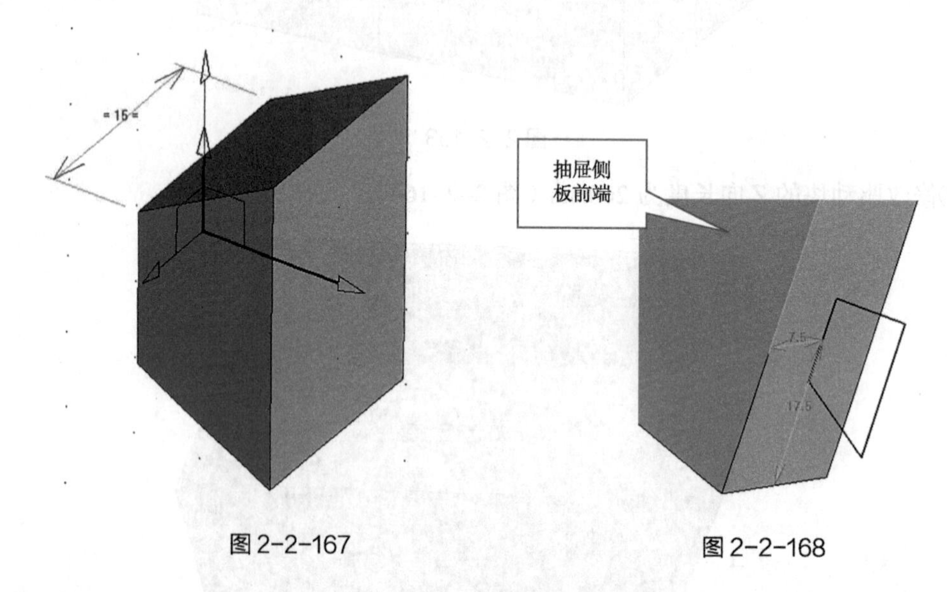

图 2–2–167　　图 2–2–168

⑦打开抽屉文件。使用“装配”→“调入标准件”，调入刚才保存的燕尾榫如右图进行关键点安装，“阵列”→“线型结束”，坐标系选择关键点坐标系，右下角显示出来，支撑面选择定位面，起始边选择侧板底面，终止边选择侧板顶面（图 2–2–169）。

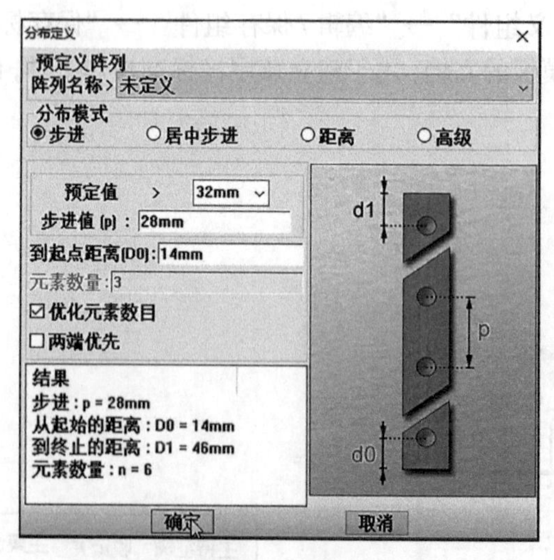

图 2–2–169

确定阵列方案，对阵列出来的曲线进行居中拉升 15mm 再与侧板进行布尔加显示前板，使用布尔减，要修改的元素选择“前面”，隐藏工具元素 =“否”，要使用的工具选择侧板（图 2–2–170）。

左右侧板前端做相同的燕尾榫操作使用结束块命令自动模式，选择驱动块底部生成底板，向上偏移 10mm，左右、前各向里偏移 10mm，顶板盖背板，背板向上偏移 19mm（图 2-2-171）。

图 2-2-170

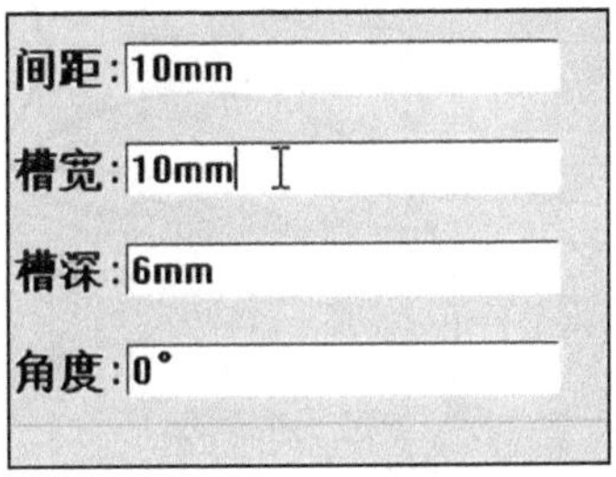

间距：10mm
槽宽：10mm
槽深：6mm
角度：0°

图 2-2-171

左右侧板、前板进行切槽定义零件，并保存为标准件新建一个驱动块模板用于做带面板和路轨的抽屉（图 2-2-172）。

调入刚才保存的抽屉盒前偏移进去 20mm（面板的厚度）左右偏移进去 10mm（路轨的宽度）修改 Z 轴方向的参数为 200mm 使用约束块自动在大箭头面建立面板因为是内嵌抽屉，需要预留缝隙，所以面板四周需要偏进 2mm（图 2-2-173）。

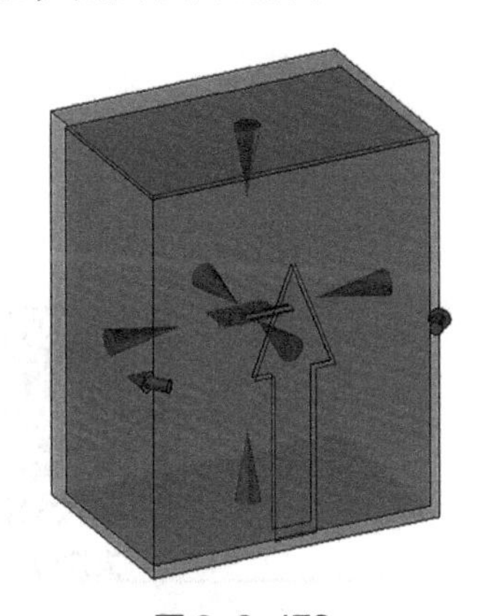

图 2-2-172

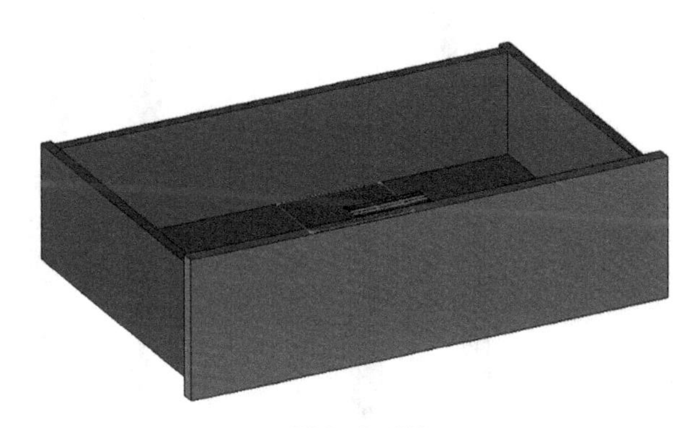

图 2-2-173

（4）创建模型 - 支撑脚

①安装路轨。

②定义零件，保存标准件。

③新建一个参数建模模板的文档，将透明块改为“居中”模式，在顶面左前角用“面和点定义坐标系”建立一个新的坐标系，设置为当前坐标系（图 2-2-174）。

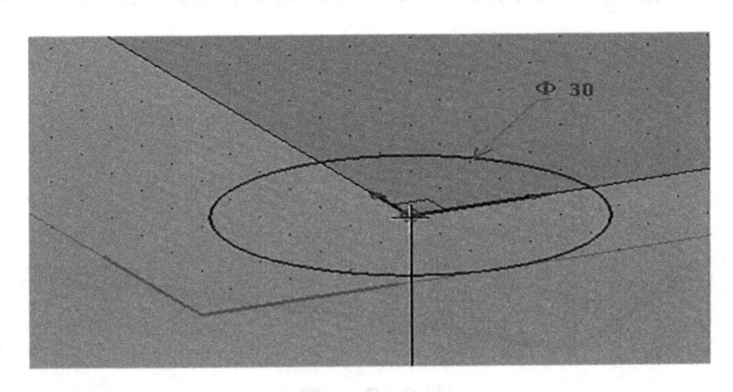

图 2-2-174

④用曲线画一个直径 30mm 的圆把绝对坐标系设置为当前坐标系，用曲线画一个直径 50mm 的圆（图 2–2–175）。

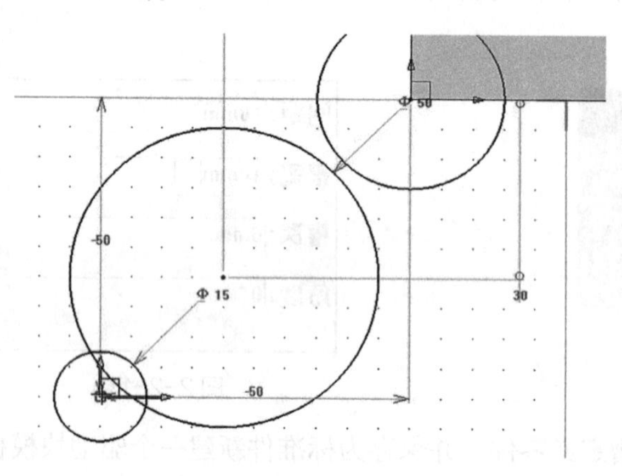

支撑脚 1

图 2–2–175

⑤在底部同样建立一个坐标设置为当前，用曲线画一个直径 15mm 的圆（图 2–2–176）。

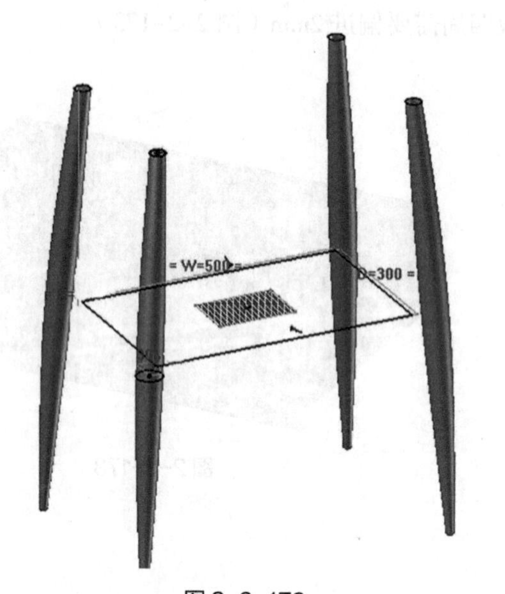

支撑脚 2

图 2–2–176

⑥把绝对坐标系设置为当前坐标系，使用“曲面”→“放样曲面”，从上到下选择这 3 个圆→“确定”；在底部倒圆角 3mm；使用抽壳，全局厚度 =2mm，穿透顶面（图 2–2–177）。

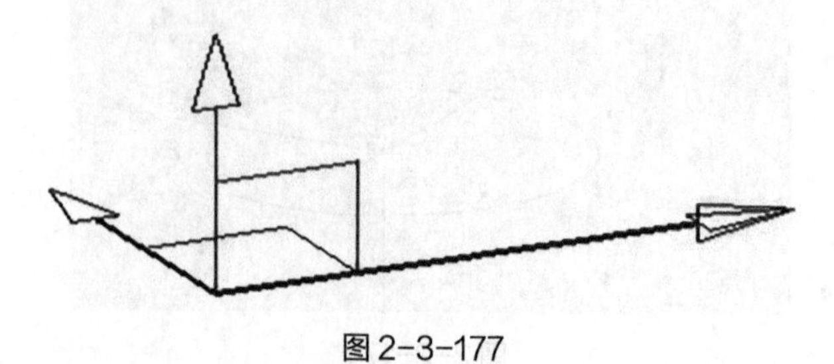

图 2–3–177

⑦“编辑”→阵列实例→选择这个零件→“双镜像”→*XZ*→*YZ* 新建一个坐标系 *XZ*，设置为“当前”（图 2–2–178、图 2–2–179）。画一个草图（图 2–2–180）。

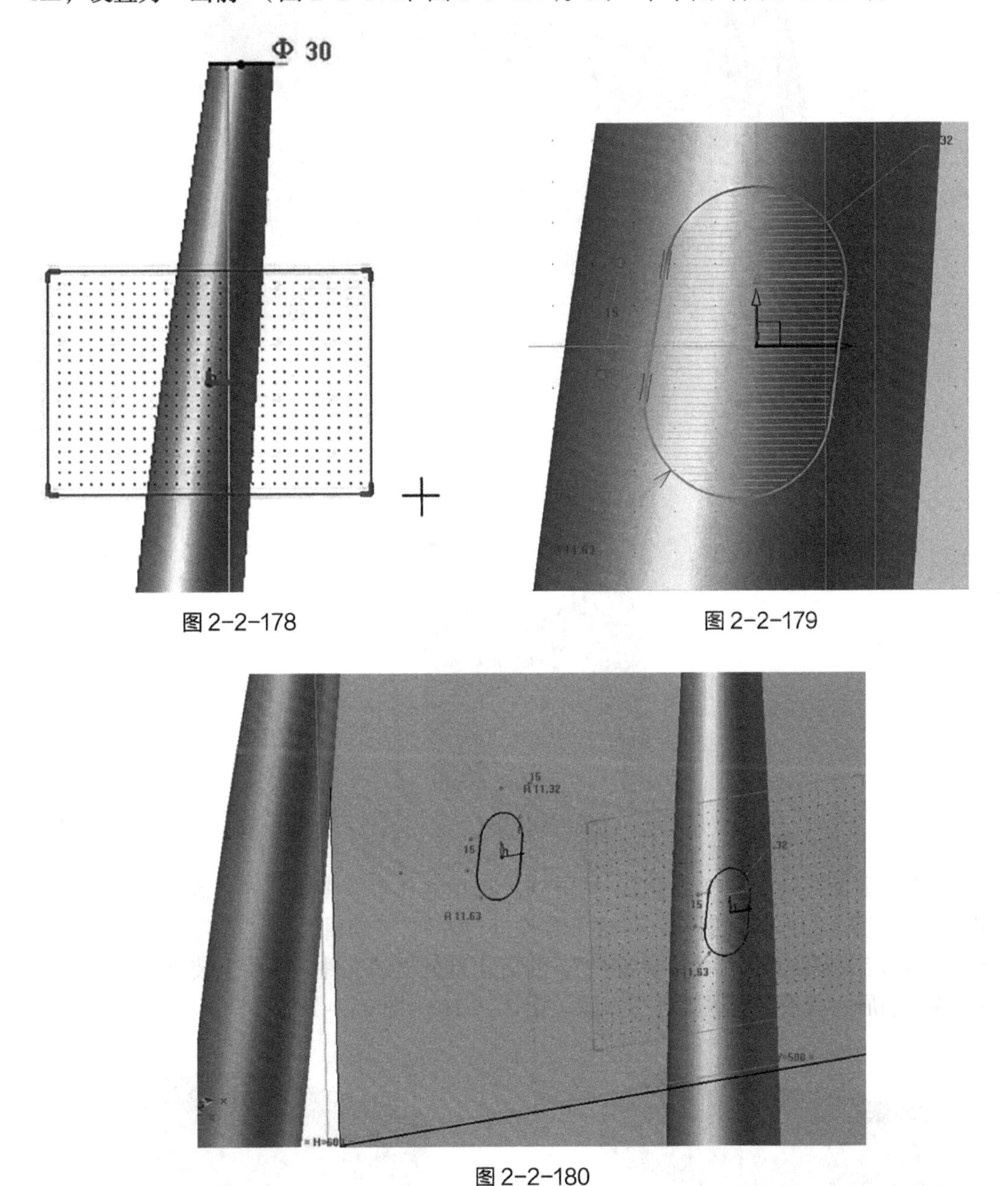

图 2–2–178

图 2–2–179

图 2–2–180

⑧使用“坐标系”→关联复制坐标系→*Z*+→*D*/2+20，设置为当前使用“编辑”→“复制 / 粘贴”，选择曲线，参考点为坐标点，这是复制使用编辑 > 复制 / 粘贴，粘贴到刚才建的当前坐标系上（图 2–2–181）。

⑨同样的操作将坐标系关联复制到 *Z*– 方向 *D*/2+20，设置为当前使用“编辑”→“复制 / 粘贴”，选择曲线，参考点为坐标点，这是复制使用“编辑”→“复制 / 粘贴”，粘贴到刚才建的当前坐标系上（图 2–2–182）。

⑩将两侧曲线长度改为 25mm 绝对坐标系作为当前坐标系。

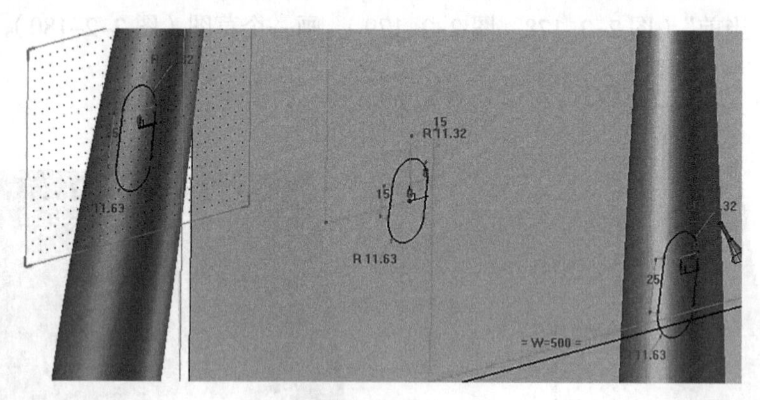

图 2-2-181

图 2-2-182

⑪使用“曲面”→“放样曲面”，从前到后选择这 3 个“曲线”→“确定”；使用外形的布尔减将多余的部分裁剪掉，对这个零件进行阵列，“编辑”→“阵列实例”→“单镜像”→ *YZ* 定义零件并保存为“标准件”。打开上部外框的文件，使用“装配”→调入标准件，调入抽屉、门板、支撑脚进行安装（图 2-2-183~ 图 2-2-187）。

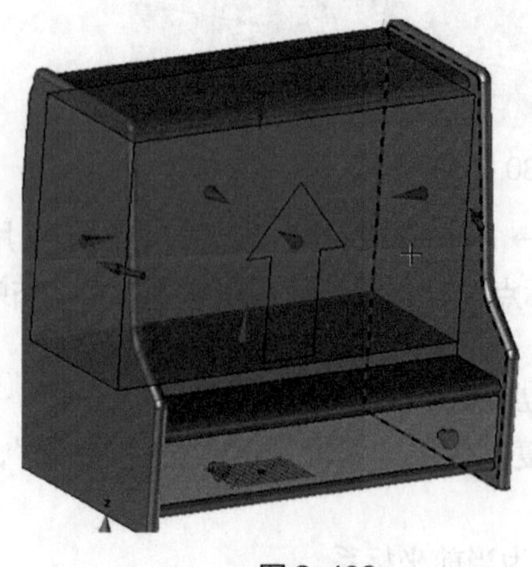

图 2-183

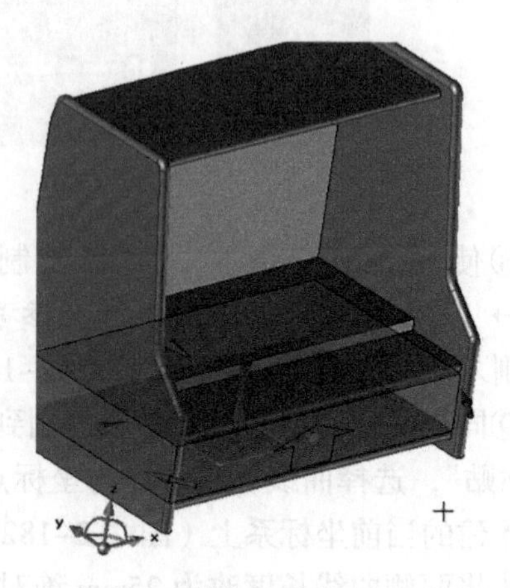

图 2-2-184

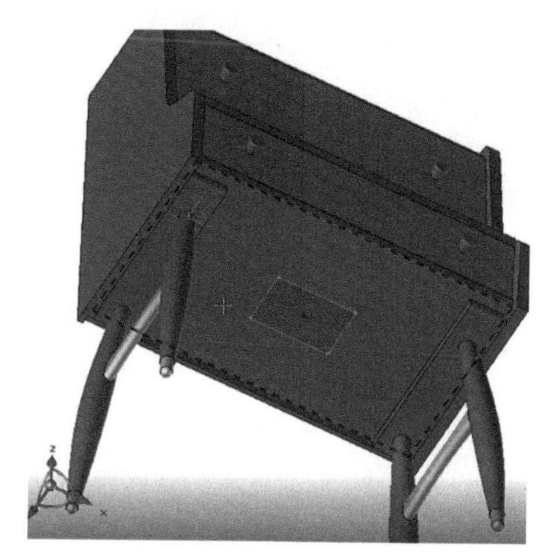

图 2-2-185

图 2-2-186

图 2-2-187